LORSQUE LE BROUILLARD A CESSÉ DE NOUS ÉCOUTER

LORSQUE LE BROUILLARD A CESSÉ DE NOUS ÉCOUTER

CHANGEMENT CLIMATIQUE ET MIGRATIONS CHEZ LES Q'EROS DES ANDES PÉRUVIENNES

PETER LANG

Bern · Berlin · Bruxelles · Frankfurt am Main · New York · Oxford · Wien

Information bibliographique publiée par «Die Deutsche Nationalbibliothek»
«Die Deutsche Nationalbibliothek» répertorie cette publication dans la «Deutsche Nationalbibliografie»; les données bibliographiques détaillées sont disponibles sur Internet sous ‹http://dnb.d-nb.de›.

Publié avec le soutien du Fonds national suisse de la recherche scientifique dans le cadre du projet pilote OAPEN-CH.

ISBN 978-3-0343-2047-4 br.   ISBN 978-3-0351-0889-7 eBook

Cette publication a fait l'objet d'une évaluation par les pairs.

© Peter Lang SA, Editions scientifiques internationales, Berne 2015
Hochfeldstrasse 32, CH-3012 Berne, Suisse
info@peterlang.com, www.peterlang.com

Tous droits réservés.
Cette publication est protégée dans sa totalité par copyright.
Toute utilisation en dehors des strictes limites de la loi sur le copyright est interdite et punissable sans le consentement explicite de la maison d'édition. Ceci s'applique en particulier pour les reproductions, traductions, microfilms, ainsi que le stockage et le traitement sous forme électronique.

Remerciements

> *10 février 2012 [...] Cette étude est dédiée aux Q'eros qui ont tout mon respect et toute mon admiration pour parvenir à survivre dans ce climat terriblement hostile. Peu de gens pourraient le faire.*

J'ai écrit cette phrase dans mon journal de terrain alors que j'étais assis sur le sol humide d'une maison de la communauté de Hatun Q'ero. Un brouillard opaque emplissait l'atmosphère, un vent terrible soufflait, une pluie forte s'abattait sur le toit en paille au dessus de ma tête et, par-dessus tout, un froid aigu pénétrait l'air. Je reste fidèle à ce témoignage exprimé en un jour particulièrement pénible tant d'un point de vue météorologique que psychologique. Aussi, les premières personnes que je tiens à remercier ici sont les Q'eros pour avoir partagé avec moi leur savoir et leur joie de vivre.

Cet ouvrage est issu d'une thèse en Anthropologie et Sociologie du Développement, soutenue en juin 2014 à l'Institut de Hautes Études Internationales et du Développement (IHEID) de Genève. Je remercie mes co-directeurs de thèse Isabelle Schulte-Tenckhoff et Étienne Piguet, ainsi que les membres de mon jury de thèse, Grégoire Mallard et Benjamin Orlove, pour l'enthousiasme et l'intérêt qu'ils ont continuellement témoignés pour mes recherches. Ma reconnaissance va également aux autres professeurs de l'IHEID qui m'ont soutenu et inspiré lors de mon parcours, notamment Jacques Grinevald, Rolf Steppacher, Pascal van Griethuysen et Riccardo Bocco.

Je souhaiterais exprimer ma gratitude au gouvernement français pour m'avoir accordé une bourse d'étude comme chercheur invité à l'École des Hautes Études en Science Sociales à Paris. J'associe à ces remerciements Gilles Rivière qui m'a accueilli au Centre de Recherches sur les Mondes Américains (CERMA). Ma gratitude va également au Fonds national suisse de la recherche scientifique qui m'a alloué une bourse d'étude comme chercheur post-doctorant au Laboratoire d'Anthropologie Sociale (LAS) à Paris. Je remercie vivement Philippe Descola de m'avoir invité dans ce laboratoire et lui suis particulièrement reconnaissant de l'intérêt qu'il a témoigné à l'égard de mon travail.

Enfin, j'adresse un grand merci aux personnes qui ont relu et commenté ce manuscrit. Je leur suis reconnaissant de leur amitié et de leurs précieux commentaires. Mes derniers et chaleureux remerciements vont à mes proches. Ce travail est aussi le leur. Les mots me manquent pour exprimer la gratitude et les sentiments que j'éprouve à leur égard.

Table des matières

Note sur la transcription et l'orthographe du quechua XI

Prologue XIII

Introduction 1

Première Partie
Tous les chemins mènent à Q'ero

1. Le charme du mythe des derniers Incas: les Q'eros 15
   1.1 À la découverte des glaciers de la Cordillère Vilcanota 15
   1.2 L'attente se prolonge 23
   1.3 L'expédition scientifique de 1955 25
   1.4 Le mythe d'Inkarrí 29
   1.5 La Nación Q'ero 37
   1.6 Cinq communautés autochtones 39
   1.7 L'organisation politique 44

2. Peaux cuites et peaux crues 49
   2.1 Le grand départ 49
      2.1.1 Accès et voies de communication 50
      2.1.2 Le tourisme 53
      2.1.3 Le secteur minier 56
      2.1.4 Caractéristiques géographiques de la Nación Q'ero 59
      2.1.5 Le chamanisme dans les Andes 62
      2.1.6 La hiérarchie des *paqu* 64
      2.1.7 Les *Apu* et la *Pachamama* 67

 2.2 Dormir avec les morts. 70
  2.2.1 Les centres peuplés et les habitations de Hatun Q'ero. . . 72
  2.2.2 Les trois étages écologiques 74
  2.2.3 L'élevage des camélidés sud-américains 75
  2.2.4 Le calendrier agricole 77
  2.2.5 Le régime alimentaire des Q'eros 79

3. La ville, quatrième étage écologique. 85
 3.1 L'assemblée de Munay T'ika. 85
  3.1.1 Biens et acteurs exogènes 86
  3.1.2 La santé. 88
  3.1.3 L'éducation 90
 3.2 El Boca Juniors de Ccolpacocho 95
  3.2.1 La présence des Églises. 96
  3.2.2 L'entrée sur le terrain : un processus de négociation 103
 3.3 La migration des Q'eros 104
  3.3.1 Trois formes de mobilité. 113
  3.3.2 Le quatrième étage écologique 117
  3.3.3 Les raisons de la migration 118

Seconde Partie
Vers une anthropologie du changement climatique

4. Les feuilles de coca et les *Apu* s'expriment 123
 4.1 L'anthropologie de la nature. 123
  4.1.1 L'anthropologie face à la dichotomie nature – culture. . . 123
  4.1.2 Les quatre modes d'identification. 126
  4.1.3 Les quatre ontologies comme outil de travail 133
 4.2 Perceptions du changement climatique des Q'eros. 137
  4.2.1 Les événements et les processus climatiques perçus 139
  4.2.2 Les principales manifestations 142
 4.3 Les interprétations du changement climatique des Q'eros 145
 4.4 Être un *paqu* à Q'ero 152

5. Par-delà culture, nature et surnature 159
   5.1 Culture, nature et surnature. 159
   5.2 Le *Phallchay*, le *Quyllur rit'i* et les cérémonies du 1er Août 164
   5.3 La cosmologie des Q'eros 171
      5.3.1 Dialogue avec Nicolas (première partie) 171
      5.3.2 L'*animu* et le *sami* 176
      5.3.3 Une ontologie analogique. 182

6. Un fait social total 189
   6.1 Les modes de relation chez les Q'eros 189
      6.1.1 L'écologie des relations 189
      6.1.2 La réciprocité andine : l'*ayni*. 193
      6.1.3 Entre autonomie et dépendance 198
      6.1.4 Un don réciproque asymétrique 203
      6.1.5 Une réciprocité totale 206
   6.2 La représentation du changement climatique des Q'eros. 208
      6.2.1 Dialogue avec Nicolas (seconde partie) 209
      6.2.2 Une dégradation des relations de réciprocité 211
      6.2.3 Comparaisons ontologiques 217

Conclusion : Par-delà changement climatique et migrations 221

Épilogue 227

Liste des tableaux, cartes et illustrations 231

Bibliographie 233

Note sur la transcription et l'orthographe du quechua

Dans cet ouvrage, j'ai choisi d'adopter une normalisation trivocalique (a, i, u) de la graphie quechua. Elle est utilisée par une majorité de linguistes et a été officialisée par le ministère de l'éducation péruvien en 1985. En quechua, le pluriel des noms est inféré puisque le suffixe qui le marque (*-kuna*) sert généralement à souligner la non-singularité. Je ne transcris donc pas le pluriel par la terminaison latine *-s* comme il est parfois d'usage, mais conserve la forme du singulier tout au long du texte. J'observe néanmoins quelques exceptions. Concernant les toponymes (montagnes, lieux habités), j'ai choisi de suivre l'orthographe couramment employée dans la cartographie et la documentation écrite de manière à faciliter leur localisation. Je me conforme ainsi à la transcription conventionnelle du terme Q'ero telle qu'elle apparaît dans les travaux de mes prédécesseurs. Lorsque je me réfère aux habitants de la communauté, j'appose la forme plurielle (Q'eros) tandis que je conserve la forme du singulier lorsque je désigne le toponyme.

Prologue

Le soleil brillait très fort mais cela ne suffisait pas à compenser le vent froid qui soufflait en cette journée de mai. J'étais arrivé à Q'ero quelque semaines auparavant et j'accompagnais un jeune chamane qui faisait paître ses alpagas lorsque, soudain, une couche intense de brouillard s'élevant de la forêt amazonienne nous envahit. Le jeune Q'ero s'assit à côté de moi et, tout en fixant le brouillard, il me raconta l'histoire suivante:

> Un jour, un des plus puissants chamanes de Q'ero, un *altumisayuq*, décida de s'asseoir à l'extérieur de sa maison pour regarder ses montagnes sacrées, ses *Apu*. Lorsqu'il sortit de sa maison, il se rendit compte qu'il y avait un brouillard opaque qui inondait toute la vallée. Rien de nouveau pour Q'ero à vrai dire. Un fois assis, l'*altumisayuq* commença à mâcher ses feuilles de coca et à souffler dans la direction des montagnes. Il voulait voir les montagnes et il demanda donc gentiment au brouillard de se décaler pour lui permettre d'apercevoir les pics enneigés des *Apu*. Mais le brouillard ne bougea pas. Il essaya à nouveau: «Brouillard, s'il-te-plaît, pourrais-tu me laisser contempler la beauté des montagnes?». Le brouillard ne bougea toujours pas. L'*altumisayuq* décida alors de monter un peu plus en haut, sur la colline qui domine son village. Mais même depuis le haut de la colline, il ne parvenait pas à voir ses montagnes. Il essaya donc une fois de plus de demander la permission au brouillard de voir les montagnes. Comme pour ses tentatives précédentes, le brouillard ne bougea pas. C'était la première fois que le brouillard ne répondait pas à ses invocations. À cet instant précis, l'*altumisayuq* se rendit compte que quelque chose avait changé. Il décida alors de retourner en bas, au village, pour convoquer une réunion avec les autres *altumisayuq* de Q'ero.

Introduction

L'influence croissante des activités humaines sur la biosphère a conduit de nombreux scientifiques contemporains à considérer l'*homo sapiens faber* comme une véritable force géologique. L'idée n'est cependant pas nouvelle. Déjà à la fin du XIXe siècle, le géologue italien Antonio Stoppani (1873 : 732-739) forgeait la formule *era antropozoica* pour désigner l'époque de l'apparition de l'homme sur Terre et décrivait les actions humaines comme une force géologique. Inspiré par ce dernier et par la notion de noosphère proposée par Pierre Teilhard de Chardin et Vladimir Vernadsky[1], Paul Crutzen développa en 2002 le concept d'Anthropocène pour désigner la nouvelle époque géologique au cours de laquelle l'activité humaine domine la face de la Terre[2]. Deux implications importantes découlent de ce nouveau concept. En premier lieu, il suppose que l'histoire de la Terre vient de quitter l'Holocène, l'époque interglaciaire couvrant les 10 000 dernières années. En second lieu, il implique que depuis l'invention de la machine à vapeur par James Watt en 1784, les activités humaines sont largement responsables de la transition Holocène-Anthropocène et que, pour cette raison, les êtres humains peuvent être considérés comme une force géologique globale qui pousse la planète vers une véritable *terra incognita*[3] (Crutzen 2002, Steffen *et al.* 2007, Zalasiewicz *et al.* 2008). Depuis son introduction, ce terme a été progressivement accepté par une partie de la communauté des Sciences de la Terre et a été

---

1 Sur la notion de noosphère, voir Grinevald (1987 : 38-39).
2 Le terme Anthropocène apparaît pour la première fois sous la plume commune de Paul Crutzen et Eugène Stoermer (2000).
3 Jacques Grinevald (2007 : 29-37) considère que l'Anthropocène ne débute pas avec le siècle des Lumières mais plus tard, vers le milieu du XIXe siècle, à l'époque de la création de la thermodynamique et du succès des machines à vapeur, d'où son expression de 'révolution thermo-industrielle'. En effet, en Europe et aux États-Unis, ce n'est qu'à partir de la seconde moitié du XIXe siècle que la machine à vapeur remplace les roues hydrauliques, le bois, et la force humaine et animale. La révolution thermo-industrielle serait donc un fait du XIXe siècle qui s'impose au monde au XXe siècle.

repris par la presse internationale. Toutefois, son utilisation reste limitée parmi les géologues qui forment une communauté scientifique traditionnellement conservatrice. Dans l'attente d'une reconnaissance officielle, un groupe de travail sur l'Anthropocène examine actuellement la question au sein de la *Subcommission on quaternary stratigraphy* (SQS)[4].

Le concept d'Anthropocène a le mérite de souligner la manière dont l'exploitation humaine des sources d'énergie fossiles (charbon, pétrole et gaz naturel) perturbe le système climatique de la Terre de manière désormais manifeste. L'énergie fossile représente un stock d'énergie solaire accumulé pendant des centaines de millions d'années à travers la photosynthèse. Le résultat de ce processus d'exploitation a un impact sans précédent sur la biosphère puisque, notamment, les émissions de CO_2 perturbent le cycle global du carbone. Mais les activités humaines ont aussi d'autres impacts sur le système terrestre. Elles altèrent les autres cycles biogéochimiques comme celui de l'azote, du phosphore, ou encore celui du soufre, lesquels garantissent le fonctionnement et l'homéostasie de la biosphère. Elles modifient en outre le cycle de l'eau et mènent à l'extinction de nombreuses espèces. Prises dans leur globalité, ces tendances montrent que l'humanité moderne est une force géologique incontestable qui rivalise avec les autres forces dites de la nature (Steffen *et al.* 2007: 614).

Parmi les effets des perturbations climatiques sur l'écologie humaine, l'impact du changement climatique sur les migrations humaines est un sujet qui a fortement attiré l'attention de la communauté scientifique depuis une dizaine d'années[5]. Faisant appel à une grande variété de méthodes

---

4   La SQS est une sous-commission de la *International commission on stratigraphy* (Commission internationale de stratigraphie).

5   En anglais, la notion de *climate change* renvoie à la modification anthropogénique du climat de la Terre et se distingue des termes *climatic changes* et *climate variability*. L'expression française de 'changement climatique' est plus ambiguë. Celle-ci recouvre un ensemble de phénomènes et de processus complexes qui se situent à des échelles de temps historiques et d'espaces géographiques très différents. Toutefois, dans le langage courant, elle renvoie presque toujours à un changement du climat historiquement défini. Elle est donc proche de l'anglais *climate change*. Ici, j'utilise l'expression de changement climatique dans ce sens, c'est-à-dire, en référence à un type particulier et historiquement délimité de changement climatique : celui de l'Anthropocène. Par opposition, j'utilise l'expression de 'changement du climat' pour désigner tout type d'évolution du climat quels qu'en soient les causes et le moment de sa manifestation.

d'analyse, des chercheurs, organisations internationales et non gouvernementales ont publié de nombreux ouvrages et articles scientifiques consacrés au lien entre les flux migratoires et le changement climatique[6]. Les débats ont été largement dominés par la question du nombre potentiel de migrants dits climatiques, et différentes projections ont été proposées. Norman Myers (1993, 2005) estime notamment que le changement climatique provoquera la migration de 200 millions de personnes d'ici 2050. D'autres chercheurs et ONG ont publié des estimations différentes, certains allant jusqu'à prédire 1 milliard de déplacés liés au changement climatique d'ici 2050. Ces chiffres ont été largement repris par les médias mais aussi dans quelques rapports gouvernementaux[7].

Or, plusieurs spécialistes ont critiqué ces estimations qui reposent, d'après eux, sur des hypothèses très générales et qui emploient des méthodes d'analyse ne permettant d'obtenir que des résultats approximatifs. Richard Black (1998, 2001), par exemple, n'accepte pas la vision apocalyptique de Myers qu'il estime basée sur le présupposé discutable que chaque individu vivant dans une zone potentiellement affectée par la montée du niveau de la mer peut être considéré comme un réfugié climatique. Stephen Castles (2002 : 4-5) considère également que la vision de Myers nie la complexité du phénomène migratoire et notamment la multiplicité des motivations de départ puisque, dans les faits, les phénomènes migratoires s'expliquent rarement par un facteur unique. Ainsi, les facteurs environnementaux s'insèrent dans un schéma complexe de causalités multiples liées à des données économiques, sociales et politiques. Pour Castles (2011 : 418-419), la migration environnementale ne

---

6   Voir notamment Black (1998, 2001), Black *et al.* (2011), Castles (2002, 2011), Chauzy (2009), Cometti (2010), Gemenne (2011), Hugo (1996, 2008), Jacobson (1988), Jäger *et al.* (2009), Kniveton *et al.* (2009), Laczko et Aghazarm (2009), Massey *et al.* (2007), McLeman et Smit (2006), Meze-Hausken (2000), Mortreux et Barnett (2009), Myers (1993, 2005), Perch-Nielsen *et al.* (2008), Piguet (2008, 2010), Piguet *et al.* (2011) et Tacoli (2009).

7   C'est le cas, par exemple, de l'article de presse d'Hannah Barnes intitulé « How many climate migrants will there be ? » publié sur le site de *BBC news* le 1 septembre 2013 et disponible à l'adresse suivante : <http://www.bbc.co.uk/news/magazine-23899195> (consulté le 31 mars 2015). En 2007, Nicholas Stern publiait un rapport pour le gouvernement britannique, *The Economics of Climate Change : The Stern Review*.

doit pas être considérée nécessairement comme un déplacement forcé. Au cas par cas, il est impératif de distinguer le poids spécifique du changement climatique parmi les différents facteurs qui influencent la migration. C'est pour cela que les spécialistes de la question défendent généralement la thèse de la multi-causalité et reprochent aux environnementalistes d'invoquer la mono-causalité climatique à des fins politiques. Les environnementalistes se sont défendus de ces accusations en soulignant que leur prise de position sur le changement climatique a contribué à l'ouverture d'un débat politique sur le thème. Malgré ces bonnes intentions, leur discours a néanmoins contribué à renforcer l'image négative de la figure du réfugié dans les pays du Nord global. Ainsi, Castles affirme qu'en rétrospective, la politisation et la polarisation de ces débats ont eu des conséquences plus négatives que positives. L'échec des négociations sur le changement climatique démontre que nous sommes dans une phase dans laquelle les positions extrêmes ne contribuent pas à l'évolution des pourparlers. Les experts de la question doivent reconnaître les conséquences possibles du changement climatique sur les migrations, tout comme les environnementalistes doivent reconnaitre la complexité, à plusieurs niveaux, de cet argument. À l'avenir, les migrations continueront à être le résultat de facteurs multiples et seule une approche multi-causale permettra de mettre en évidence l'importance souvent négligée du facteur environnemental dans ces déplacements, un facteur d'autant plus fondamental en raison du changement climatique (Castles 2011 : 423).

En réponse à l'impasse quantitative des premiers travaux, plusieurs chercheurs ont eu recours ces dernières années aux méthodes qualitatives pour étudier le lien éventuel entre changement climatique et migrations. Une telle démarche permet une compréhension plus fine de ce rapport car elle implique l'analyse de l'attitude des migrants et des non-migrants face au changement climatique. Toutefois, la plupart des recherches qualitatives fondées sur une approche multi-causale se sont limitées à demander aux migrants les raisons de leur déplacement sans prendre en compte leurs représentations du changement climatique[8]. Afin de combler cette

---

8   Voir notamment le projet EACH-FOR (Jäger *et al.* 2009).

lacune, je propose d'appréhender le changement climatique non seulement comme une transformation physique de l'environnement, mais aussi comme un objet culturel. À ce propos, Mike Hulme (2007, 2015) affirme que la construction occidentale du changement climatique est fortement liée au discours des sciences naturelles qui définit le climat en termes strictement physiques. En effet, depuis les recherches de Joseph Fourier jusqu'aux travaux du Groupe d'experts intergouvernemental sur l'évolution du climat (GIEC), l'analyse scientifique du changement climatique s'inscrit dans la tradition des sciences naturelles incluant la physique, la chimie, la biologie et la géologie[9]. Les scientifiques occidentaux ont donc universalisé le changement climatique à partir de cette tradition sans tenir compte de la pluralité des valeurs culturelles qui s'y rattachent, menant ainsi à une domination des sciences naturelles dans le domaine. Autrement dit, le discours dominant sur le changement climatique trouve son origine dans une ontologie proprement occidentale qui repose sur la dichotomie entre nature et culture, une ontologie que Philippe Descola qualifie de naturaliste[10]. Ainsi, la plupart des recherches sur les effets du changement climatique ont tendance à concevoir des relations déterministes entre changement climatique et êtres humains. Le changement climatique découlerait des activités anthropiques, notamment les émissions de gaz à effet de serre, si bien que les hommes se doivent de répondre aux conséquences du changement climatique. Illustrant ce point, les débats internationaux sur la question emploient fréquemment les termes de mitigation et d'adaptation.

Par ailleurs, l'hypothèse sur laquelle se fonde l'approche multicausale postule implicitement la dichotomie entre nature et culture. Autrement dit, elle postule que le changement climatique – un phénomène de la sphère du naturel – est un facteur parmi d'autres de migration – une réponse de la sphère du culturel. Cependant, cette dichotomie n'est pas recevable dans les sociétés qui conçoivent les rapports entre nature et

---

9 Pour une historiographie des travaux sur le réchauffement climatique depuis Fourier, voir Grinevald (2007).

10 Descola (2005: 168-175) définit quatre grands types d'ontologies reposant sur la relation entre physicalité et intériorité: le totémisme, l'analogisme, le naturalisme et l'animisme. Je discute ces termes dans le chapitre 4.

culture en termes de continuité plutôt qu'en termes de rupture. En effet, une cosmologie dans laquelle les plantes, les animaux et les phénomènes atmosphériques partagent tout ou partie des facultés, des codes moraux et des comportements attribués aux êtres humains ne répond nullement aux critères de l'opposition nature-culture (Descola 2005: 25). À partir d'une enquête ethnographique menée pendant 14 mois chez les Q'eros, une communauté quechua des Andes péruviennes, je montre ici qu'il est nécessaire d'analyser la manière dont une société se représente le changement climatique pour comprendre la relation entre changement climatique et migration au sein de cette société[11]. L'analyse des discours et des pratiques que les Q'eros entretiennent avec et au sein de leur environnement montre que la dichotomie nature-culture sur laquelle repose l'ontologie naturaliste ne permet pas de rendre compte de la manière dont les Q'eros se représentent le changement climatique.

À ce stade, il convient de préciser ce que j'entends par la représentation du changement climatique. Dans cet ouvrage, je mobilise trois concepts qui s'imbriquent: la perception, l'interprétation et la relation. Analyser la représentation du changement climatique des Q'eros ne requiert pas uniquement de comprendre comment ils interprètent ce phénomène. Dans un premier temps, cette démarche exige de cerner si les Q'eros perçoivent ce que nous qualifions en Occident de changement climatique. Ces questions de perception et d'interprétation du changement du climat en appellent une troisième: quelles relations entretiennent les Q'eros avec les entités non humaines telles que la pluie, la neige, les plantes et les animaux? Autrement dit, quelles relations les Q'eros nouent-ils avec toutes les entités qui, en Occident, sont placées dans la sphère de la nature? Ou encore, quelles relations ont-ils avec ce que nous définissons par le terme

---

11 J'ai effectué cinq séjours de terrain dans la région de Cuzco entre 2011 et 2014. Toutes les traductions des entretiens de l'espagnol au français dans cet ouvrage sont les miennes. En outre, j'ai choisi de ne pas reporter la date précise de chaque transcription parce que j'assemble parfois plusieurs voix dans un même paragraphe. En plus des experts que j'ai eus l'occasion de rencontrer à Cuzco durant la phase exploratoire de ma recherche, je me suis également entretenu avec des Q'eros qui ont migré à l'extérieur de leur communauté d'origine dans différentes zones aux alentours de Cuzco (Santa Rosa, T'ika-T'ika et Poroi), à Paucartambo, à Ocongate (Q'eropata) et à Mollepata.

de surnature à l'instar des divinités ou des esprits des ancêtres ? Dans le prologue de ce livre, le récit du chamane communiquant avec le brouillard nous montre comment, selon les Q'eros, les phénomènes atmosphériques sont dotés d'une intentionnalité. Il convient de garder à l'esprit cette différence ontologique avec les sciences occidentales qui tendent à définir un phénomène atmosphérique selon sa composition chimique et en fonction des lois physiques de la thermodynamique, leur excluant de fait toute intentionnalité.

La distinction entre les termes de perception, d'interprétation et de relation est une séparation conceptuelle utile à l'analyse[12]. Dans cet ouvrage, j'emploie le premier terme pour décrire l'acte empirique de percevoir un quelconque changement du climat. J'utilise ensuite le concept d'interprétation pour analyser la manière dont les Q'eros expliquent en leurs propres termes d'éventuels changements. Enfin, j'utilise le concept de relation pour déterminer comment les Q'eros interagissent avec l'environnement en général et avec le changement climatique en particulier. J'évite expressément d'utiliser le terme de réponse parce que je souhaite m'éloigner d'une approche adaptative. Je ne parlerai donc pas de réactions, de réponses ou d'adaptations humaines face aux variations météorologiques et climatiques.

Or, il convient de souligner à nouveau que la séparation entre les concepts de perception et d'interprétation est artificielle, et qu'elle n'est pertinente que sur le plan méthodologique[13]. J'ai expressément séparé ces deux notions afin de mettre en évidence que la plupart des recherches sur le lien entre changement climatique et migrations envisagent seulement la perception des migrants et ne s'intéressent pas ou peu aux interprétations

---

12   En plus des concepts de perception, d'interprétation et de relation, un quatrième terme pourrait s'ajouter, qui est celui du savoir. Cependant, pour simplifier l'analyse, je considère le savoir comme un concept qui recoupe transversalement les trois autres.

13   Dans la littérature anglophone, l'expression 'représentation du changement climatique' est rarement mobilisée. La plupart des auteurs tels que Sarah Strauss et Benjamin Orlove (2003), Emilio Moran (2006, 2008), Susan Crate et Mark Nuttal (2009), Tim Ingold (2011 [2000]), et Anja Byg et Jan Salick, (2009) parmi d'autres, utilisent le concept de perception de manière plus générale que la mienne.

des migrants[14]. Pourtant, comme je l'ai souligné, ces deux concepts sont interdépendants. C'est pour cela que j'utilise l'expression de représentation du changement climatique pour désigner l'ensemble que constituent ces deux concepts. En outre, afin d'appréhender cette représentation, il est nécessaire d'analyser le type de relations qu'une société entretient avec son environnement et les entités non humaines avec lesquelles elle cohabite. Mon analyse de la représentation du changement climatique repose donc ici sur l'analyse de la perception, de l'interprétation et des relations entretenues par les Q'eros avec leur environnement.

Tandis que l'analyse de la représentation du changement climatique prenait une dimension centrale au fur et à mesure de l'avancement de mes recherches, l'étude de la relation entre changement climatique et migration prenait une place secondaire. Pourtant, celle-ci constitue bien la trame sur laquelle s'est construite mon raisonnement. Après l'avoir abordée dans cette introduction, elle restera en suspens dans le corps de l'argument jusqu'à la discussion finale qui me permettra de la traiter à l'aide de nouveaux outils analytiques. Mon essai se structure en deux parties, chacune composée de trois chapitres. La première partie, intitulée «Tous les chemins mènent à Q'ero», se présente comme un récit de voyage dans lequel je contextualise mon objet d'étude et introduis quelques éléments théoriques et méthodologiques. La seconde partie, «Vers une anthropologie du changement climatique», présente le noyau de mon analyse et propose de répondre aux questions posées dans la première partie.

Dans le premier chapitre, «Le charme du mythe des derniers Incas: les Q'eros», j'expose pourquoi et comment j'ai choisi de mener mon travail de terrain dans la région de Cuzco, chez les Q'eros. En outre, j'y introduis cette communauté à travers un bref aperçu de son histoire et un exposé de

---

14   Par exemple, le questionnaire utilisé par les chercheurs du projet EACH-FOR ne prend pas en compte les interprétations que les personnes interrogées (migrants et non-migrants) ont du changement climatique. Il est constitué de cinq parties qui mettent l'accent sur la perception et les raisons de la migration: *General introduction questions; Things that affect the decision to migrate or that affect the forced movement away; Livelihoods, environment and migration; Access to services that may affect migration decision or the process of resettlement; Interviewee characteristics.* Aucune de ces cinq parties n'aborde la question de l'interprétation du changement climatique par les personnes interrogées (Jäger *et al.* 2009).

son organisation politique. Le deuxième et le troisième chapitres, respectivement intitulés « Peaux cuites et peaux crues » et « La ville, le quatrième étage écologique », complètent le premier chapitre en décrivant plus précisément l'histoire, le milieu écologique et la situation politique du lieu. Au cours de cette entrée progressive sur le territoire Q'ero, j'aborde des aspects essentiels à la compréhension du contexte social, tel que le calendrier agricole, l'éducation et la santé. L'évocation des principales étapes de mon entrée sur le terrain ne doit pas être perçue comme un simple récit de voyage. Au contraire, elle permet de saisir les relations que j'ai établies avec les Q'eros, et eux avec moi, pendant le déroulement de mon enquête. Enfin, je conclus le troisième chapitre sur l'analyse de trois groupes Q'ero : les migrants, ceux qui ont l'intention de migrer, et ceux qui veulent rester dans la communauté. À partir de ce schéma, je propose une typologie de trois formes de mobilité des Q'eros : une migration définitive, une migration circulaire hors de la communauté, et une transhumance à l'intérieur de la communauté.

L'objectif du quatrième chapitre intitulé « Les feuilles de coca et les *Apu* s'expriment » est de présenter des manières de concevoir le monde et d'expliquer le changement climatique au-delà du discours scientifique de l'Occident. En m'appuyant sur l'anthropologie de la nature proposée par Philippe Descola, je montre l'utilité de sortir du dualisme nature-culture dans l'analyse des représentations du changement climatique des sociétés non-occidentales. En outre, j'expose la manière dont les Q'eros perçoivent et interprètent les manifestations du changement climatique. Dans le cinquième chapitre, « Par-delà culture, nature et surnature », je présente le concept de surnature avant de décrire les cérémonies du *Phallchay*, du *Quyllur rit'i* et du 1er août. Ce chapitre clôt sur la transcription de la première partie d'un dialogue que j'ai eu avec Nicolas, un Q'ero qui a été l'un de mes interlocuteurs-clés. Ce dialogue me permet d'approfondir certains aspects de la cosmologie locale. La première partie du sixième et dernier chapitre, « Un fait social total », examine les relations que les Q'eros entretiennent avec les humains et les non-humains afin de montrer comment les relations et les transferts entre ces différents agents sont fondés sur le principe de réciprocité. Enfin, je transcris la seconde partie du dialogue avec Nicolas qui ouvre l'analyse des représentations du changement climatique des Q'eros. Cette discussion me permet de conclure l'ouvrage sur une étude des relations entre migration et changement climatique à Q'ero.

Chaque chapitre mêle différents styles d'écriture car le texte est construit de manière à faire des allées et venues entre les données de terrain, les développements méthodologiques et les arguments théoriques. James Clifford (2003: 290) écrivait, à propos des différents modes d'écriture et de l'autorité de l'ethnographe, que:

> [...] des processus expérientiels, interprétatifs, dialogiques et polyphoniques sont à l'œuvre, de façon dissonante, dans n'importe quelle ethnographie. Mais une présentation cohérente présuppose un mode d'autorité permettant le contrôle. Ma suggestion était que l'imposition de cette cohérence sur un processus textuel échappant aux règles deviendra maintenant une question inéluctable de choix stratégique.

J'ai suivi l'exemple de Clifford en donnant la parole autant que possible à mes interlocuteurs dans des parties dialogiques et polyphoniques. Une place importante est consacrée à trois Q'eros qui ont été mes interlocuteurs principaux: Guillermo, Santos et Nicolas[15]. C'est grâce aux échanges que j'ai eus avec Nicolas notamment que j'ai affiné un certain nombre de réflexions. Aussi, une réflexion méthodologique sur notre collaboration s'impose ici puisque c'est Nicolas, par exemple, qui m'a suggéré certaines méthodes de travail que je discuterai plus loin. Selon Clifford (2003: 283), l'un des défis les plus importants de l'écriture anthropologique est de représenter adéquatement l'autorité des informateurs. Victor Turner, dans *The Forest of Symbols* (1967), dresse de manière innovante le portait de celui qui, à ses yeux, a été son meilleur informateur, Muchona, un guérisseur rituel. Tous deux, explique Turner, sont mutuellement liés par des intérêts communs; tous deux sont des savants qui partagent une soif de savoir. Pour cette raison, il compare Muchona à un professeur d'université. Quant à Clifford (2003: 286-287), il convie les anthropologues à faire une place plus généreuse dans leurs textes, et même sur le frontispice de leur livre, à leurs collaborateurs autochtones pour lesquels l'appellation d'informateurs ne paraît pas appropriée. Enfin, Luke Lassiter (2005: 3) remarque que la 'métaphore du dialogue' est présente

---

15 Tous les prénoms des Q'eros qui apparaissent dans le texte, sauf ceux de Guillermo, Santos et Nicolas, ont été inventés.

dans les travaux d'un nombre croissant d'ethnographes influencés par Clifford, Georges Marcus et Renato Rosaldo, qui replacent le *reading over the shoulders of natives* avec le *reading alongside natives*. Plusieurs auteurs ont développé un type d'ethnographie qui dépasse le style d'écriture dominant de l'*authoritative monologue* en intégrant des dialogues entre l'ethnographe et son/ses interlocuteur/s. Toutefois, Lassiter (2005: 133) considère que peu d'auteurs sont parvenus à développer la métaphore du dialogue vers une lecture et une interprétation collaboratives du texte ethnographique effectuées en commun par l'ethnographe et son/ses interlocuteur/s. Cette démarche requiert un engagement éthique et moral. Nicolas occupe une place primordiale dans cet ouvrage qui est le fruit de ma recherche et dont je porte l'entière responsabilité. Même si notre collaboration ne s'est pas traduite par une co-écriture ou une co-relecture, elle ne s'est pas non plus limitée à des échanges d'opinion. Notre collaboration était une interprétation participante impliquant un renversement de positions. Si, dans l'observation participante, c'est l'anthropologue qui participe aux activités des sociétés étudiées, dans l'interprétation participante, c'est une ou plusieurs personnes des sociétés étudiées qui contribuent directement au travail de l'ethnographe.

Première Partie
Tous les chemins mènent à Q'ero

1. Le charme du mythe des derniers Incas: les Q'eros

> Cultivée depuis l'enfance comme un refuge, cette curiosité distante n'est pas l'apanage de l'ethnologue; d'autres observateurs de l'homme font d'elle un usage plus spectaculaire en la fécondant par des talents qui nous font défaut: mal à l'aise dans les grandes plaines de l'imaginaire, il nous faut bien passer par cette obéissance servile au réel dont sont affranchis les poètes et les romanciers. L'observation de cultures exotiques devient alors une manière de substitut: elle permet à l'ethnologue d'entrer dans le monde de l'utopie sans se soumettre aux caprices de l'inspiration.
>
> Philippe Descola (1993: 34)

1.1 À la découverte des glaciers de la Cordillère Vilcanota

L'état des glaciers, et bien entendu des calottes glaciaires du Groenland et de l'Antarctique, constitue un bon indicateur du réchauffement planétaire, si ce n'est le plus visible et le plus spectaculaire. Les glaciers jouent un rôle crucial dans le cycle de l'eau. En effet, 69.6% de l'eau douce de la planète (25 millions de km^3) est stockée dans les glaciers, lesquels sont en fait d'anciens réservoirs naturels (Coudrain *et al.* 2005: 930). Une grande partie de ces eaux douces utilisables par les populations humaines sont stockées dans les glaciers de montagne. Or ceux-ci sont pratiquement tous en train de fondre plus ou moins rapidement. Au cours de ces trente dernières années, une forte accélération de la fonte des glaciers de montagne a été observée. Cette fonte est due principalement au changement des températures et des précipitations atmosphériques (Coudrain *et al.* 2005: 925).

La moyenne du recul des glaciers est de dix mètres par an et le GIEC indique que cette fonte est responsable de 27% de la montée du niveau des mers (Orlove 2009*a*). Les conséquences de la fonte et du recul des glaciers sont nombreuses, incluant notamment le manque d'eau douce et d'eau courante qui entraîne la diminution de la production d'énergie hydroélectrique. En outre, la fonte des glaciers entraîne un autre changement crucial en plus de la dilatation thermique de l'eau, qui est l'élévation du niveau moyen des océans.

La fonte des glaciers continentaux, en dehors des calottes polaires représentant actuellement 99 % des glaces de la Terre, est un problème local qui s'inscrit dans un contexte global[16]. Ses impacts varient selon la situation géographique des glaciers. Par exemple, les glaciers des Alpes profitent du long hiver boréal pour stocker la glace et la neige. Ils ne subissent qu'une courte ablation estivale alors que les glaciers situés dans les tropiques ne peuvent pas profiter de ce stockage. Or, la quasi-totalité des glaciers tropicaux (99 %) se trouvent dans les Andes : 70 % au Pérou, 20 % en Bolivie et 4 % en Équateur (Vuille *et al.* 2008 : 80). Dans les glaciers andins situés dans les tropiques (notamment en Bolivie et au Pérou), la fonte atteint son sommet pendant l'été austral, entre octobre et avril, lorsque la radiation maximale coïncide avec le maximum de précipitations atmosphériques (Coudrain *et al.* 2005 : 926).

La question de la fonte des glaciers tropicaux est importante car plus de 75 % de la population mondiale vit aujourd'hui dans des zones qui sont directement touchées par les variations du climat des tropiques (Thompson 2000 : 19). En outre, les régions tropicales et subtropicales abritent la plus grande partie de la biodiversité mondiale (Coudrain *et al.* 2005 : 926). La fonte de leurs glaciers découle d'une combinaison de facteurs liés à l'équilibre énergétique, comme l'augmentation de la température, à la durée de la saison sèche, aux précipitations et à l'humidité qui tous contrôlent l'albédo et à la sublimation[17].

Dans les Andes tropicales, la fonte des glaciers engendre un flux d'eau pendant la saison sèche. L'accélération de cette fonte constitue une réelle menace pour la subsistance d'une part importante de la population et pour l'avenir des écosystèmes qui abritent de nombreuses espèces endémiques rares. Par ailleurs, cette fonte pourrait entraîner une pénurie d'eau pour

---

16   Pour plus de détails, voir Jouzel *et al.* (2008).
17   Sur ces questions, voir notamment Kandel (2002) et Pouyaud *et al.* (2005).

plusieurs millions de personnes. En effet, 80 % de la côte pacifique péruvienne dépend des ressources en eau provenant des glaciers. Cette eau est une source vitale pour les zones rurales mais également pour les grands centres urbains dépendants de la production d'énergie hydroélectrique (Coudrain *et al.* 2005: 930). Le Huascaran, la plus célèbre montagne péruvienne, a ainsi perdu 1280 hectares de glace au cours des trente dernières années, c'est-à-dire près de 40 % de sa surface de neige (Perez *et al.* 2010: 72). Toujours au Pérou, le nombre des lacs de la Cordillère Blanche a dramatiquement augmenté, passant de 223 en 1953, à 400 en 2010. En 1941, un nouveau lac a éclaté sa moraine naturelle et s'est déversé sur la ville de Huaraz, tuant environ 5000 personnes et laissant 200 kilomètres de destruction dans son sillage. Cette catastrophe a transformé la vision qu'ont les Péruviens de leurs glaciers (Carey 2010: 7). Enfin, pendant les années touchées par le phénomène atmosphérique *El Niño*, les glaciers intertropicaux peuvent perdre entre 600 et 1200 mm d'eau (Coudrain *et al.* 927-928). En outre, nombre de caractéristiques des sols fertiles des Andes, notamment leur teneur en matière organique, pH, capacité d'échange de cation, sorption de phosphate, disponibilité en soufre, sont tributaires des manifestations du climat tels que le changement des précipitations et la déglaciation. Conjugués à l'altitude et à l'intensification de l'agriculture, ces phénomènes rendent les sols beaucoup plus vulnérables à l'érosion, ce qui constitue la menace la plus grande pour l'agriculture de subsistance et l'élevage dans les communautés andines (Perez *et al.* 2010: 78-80).

Bien que la plupart des publications scientifiques sur la retraite des glaciers au Pérou se concentrent sur la Cordillère Blanche, mon attention s'est tournée vers la Cordillère Vilcanota suite à l'audition de Lonnie Thompson au Sénat américain en 1992. Aujourd'hui l'un des climatologues les plus connus et sollicités au monde, il avait été appelé à témoigner sur l'état des glaciers à l'échelle de la planète face au *Senate committee on commerce, science and transportation* à l'initiative du futur vice-président américain, Al Gore. À l'époque, Gore était sénateur du Tennessee et en campagne électorale pour les primaires qui devaient désigner le représentant du parti démocrate face au président républicain en poste, George Bush Senior. Thompson intitula sa présentation: *Global change research. Indicators of global warming and solar variability*. Il peut sembler banal aujourd'hui de rappeler un tel exposé tant l'expression de changement climatique est devenue commune. Cependant, à cette époque, elle était presque inconnue des politiciens et de l'ensemble des citoyens. La création du GIEC remontait à 1988 et, en 1990, son premier rapport venait seulement de paraître. L'année 1992 était également importante pour une autre raison. À cette date, eut lieu à Rio de Janeiro la grande conférence des Nations Unies sur l'environnement et le développement, quelques mois après l'audition de Thompson à Washington. Celui-ci n'était pas le premier scientifique à s'exprimer sur le changement climatique au Sénat américain. En juin 1988, James Hansen, alors membre de la NASA, présentait une communication sur la future augmentation des vagues de chaleur liées au renforcement anthropogénique de l'effet de serre[18].

Lors de son audition, Thompson a montré à la Commission des photos du glacier péruvien Qori Kalis qui est la principale langue glacière du Quelccaya (province de Canchis), la plus grande calotte glaciaire des tropiques située à 5670 mètres d'altitude (Thompson et al. 2006: 10536). Thompson avait débuté en 1976 ses travaux scientifiques dans la région où il s'est ensuite rendu régulièrement pour documenter la retraite de la principale langue glacière du Qori Kalis (Thompson 2000: 26). Les travaux de Thompson ont montré que le Quelccaya enferme de véritables archives historiques sur le climat andin de ces 400 dernières années (Thompson et al. 2006: 10538). Ils révèlent également que la fonte de cette calotte glacière est dramatique. Entre 1991 et 2005, le Qori Kalis a diminué dix fois plus rapidement que lors de la période allant de 1963 à 1978. Ces données scientifiques sont tout à fait remarquables en ce qu'elles ne se limitent pas à rendre compte de l'évolution historique de la fonte du Quelccaya. Elles attirent également l'attention de la communauté scientifique sur la perte de ces archives. Les recherches que Thompson a menées sur trois glaciers de l'hémisphère nord (Dunde, Guliya et Dasuapu au Tibet) et sur trois glaciers de l'hémisphère sud (Quelccaya et Huascaran au Pérou, Sajama en Bolivie) ont en effet mis au jour des données historiques inédites dans les domaines de la glaciologie et de la climatologie. Chaque site étudié contient des informations locales et régionales, et indique sur le long terme les variations climatiques du passé. Mises ensemble, ces traces fournissent

---

18   Pour plus de détails voir Grinevald (1990).

des informations scientifiques remontant à près de 1000 ans (Thompson 2000: 19). Ces résultats attestent du rythme accéléré du changement climatique. Selon Thompson, la fonte des glaciers dans le monde est la preuve la plus évidente du réchauffement planétaire. Il signale également que la disparition progressive de ces archives historiques représente une perte de la mémoire de nos climats (cité dans Bowen 2005: 215). Les travaux de Thompson m'ont convaincu de mener mes recherches dans la Cordillère Vilcanota.

Lorsque je suis arrivé à Cuzco en février 2011, je n'avais pas encore décidé quelle communauté ferait l'objet de mon enquête. Grâce à un article de Benjamin Orlove (2009b) sur les bergers de Phinaya, un village situé sur la Cordillère Vilcanota, j'ai pu localiser quelques communautés situées non loin de l'Ausangate, la plus haute montagne de cette chaîne. À Cuzco, j'ai alors effectué une visite au bureau du Programme d'adaptation au changement climatique (PACC)[19]. J'y ai été accueilli par l'ingénieur Victor Bustinza, spécialiste en sécurité alimentaire et changement climatique, qui partagea immédiatement avec moi ses inquiétudes sur la fonte des glaciers dans la région de Cuzco[20]:

> Victor Bustinza (ci-après VB): Les glaciers sont en train de fondre à un rythme épouvantable. Jusqu'à récemment, les données disponibles sur la retraite des glaciers péruviens provenaient de la Cordillère Blanche dans le centre du pays. L'Ausangate appartient à la Cordillère Vilcanota, la deuxième chaîne de montagnes du Pérou qui abrite 20% des glaciers du pays. C'est seulement à partir de 2009 que nous avons commencé à récolter des données sophistiquées à propos des neiges permanentes du massif de la Cordillère Vilcanota. Nous avons commencé ces mesures avec l'aide précieuse du célèbre glaciologue Lonnie Thompson de l'Ohio State University. Nous collaborons également avec une autre glaciologue, Christian Huggel, de l'Université de Zurich.
>
> Geremia Cometti (ci-après GC): Combien de couverture glacière a perdue le massif de la Cordillère Vilcanota?

---

19   Le PACC est un programme mené par la Direction du développement et de la coopération suisse (DDC) en collaboration avec le Ministère péruvien de l'environnement et les ONG Helvetas, PREDES (*Centro de estudios y prevención de desastres*) et Libélula. Pour plus de détails voir <www.paccperu.org.pe>.
20   Entretien réalisé le 31 mars 2011.

VB : Nous savons avec certitude qu'elle a perdu 60 % de sa couverture entre 1985 et 2010. Nous savons également que, dans le bassin de l'Urubamba, la température a augmenté de 1.6 degrés Celsius en quatre décennies. Bien évidemment, cette augmentation des températures a un impact immense sur la fonte des glaciers. Nos analyses montrent que les températures maximales sont en train d'augmenter alors que les températures minimales sont en constante diminution. Autrement dit, il y a un changement de plus en plus drastique des températures journalières. En outre, le taux annuel des pluies tombées dans la région est en train de diminuer. Nous enregistrons une diminution de 12 mm au mètre carré chaque année. Dans les prochaines trente années, cela va sans soute constituer un grand problème pour les villes en particulier. Pour le moment, les centres urbains, surtout sur la côte, ont un approvisionnement en eau grâce à cette fonte. Mais à l'avenir, lorsque les glaciers auront presque disparu, la situation pourrait bien être catastrophique, notamment pour la production d'énergie.

GC : Vous avez parlé des conséquences pour les villes. Mais quels sont les impacts directs pour les communautés andines qui vivent à proximité des glaciers ?

VB : Nous avons mené une étude sur la manière dont le changement climatique menace la sécurité alimentaire des communautés de montagne. À Phinaya par exemple, les bergers ont perdu beaucoup de pâturage et par conséquent, ils ont également beaucoup perdu en termes de biodiversité. Leurs animaux sont plus maigres et faibles et ils meurent plus facilement à cause du manque du pâturage. Théoriquement, ces communautés ont désormais beaucoup d'eau en raison de la fonte des glaciers, mais ils n'ont pas les infrastructures pour profiter de cette eau. Les possibilités de survie pour ces bergers sont en train de diminuer et pour cette raison ils sont en train de migrer vers les villes.

GC : À Cuzco j'ai entendu dire que le changement climatique a des effets aussi positifs sur ces communautés. Par exemple, il est maintenant possible de cultiver le maïs et la pomme de terre plus en altitude. Est-ce vrai ?

VB : C'est vrai qu'on peut aujourd'hui cultiver le maïs 100 mètres plus en hauteur. Mais il y a toutefois deux problèmes. Tout d'abord, le maïs cultivé plus en altitude est davantage exposé aux maladies et, deuxièmement, il n'a pas le même rendement que le maïs cultivé plus en bas. Donc certes, on peut cultiver, mais la qualité et la quantité du maïs est moindre. En somme, nous ne pouvons certainement pas dire que c'est un avantage du changement climatique.

Une fois sorti du bureau du PACC j'étais plus ou moins convaincu que Phinaya, ou un village proche de l'Ausangate, serait ma prochaine destination. Ce n'est que quelques jours après cette visite que mes certitudes sur le choix de mon objet de recherche ont commencé à vaciller. J'étais à la bibliothèque du centre Bartolomé de Las Casas à Cuzco lorsque j'ai découvert l'ouvrage *Q'ero, el último ayllu inka* (2005 [1983]) dirigé par les anthropologues Jorge Flores Ochoa et Juan Nuñez del Prado[21]. Le livre décrivait les Q'eros, du nom de la région reculée où ils vivent[22], comme 'les derniers Incas'. Cette information retint toute mon attention et l'idée d'aborder l'histoire de ces représentants du passé préhispanique me séduisit immédiatement[23]. Hormis cet ouvrage réédité en 2005, il existait alors peu de littérature sur cette communauté andine.

Je savais que le choix de mon terrain d'enquête allait inévitablement influencer l'ensemble de mes recherches. Je me demandais donc si je devais me rendre ou non dans une communauté relativement isolée, comme celle de Q'ero, ou dans un village de bergers sur les flancs de l'Ausangate. D'un point de vue pratique et logistique, Phinaya et d'autres villages plus proches de Cuzco comportaient des avantages. Une route connectait ces villages à l'ancienne capitale des Incas. À l'inverse, Q'ero était beaucoup plus isolé et avait vécu pendant longtemps dans une situation d'autarcie presque totale en comparaison avec d'autres communautés andines. Aussi, durant les jours qui ont suivi la découverte de cet ouvrage, je me documentais minutieusement et bientôt, il me fallut prendre une décision : Q'ero serait ma prochaine destination.

---

21 L'*ayllu* est défini par Frank Salomon (1991 : 21-23) comme une collectivité de type *corporate*, associée à une unité territoriale dont les membres partagent des obligations économiques et rituelles en vertu de leur ascendance à un ancêtre commun putatif.
22 Les Q'eros ne vivent pas sur les flancs de l'Ausangate mais leur territoire se trouve à une trentaine de kilomètres environ de l'Ausangate.
23 Pour un aperçu de l'histoire des Incas, voir Zuidema (1986), Métraux (1983), Rostworowski de Diez Canseco (1999), Urton (2004) et Yaya (2012).

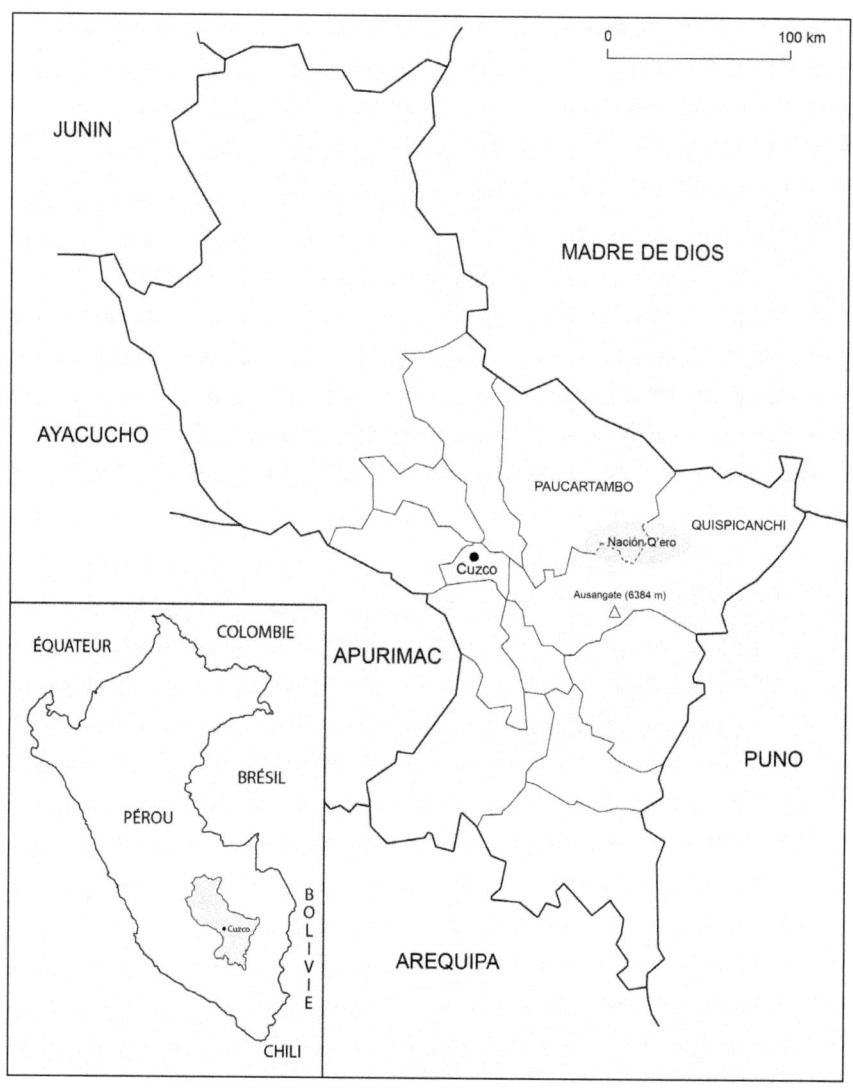

Carte 1 : Localisation du territoire Q'ero dans le département de Cuzco.

1.2 L'attente se prolonge

Quelques jours après mon passage au PACC, j'ai rencontré Pablo[24], un employé de l'ONG locale ANDES (*Asociación para la naturaleza y el desarrollo sostenible*), qui avait travaillé dans le passé avec les Q'eros. Son constat était alarmant:

> J'ai travaillé avec les Q'eros de 2004 à 2008. Ils ont perdu beaucoup de glaciers sur leur territoire. Les Q'eros cultivent la pomme de terre native (*papa nativa*) et élèvent des alpagas et des lamas. Si les glaciers devaient disparaître, il ne serait alors plus possible pour eux de produire. À Q'ero, comme dans le reste des Andes, les paysans montent toujours plus en altitude pour cultiver et trouver des pâturages. Par exemple, la *papa nativa* était cultivée auparavant vers 3600 mètres. Désormais, en raison du changement climatique, ils la cultivent plus haut, à près de 4200 mètres d'altitude. On est en train de monter toujours plus haut. Mais jusqu'où vont-ils la semer? Au sommet des montagnes? Il y a 50 ans, les Q'eros vivaient uniquement dans leurs villages. Maintenant, à cause du changement climatique qui provoque l'augmentation des maladies et des plaies de la pomme de terre, et donc la diminution de la production agricole et de l'élevage du bétail, ils commencent à migrer à Cuzco. Pour cette raison, 30% des Q'eros vivent déjà ici à Cuzco ou dans d'autres villes.

Cette dernière information a particulièrement retenu mon attention. C'était le premier signe qui m'indiquait que je me trouvais sur la bonne voie pour la poursuite de mes recherches. Pablo m'a alors proposé de me mettre en contact avec l'un de ses collègues à Ocongate, un village proche de Q'ero, et de partir avec moi la semaine suivante.

Mon sac de montagne fin prêt, j'appelai comme prévu Pablo le samedi 16 avril. Cependant, il m'apprit qu'il se rendait à Lima pour y protester contre une loi sur la biosécurité que le parlement péruvien venait de voter[25]. Cette loi était un premier pas vers l'autorisation du développement de la production d'organismes génétiquement modifiés (OGM) au Pérou. Les élections présidentielles approchant, le gouvernement d'Alan García activait l'adoption d'une série de lois avant de quitter le pouvoir. Or, l'ONG

---

24 Pablo est un prénom fictif.
25 *Reglamento Interno Sectorial de Bioseguridad para actividades agropecuarias o forestales*, 15 avril 2011.

ANDES où travaille Pablo gère le Parc de la pomme de terre (*Parque de la papa*) dont l'un des objectifs principaux est le maintien de la biodiversité de plus de 1300 types de pommes de terre[26]. Aussi, pour ANDES, l'enjeu de cette loi était crucial. L'ONG avait organisé un bus pour transporter des paysans (*campesinos*) de Cuzco à Lima pour manifester devant le siège du gouvernement péruvien[27]. Je saisissais bien l'enjeu et l'importance de la manifestation et, en définitive, Pablo me demanda de le contacter à nouveau le samedi suivant.

Lorsque je rappelai Pablo le samedi 23 avril, il avait l'air préoccupé. Je compris vite qu'il ne pourrait pas m'accompagner à Q'ero. Il me dit que ce n'était pas une bonne idée de s'y rendre maintenant. J'insistai pour comprendre les raisons de sa réticence et il m'expliqua finalement que le *National Geographic* envoyait une équipe à Q'ero afin de prélever des exemplaires d'ADN pour leur *Genographic Project*[28]. L'objectif de ces prélèvements était d'établir si les Q'eros étaient ou non les véritables derniers descendants des Incas[29]. Ces controverses m'ont fait réaliser les tensions palpables sur l'origine de cette communauté et sur le sort qui lui est réservé. Aussi, je préférais suivre le conseil de Pablo. Les étrangers sont évidemment rares à Q'ero et je n'avais pas envie d'être identifié au projet du *National Geographic*. Afin d'éviter tout malentendu, j'ai donc décidé de patienter encore un peu à Cuzco.

---

26   Le *Parque de la papa* est né en 1998 à l'initiative de l'ONG ANDES. Il se trouve à proximité de Pisaq, dans la vallée sacrée de la région de Cuzco.

27   En Novembre 2011, après la victoire de Ollanta Humala à l'élection présidentielle, le parlement péruvien a voté à une large majorité la *ley No. 29811* : « Loi qui établit un moratoire à l'introduction d'organismes vivants modifiés (OVM) sur le territoire pour une période de 10 ans ». Ma traduction.

28   Voir leur site internet : <https://genographic.nationalgeographic.com/> (consulté le 31 mars 2015).

29   L'ONG ANDES s'est fortement opposée à l'entrée du *National Geographic* en territoire Q'ero. Dans un communiqué de presse signé conjointement avec le président de la communauté de Hatun Q'ero Benito Machaca, il a été déclaré : *The Q'ero Nation knows that its history, its past, present, and futur, is our Inca culture, and we don't need research called genetics to know who we are. We are Incas, always have been and always will be.* Finalement, le *National Geographic* a renoncé à mener leur expédition à Q'ero. Pour plus de détails sur la déclaration voir : <http://www.sacredland.org/qeros-resist-dna-sampling-but-larger-threat-looms/> (consulté le 31 mars 2015).

J'essayais de vivre cette situation avec philosophie. Je profitais de mon temps libre pour, d'une part, améliorer mon quechua et, d'autre part, continuer mon apprentissage d'ethnographe en me promenant à Cuzco en observateur. Je saisissais progressivement la vitesse du changement qui s'opérait dans la ville. Suite à la cessation des activités terroristes menées dans la région par le Sentier Lumineux, le tourisme avait explosé. Machu Picchu, la 'vieille montagne', était bien entendu la principale attraction. Cuzco est une étape obligatoire pour les touristes qui visitent quotidiennement le site archéologique dont la limite de fréquentation journalière a été fixée par l'UNESCO à 2500 personnes. Mais Cuzco offre beaucoup plus que le Machu Picchu. La ville est aussi une porte d'entrée vers la forêt tropicale puisqu'elle se trouve à proximité de la région de Madre de Dios et de sa capitale Puerto Maldonado. L'importance historique et culturelle de Cuzco, ainsi que sa position géographique stratégique, ont donc permis une augmentation substantielle du tourisme.

Le samedi suivant, je tentais d'appeler Pablo à nouveau, mais sans succès. Il ne répondait pas. Mon projet d'enquête à Q'ero s'obscurcissait. Entre temps, j'avais assemblé d'autres contacts et commençais à explorer de nouvelles pistes. Le lendemain déjà, je rendis visite à une femme de Cuzco qui travaillait depuis longtemps avec les Q'eros. Je lui racontais brièvement les objectifs de mon voyage. À la fin de notre discussion, elle me salua en me disant qu'elle essayerait de contacter au plus vite l'un de ses amis à Q'ero. L'après-midi même, mon portable sonna: «Bonjour Geremia, si tu es libre ce soir, Guillermo voudrait te rencontrer. Tu peux prendre un taxi et venir chez moi».

Lorsque je franchis la porte de la maison de cette femme pour la deuxième fois de la journée, j'aperçus immédiatement Guillermo assis sur un canapé. Il portait un bonnet (*chullo*) très coloré et un poncho marron fait de laine d'alpaga. Il était chaussé de sandales noires fabriquées à partir de vieux pneumatiques et tenait dans ses mains une flûte en bois (*quena*). Dès qu'il me vit, il se leva et me serra dans ses bras. Il s'est ensuite tourné vers la patronne de la maison et lui dit en quechua: «Il a un bon cœur. Je le ramènerai à Q'ero». Une fois la discussion terminée dans le salon, nous avons pris un taxi ensemble. En route, Guillermo joua de sa *quena* tandis que je profitais de certains moments de silence pour pratiquer avec lui mes connaissances basiques du quechua. Lorsque le taxi arriva devant la porte de mon logement, nous nous sommes donnés rendez-vous le lendemain pour acheter le matériel utile au voyage. Le grand départ semblait finalement imminent.

Comme convenu, le jour suivant, Guillermo se présenta chez moi avec son neveu. Nous nous sommes d'abord rendus au marché de San Pedro à Cuzco afin d'acheter des sachets de feuilles de coca que Guillermo prit un soin attentif à sélectionner. Puis, nous sommes allés acheter des *despachos* afin de procéder à deux cérémonies chamaniques qu'il m'avait déjà annoncées la veille[30]. La rue Qhasqaparu, près du marché, regorge de boutiques vendant des objets et du matériel nécessaires à ce type de cérémonies. Entre temps, j'avais découvert que les Q'eros étaient considérés à Cuzco comme les chamanes les plus puissants de la région. Nous avons achetés deux sachets cérémoniels contenant toute sorte d'objets et deux petites bouteilles d'alcool: du porto et de l'*agua florida*, une version américaine de l'eau de Cologne. Enfin, nous avons acheté des fleurs blanches et rouges. Les ingrédients principaux des deux cérémonies étaient réunis.

1.3 L'expédition scientifique de 1955

Avant de continuer le récit de mon voyage vers Q'ero, faisons un détour historique. Au cours du mois d'août 1955, un petit groupe composé de professeurs de la faculté de lettres de la *Universidad nacional San Antonio Abad del Cuzco* (UNSAAC) organisa une expédition scientifique sur le territoire Q'ero. L'organisateur de cette excursion était l'anthropologue Oscar Nuñez del Prado Castro qui s'était donné pour mission de rejoindre et d'étudier cette communauté recluse, vivant alors en autarcie presque totale. Sa curiosité intellectuelle avait été attisée par la première ethnographie relativement détaillée sur les Q'eros publiée par Luis Yabar Palacio en 1922 dans la *Revista universitaria del Cuzco*. Le groupe dirigé par Nuñez del Prado en 1955 était composé d'un géographe, Mario Escobar

---

30   Un *despacho* est un sachet cérémoniel contenant un ensemble d'objets pour l'offrande aux divinités.

Moscoso, de deux folkloristes, Efraín Morote Best et Demetrio Roca, d'un ethnomusicologue, Josafat Roel Pineda, de deux archéologues, Manuel Chávez Ballon et Luis Barreda Murillo, d'un photographe, Malcom Burke, et d'un rédacteur du journal *La Prensa*, Demetrio Tupac Yupanqui. Dans un article publié suite au voyage, Barreda Murillo (2005: 40) décrivait la communauté de Hatun Q'ero comme « la zone de résistance et de défense de la culture andine ».

Lorsque le groupe de scientifiques arriva dans le village de Paucartambo, il fut accueilli par Luis Yabar Palacio, propriétaire de l'*hacienda* et des terres où vivaient les Q'eros. Yabar Palacio leur montra aussitôt une dizaine de Q'eros qui construisaient sous sa direction des terrasses agricoles de style inca. Barreda Murillo (2005: 46) fit l'observation que les Q'eros ne semblaient pas avoir une grande expérience de ce genre de construction. En outre, lors de l'ascension vers la communauté, le guide expliqua aux membres de l'expédition que le seul Q'ero à avoir gardé les cheveux longs coiffés en tresses était un homme du nom de Nazario Samata. Quelques années auparavant, tous arboraient la même coiffure jusqu'au jour où le propriétaire de l'*hacienda* entra dans une colère noire et les blâma d'être sales et de transmettre des puces. Il donna l'ordre à tous de se couper les cheveux sous peine de quitter ses terres. Samata avait acheté sa propre parcelle quelques années auparavant et ne pouvait donc pas être expulsé (Barreda Murillo 2005: 47-48).

Cet épisode nous montre combien l'isolation des Q'eros était surtout une isolation géographique. Le système des *haciendas* avait clairement bouleversé les pratiques des Q'eros qui, tout comme la plupart des communautés andines, étaient soumis à une institution stricte et brutale de type féodal. Le propriétaire de l'*hacienda* avait mis en place un système servile qui subsista au Pérou jusqu'à la réforme agraire de 1968-1975. Son autorité s'opérait à différents niveaux. Par exemple, à cette époque, les *campesinos* devaient payer la corvée appelée *mit'a*, une institution d'origine préhispanique que l'administration coloniale s'était réappropriée. Bien qu'elle ait été abolie par Simón Bolívar en 1824, elle perdurait encore sur le terrain. Ainsi, les Q'eros devaient travailler en moyenne entre 180 et 250 jours par an au service du propriétaire de l'*hacienda* afin de bénéficier du droit de cultiver la terre pour eux-mêmes. (Flores Ochoa et Nuñez del Prado 2005: 19).

Jorge Flores Ochoa (2005: 34) souligne que l'expédition scientifique avait été mise sur pied dans le but d'étudier une communauté figée dans le temps. Cependant, Nuñez del Prado et ses collègues se rendirent compte rapidement des brutalités subies par les Q'eros, une exploitation servile qui excédait les limites imaginables de l'abus. L'intérêt scientifique du groupe se transforma donc rapidement en un soutien politique. À son retour, Nuñez del Prado prit la responsabilité de les accompagner dans leur lutte pour sortir du système de l'*hacienda*. Sa campagne mobilisa un grand nombre de médias et de moyens d'action, allant de la presse écrite jusqu'à la prise de parole devant le parlement de Lima (Flores Ochoa 2005: 34).

L'expédition scientifique de 1955 avait été initialement interdite par le recteur de l'UNSAAC en raison des positions politiques des participants. La mission n'a été rendue possible que grâce au financement du quotidien de Lima *La Prensa*, l'un des périodiques nationaux les plus importants de l'époque qui détacha un rédacteur auprès des membres de l'équipe. Grâce à cet appui, l'expédition jouit d'une attention au niveau national. Les titres des éditoriaux et des articles de journaux le prouvent: « Un musée vivant de l'empire inca est à l'étude par des scientifiques péruviens », « Q'ero, une communauté admirable, témoin vivant du Pérou pré-incaïque », « Des ethnologues découvrent le mystère des *quipus* chez les Q'eros »[31], « Les incroyables excès d'un seigneur féodal sont en train d'exterminer les Q'eros » (Le Borgne 2003: 144; Wissler 2010: 108)[32]. Dans ces articles, les journalistes de *La Prensa* soutenaient la cause défendue par Nuñez del Prado en dénonçant les abus du système colonial qui profitaient au propriétaire latifundiste.

Grâce à cet appui médiatique et malgré les oppositions politiques, la campagne menée par Nuñez del Prado fut un succès. Les Q'eros parvinrent à se libérer du système oppressif de l'*hacienda* en obtenant en

---

31 Selon Gary Urton (2004: 36), « les quipus, du mot quechua 'nœud', étaient des trousseaux de ficelles nouées et teintes utilisés par les Incas pour enregistrer des informations statistiques, tels que des comptes de recensements et de tributs, ou des informations interprétables – par des voies que nous ne comprenons pas encore entièrement – par des experts nommés *quipucamayuq* 'faiseurs ou gardiens des nœuds' en vue de narrer des récits sur le passé inca ». Ma traduction.

32 « *Un museo viviente del incanato estudian científicos peruanos* » (*La Prensa*, 21 août 1955) et « *Q'ero es una ciudad admirable, testimonio del Perú preincaico* » (*La Prensa*, 22 août 1955).

1964 des titres de propriété (Müller et Müller 1984*a*: 162). Yann Le Borgne (2003: 144-145) affirme que l'engagement médiatique et scientifique des membres de cette expédition contribua à transformer les Q'eros en figure éponyme de l'authenticité autochtone, laquelle était alors recherchée pour construire l'image du Pérou en devenir. Guillermo Salas Carreño (2007: 108) souligne également que le discours cusquénien respectueux à l'égard des Q'eros était enraciné dans le mouvement indigéniste de la première moitié du XXe siècle qui n'a jamais renoncé à cette vision romantique des Q'eros comme derniers gardiens du passé incaïque[33]. D'après Le Borgne (2003: 141), l'analyse des documents ethnographiques collectés à cette époque auprès des Q'eros fait apparaître l'évolution des préoccupations identitaires de la société cusquénienne. En effet, ces écrits se concentrent essentiellement sur la quête d'une autochtonie originelle andine plutôt que sur la description des structures et des pratiques sociales. Le Borgne (2003: 144-145) critique le choix éditorial fait en 1983 d'avoir intitulé la première édition de l'ouvrage *Q'ero el último ayllu Inka*, et considère que son contenu reflète uniquement les positions politiques des auteurs. Prenant la défense de ces derniers, Holly Wissler (2010: 108) affirme que Flores Ochoa lui répéta personnellement à plusieurs reprises qu'il regrettait aujourd'hui le titre de l'ouvrage qui a contribué à véhiculer la vision romantique des Q'eros.

---

[33] Henri Favre (2009: 9-10) affirme qu'en Amérique latine «l'apogée du mouvement indigéniste se situe entre 1920 et 1970. L'indigénisme devient alors l'idéologie officielle de l'État interventionniste et assistantialiste qui se met en place au cours de la Grande Dépression et qui se dote des moyens nécessaires pour mener le projet national à son terme. Cet État libère la population indienne du joug traditionnel des pouvoirs fonciers en réalisant la réforme agraire. Il ouvre des canaux de mobilité sociale qui favorisent l'ascension massive des Indiens à l'intérieur de la structure de classes. Il promeut une culture nationale populaire dont la production, diversement inspirée de l'héritage indigène, trouve un marché dans les classes moyennes en rapide expansion. Enfin, il donne une profondeur nouvelle au passé national en lui annexant les civilisations précolombiennes. […] Le mouvement indigéniste est la manifestation non d'une pensée indienne, mais d'une réflexion créole et métisse sur l'Indien. Il se présente d'ailleurs comme tel, sans jamais prétendre parler au nom de la population indienne. Il n'empêche qu'il décide de son sort en ses lieux et places, selon les intérêts supérieurs de la nation tels que les indigénistes les conçoivent».

1.4 Le mythe d'Inkarrí

La collecte d'une version du mythe d'Inkarrí par l'un des membres de l'expédition, Morote Best, a également renforcé la légende du passé incaïque des Q'eros et a rapidement suscité un débat au sein de l'ethnologie andiniste. Car, outre ses éléments symboliques et religieux, ce mythe révélait la formation idéologique d'une nouvelle conception du passé des sociétés andines, laquelle donna naissance à des mouvements nationalistes, quoique marginaux. Le gouvernement militaire du général Velasco Alvarado a ainsi utilisé la figure d'Inkarrí comme symbole d'identification (Flores Ochoa 2005: 33).

Orin Starn (1990: 64) contribua au débat sur le mouvement indigéniste en introduisant le terme *andeanism* pour décrire les «représentations qui dépeignent les paysans contemporains des Hauts Plateaux comme extérieurs au flux de l'histoire moderne». Starn affirme que l'andinisme est devenu au cours du XXe siècle un objet principal de réflexion d'écrivains, de politiciens, de réalisateurs, de peintres, de photographes et d'anthropologues. Ce courant est né au début du XXe siècle dans un contexte où les théories évolutionnistes, qui avaient dominé les sciences sociales depuis le XIXe siècle, commençaient à être contestées. C'est à cette époque que le mouvement indigéniste commence à attaquer l'image des communautés andines décrites comme inférieures et à proposer une nouvelle approche dans laquelle les paysans des Andes sont porteurs de l'héritage précolonial. C'est également dans ce contexte que naît le mythe d'Inkarrí, lequel incarne un espoir messianique qui sera par la suite utilisé dans plusieurs discours de type indigénistes (Baud 2011: 29).

Nuñez del Prado (2005: 201-203) recueillit une seconde version du même mythe au cours du même voyage. La voici:

> Il fut un temps où le soleil n'existait pas et la terre était habitée uniquement par des hommes qui possédaient le pouvoir de faire marcher les rochers et de transformer les montagnes en plaines. La lune irradiait la pénombre en éclairant légèrement les activités de ces êtres connus sous le nom de *ñawpa machu*[34]. Un jour, le Roal, ou

---

34 Les *ñawpa machu* sont connus également sous le terme de *ch'ullpa*. En 1931, Alfred Métraux fut le premier a enregistrer une version du mythe des *ch'ullpa* chez les Chipaya, dans la province de Carangas en Bolivie (Sendón 2010: 134).

esprit créateur, chef des *Apu*, demanda aux *ñawpa machu* s'ils voulaient recevoir ses pouvoirs. Ces derniers lui répondirent avec beaucoup d'orgueil qu'ils possédaient déjà suffisamment de pouvoirs et qu'ils n'avaient pas besoin des siens. Irrité par cette réponse, il décida de créer le soleil et lui ordonna de s'élever. Aveuglés par la puissante lumière, les *ñawpa machu* trouvèrent abri dans de petites maisons aux portes de cristal à travers lesquelles la chaleur du rayonnement les déshydrata, transformant ainsi leurs muscles en chair sèche collée à leurs os. Malgré cela, ils ne périrent pas et aujourd'hui encore les *suq'a* sortent de ces refuges certaines nuits, lorsque le soleil se couche ou lorsque la nouvelle lune apparaît. La Terre sans les *ñawpa machu* aurait été rendue inactive, aussi les *Apu* décidèrent de créer de nouveaux êtres : Inkarrí et Qollari, un homme et une femme qui tous deux possédaient beaucoup de sagesse. Les *Apu* donnèrent à Inkarrí une barre en or et à Qollari une roche comme symbole de pouvoir et de travail. Inkarrí avait reçu l'ordre de fonder un grand peuple en un lieu où il y aurait jeté sa barre laquelle se serait plantée dans un sol parfaitement droit. Il tenta de la lancer une première fois mais elle tomba mal. La deuxième fois, la barre tomba entre des montagnes noires et le bord d'un fleuve. Bien qu'elle soit tombée de manière oblique, Inkarrí décida d'ériger un village en ces lieux : à Q'ero. Les conditions n'étaient pas propices et dans la même région, il fit construire ce qui est connu aujourd'hui comme les ruines de Tampu. Fatigué, sale et transpirant en raison de l'effort fourni, il décida de prendre un bain mais le froid ne s'y prêtait pas. Il décida alors de créer les eaux thermales d'Upis. Inkarrí continua de construire son village, manquant ainsi à son devoir vis-à-vis des *Apu*. Ces derniers, pour lui faire comprendre ses erreurs, donnèrent aux *ñawpa machu*, qui observaient la scène avec jalousie, une nouvelle vie. Le premier souhait des *ñawpa machu* fut d'éliminer Inkarrí en jetant une grande pierre sur le fils des esprits des montagnes. Epouvanté par les *ñawpa machu*, Inkarrí retourna dans la région du lac Titicaca pour y méditer. Après quelques temps, il décida de retourner finalement vers la région du fleuve Vilcanota et il jeta pour une troisième fois la barre qui cette fois-ci se planta parfaitement à la verticale dans le centre d'une vallée fertile. C'est en ce lieu qu'il fonda Cuzco et y résida pendant longtemps. Cependant, Q'ero ne pouvait pas sombrer dans l'oubli. Inkarrí ordonna alors à son premier fils de se rendre là-bas pour peupler le village. Lui et ses descendants se dispersèrent en différents lieux, donnant ainsi naissance à la civilisation des Incas.

Outre les deux versions recueillies lors de l'expédition de 1955, Thomas Müller et Helga Müller (1984*b*) en collectèrent quatre autres auprès des Q'eros dans les années 1970. Comme dans les deux versions précédentes, Inkarrí y est accompagné de Qollari qui est cependant décrit comme un homme. En cela, leur synopsis est conforme à la majorité des versions de la région de Cuzco qui décrivent les deux héros comme des personnages de sexe masculin. Dans la transcription de Morote Best, Qollari est le frère d'Inkarrí. Par ailleurs, dans les versions recueillies par Müller et Müller, il est présenté en termes d'opposition et de complémentarité avec Inkarrí. La version de Nuñez del Prado présente beaucoup de ressemblances avec le mythe de fondation de Cuzco par Manco Capac et Mama Ocllo (Müller et Müller 1984b: 126).

Le mythe d'Inkarrí a pris une importance considérable suite à la publication de plusieurs versions recueillies dans les années 1950 par le célèbre écrivain cusquénien José Maria Arguedas (Urton 2004: 123). Suite à ses travaux et à ceux de Roel Pineda, un nombre croissant de chercheurs se sont consacrés à la collecte et à l'analyse de ce récit sur fond d'enjeux politiques et identitaires (Getzels 2005: 312). Comme le souligne David Gow (1974: 62), ce mythe a une forte composante messianique et millénariste. Urton (2004: 122-123) signale que sa caractéristique principale est le nom même d'Inkarrí, lequel est formé des termes 'Inca' et 'roi' (*rey*). La composante millénariste prédit un avenir où le monde andin traversera un cataclysme qui détruira le monde dominé par les Espagnols. Leur chute rétablira l'autorité de l'Inca comme monarque suprême. Ces traits sont parfaitement en accord avec le concept andin de *pachakuti* qui désigne une révolution ou un retournement de l'espace-temps. Il est probable que le mythe d'Inkarrí ait été diffusé au cours du mouvement millénariste du Taqui Onqoy (*taki unquy*) au XVIe siècle. Ce soulèvement agitait la menace d'un bouleversement imminent, d'un nouveau *pachakuti* qui restaurerait la tradition andine à la suite de l'abandon du culte des huacas (*wak'a*), ces lieux et objets de culte habités par des entités surnaturelles[35] (Le Borgne 2003: 146). Cette perspective cyclique place Inkarrí dans trois catégories qui le définissent comme: 1) un héros culturel et une divinité créatrice, 2) un guerrier courageux qui transforme la société andine en créant à la fois le chaos et l'ordre, 3) un messie païen qui réapparaîtra pour sauver ses fils andins de l'oppression espagnole. Inkarrí est donc évoqué sous l'une de ces manifestations, ou sous une forme combinée de ces différentes catégories. On trouve généralement les trois catégories réunies dans les mythes recueillis à Q'ero (Getzels 2005: 312-314).

D'après Peter Getzels (2005: 312-316) dont l'étude remonte aux années 1980, les Q'eros véhiculent la croyance qu'Inkarrí est leur père symbolique

---

35   À propos des *wak'a* préhispaniques, voir Bray (2015).

et se font appeler 'fils d'Inkarrí'. «Les vêtements que nous utilisons sont les vêtements d'Inkarrí. On plante et on récolte selon la manière dont Inkarrí nous l'a enseignée» (Getzels 2005: 318). Ils prédisent son retour à la suite de la disparition des neiges de l'*Apu* Ausangate ou de l'*Apu* Wamanlipa. Cependant, au cours de mes séjours à Q'ero, personne ne m'a jamais parlé du mythe d'Inkarrí. Il ne s'agissait pas non plus d'une question centrale de mon travail et je n'ai donc jamais abordé directement le sujet.

L'*Instituto nacional de cultura* (INC 2005: 11) observe que les vestiges archéologiques de la région, dont l'étude scientifique reste à mener, attestent d'une occupation ancienne de Q'ero. L'archéologue Barreda Murillo affirme qu'il est possible de formuler quelques hypothèses à partir des fragments céramiques retrouvés *in situ* prouvant une présence inca. Le territoire appartenait sans aucun doute au Tawantinsuyu, les 'quatre quartiers' qui composaient l'Empire incaïque. Cependant, à ce jour, nous ne pouvons pas déterminer avec certitude si les occupants de ce territoire étaient Incas, ou bien s'ils formaient un groupe allié ou soumis à ces derniers.

Lors de mes discussions avec les Q'eros, certains de mes interlocuteurs ont évoqué le passé incaïque de leur communauté. Mais au-delà d'un discours proche du romanticisme incaïque s'adressant principalement aux touristes, les Q'eros évoquent plus volontiers leur affinité avec les sociétés amazoniennes. Je transcris ici l'extrait d'un dialogue avec Antonio, l'un de mes interlocuteurs Q'ero:

> GC: Tu m'as dit avant qu'il y a, d'une part, les Q'eros des Andes et, d'autre part, les Q'eros de la forêt.
>
> Antonio: Oui, il y a environ 1500-1800 ans, les Q'eros formaient un seul groupe vivant dans la forêt. Mais apparemment, le gibier commença à se faire rare. Pour cette raison, le peuple Q'ero s'est divisé en deux. Une partie est venue ici, et l'autre est restée dans la forêt.
>
> GC: Donc, tu es en train de me dire que les Q'eros sont en fait des gens issus de l'Amazonie?
>
> Antonio: Oui, nous venons de la forêt et je peux te le démontrer. Il y a deux lieux appelés Llaqtacincasqa et Simunkaqa dans la *ceja de selva* de Marcachea et Hatun Q'ero. Plus en haut, il y a Antipukara et encore plus en altitude, Hachirani. En montant un peu plus, on arrive ici, dans la *puna*, le lieu dans lequel les Q'eros ont choisi de fonder leur nouvelle maison.

GC : Et pourquoi sont-ils restés ici ?

Antonio : Nous étions des chasseurs. Dans la forêt, nous ne trouvions pas assez d'animaux. Nous sommes alors montés d'abord jusqu'à la *ceja de selva*, puis jusqu'au *bosque nublado* pour ensuite monter encore plus haut où nous avons commencé à chasser les camélidés, jusqu'à les domestiquer. Nous sommes alors restés avec eux. C'est pour eux que nous sommes restés ici, c'est en raison de la présence de bétails. Mais nous n'oublions pas le fait que nous venons initialement de la forêt. En effet, chaque année pendant le *Quyllur rit'i*, nous effectuons une danse qui s'appelle *Wayri ch'unchu* en souvenir des peuples d'Amazonie[36]. On fait la même chose pendant les mercredis de Carnaval où un Q'ero s'habille de Wachipaeri, tel un homme de la forêt[37]. Il semble qu'un représentant Wachipaeri venait autrefois régulièrement pendant le Carnaval.

Non loin de Pilcopata (région de Madre de Dios), se trouve une communauté appelée Queros dont la graphie hispanisée ne contient pas d'apostrophe, celle-ci étant remplacée par la lettre 'u'. Elle est mieux connue sous le nom de Wachipaeri. Le Borgne (2003 : 147) affirme que la dimension amazonienne des Q'eros n'a jamais été mentionnée. *A contrario* de mon enquête de terrain, il soutient que les Q'eros eux-mêmes sont laconiques au sujet de leur lien éventuel avec les habitants de la forêt amazonienne qu'ils perçoivent comme hostiles. Or, selon Renard-Casevitz et ses collaborateurs (1986), les communautés qui peuplent le versant oriental de la Cordillère Vilcanota entretiennent des relations très anciennes avec celles de la forêt amazonienne.

D'après Gail Silverman-Proust (2005 : 349), qui a travaillé sur les textiles des Q'eros, les motifs de leurs vêtements révèlent des conceptions cosmologiques similaires à celles de leurs ancêtres incas. L'un de leurs motifs principaux est le *ch'unchu* qui n'existe dans aucune autre tradition culturelle de la région andine, et qui représente les habitants de la forêt (*selva*). Sa présence sur les textiles Q'ero constituerait un indice en faveur de l'hypothèse de la

---

36   Le *Quyllur rit'i* se déroule à une vingtaine de kilomètres d'Ocongate, non loin du territoire des Q'eros. Chaque année, plus de 10 000 pèlerins venus de toute la région de Cuzco montent jusqu'au pied du glacier de la montagne Sinakara.

37   Le Carnaval est la principale fête du calendrier rituel des Q'eros. La fête débute avec les rites familiaux consacrés aux alpagas et aux lamas, le *Phallchay*, et s'achève avec la grande fête du mercredi des Cendres, le *tinkuy* au cours duquel les jeunes des communautés avoisinantes se rencontrent.

migration des Q'eros depuis la *selva* jusqu'à la *puna*, l'écosystème situé au dessus de 3800 mètres d'altitude (Silverman-Proust 2005: 350-351). D'autre part, selon l'auteure, la présence d'un motif aux couleurs noir-rouge-beige combiné au motif représentant Viracocha (*Wiraqucha*), la divinité solaire préhispanique, suggère l'influence de la culture Tiwanaku, une civilisation du bassin du lac Titicaca antérieure aux Incas[38]. Silverman-Proust (2005: 357-358) identifie enfin une déclinaison de sept motifs représentant le soleil, *Inti*, semblable en cela à la cosmologie des Incas.

L'ethnomusicologue John Cohen (2005: 367) soutient également l'hypothèse d'une origine amazonienne des Q'eros. En effet, les chansons – paroles comprises – et les mélodies de flûtes des Q'eros seraient très différentes de celles des autres groupes andins. Cohen propose donc deux hypothèses. Le patrimoine musical des Q'eros serait le témoignage soit d'une connexion avec la culture de la forêt, soit d'une préservation de formes culturelles anciennes issues de la *sierra* (région andine). Une hypothèse n'exclut pas nécessairement une autre. Si l'origine amazonienne des Q'eros est infirmée par mes interlocuteurs, elle n'exclut pas qu'ils aient également subi des influences de la civilisation de Tiwanaku et des Incas, comme leurs textiles et leur tradition musicale semblent l'indiquer.

Cette discussion sur l'origine mythique des Q'eros est fondamentale à la compréhension de l'importance qu'ils ont pris dans l'horizon intellectuel péruvien à partir de la deuxième moitié du XXe siècle. L'impact du catholicisme et de l'oppression coloniale qu'ils ont subis montre qu'ils ne vivaient pas en autarcie totale malgré leur isolement géographique. Les Q'eros ne sont donc pas beaucoup plus exotiques que beaucoup d'autres communautés andines.

---

38   À propos de Viracocha, voir Itier (2013).

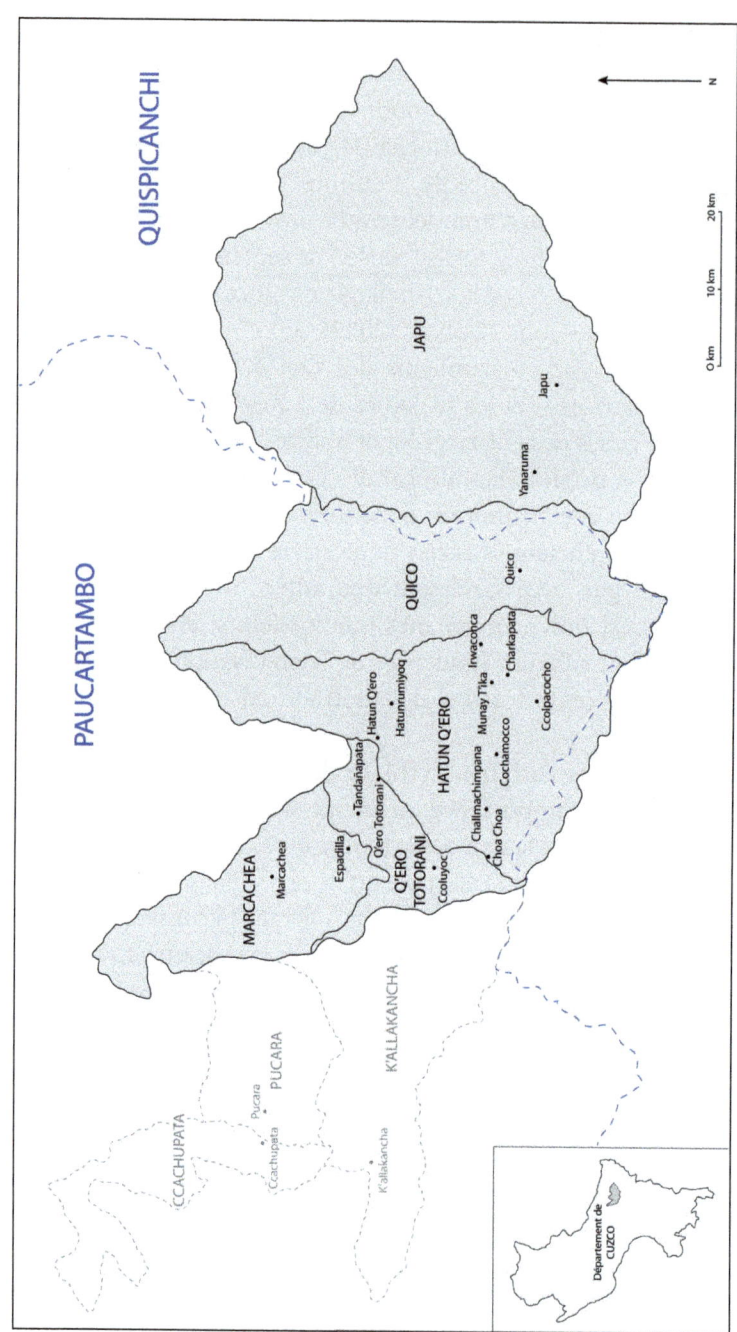

Carte 2 : La Nación Q'ero (d'après INC 2005).

1.5 La Nación Q'ero

Le territoire de Q'ero se situe à 190 kilomètres au nord-est de la ville de Cuzco, sur le flanc oriental de la Cordillère Vilcanota, dans le département de Cuzco (provinces de Paucartambo et Quispicanchi). Dans leurs publications, les membres de l'expédition de 1955 désignent la communauté établie sur ce territoire par le nom général de Q'ero. Celle-ci s'appelle cependant Hatun Q'ero (le grand Q'ero) et n'est qu'une communauté parmi les cinq composant l'ensemble de la Nación Q'ero. Les quatre autres sont: Q'ero Totorani, Marcachea, Quico et Japu. Par ailleurs, l'INC considère que trois autres communautés font partie intégrante de Q'ero, à savoir K'allakancha, Ccachupata et Pucara (Carte 2). Dans un rapport publié en 2005, l'INC divise ces huit communautés en trois catégories. Hatun Q'ero, Q'ero Totorani et Marcachea y sont décrits comme des «communautés aux caractéristiques originaires», tandis que Japu et Quico appartiennent aux «communautés traditionnelles qui possèdent l'accès aux autres districts», et enfin, K'allakancha, Ccachupata et Pucara sont à «forte vulnérabilité culturelle» en raison de leur proximité avec la capitale de la province (INC 2005: 17).

Ces distinctions, essentiellement basées sur le niveau d'accès aux centres urbains, sont évidemment réductrices. Certes, l'accès routier est un facteur important de développement matériel mais, comme nous le verrons par la suite, il n'est pas le seul. Il est toutefois pertinent de garder à l'esprit cette distinction opérée entre les huit communautés de Q'ero, aussi approximative soit elle. J'ai concentré mes recherches sur les cinq premières d'entre elles, c'est-à-dire Hatun Q'ero, Q'ero Totorani, Marcachea, Quico et Japu, qui forment la Nación Q'ero, une association à visée politique récemment créée. Le terme *nación* est ici purement rhétorique puisque sur le plan juridique, les Q'eros sont des citoyens péruviens. L'anthropologue Regis Andrade, qui travaille à l'INC, m'a expliqué:

> Dans le registre publique, la Nación Q'ero est formée seulement de cinq communautés. Les trois autres ont été exclues en raison d'un problème d'ordre politique. Jusqu'en 2004, les huit communautés s'entendaient plus ou moins bien. Mais un évènement en 2004 a changé la donne. À cette époque, un froid intense accompagné d'un gel dévastateur affectèrent fortement la région de Q'ero. Les dégâts

étaient surtout importants à Hatun Q'ero et à Q'ero Totorani. Aussi, la *primera dama* Eliane Karp, l'épouse du Président péruvien de l'époque, Alejandro Toledo, décida de verser une donation aux victimes. Or cette donation ne parvint jamais jusque dans les zones les plus sinistrées. Elle fut absorbée en bas, à K'allakancha, Ccachupata et Pucara, soit les régions les moins touchées par le phénomène. Ainsi donc, ceux qui avaient réellement besoin d'aide ne l'ont jamais reçue. Cet épisode a entraîné la rupture définitive entre les trois communautés avantagées et les autres. Par ailleurs, les cinq autres communautés ont argumenté que les trois communautés du bas n'observaient plus réellement les pratiques et expressions culturelles typiques des Q'eros. Aussi, pour cette raison ils créèrent la Nación Q'ero, une nouvelle association politique qui n'englobe que cinq communautés au regard de l'État[39].

Dans ce livre, je ne fais référence qu'aux habitants de ces cinq communautés. Bien que de nombreux auteurs parlent de Q'ero comme d'une seule collectivité, je définis l'ensemble des Q'eros comme un groupe autochtone divisé en cinq communautés spatialement délimitées, lesquelles se subdivisent à leur tour en secteurs. En effet, leur territoire compte 28 secteurs ou *anexos*[40]. Au fil du texte, j'utilise le terme communauté(s) en référence aux cinq groupes composant la Nación Q'ero, à savoir : Hatun Q'ero, Q'ero Totorani, Marcachea, Japu et Quico.

---

39 Entretien effectué à Cuzco le 25 juillet 2012. Eliane Karp, anthropologue de formation, avait également eu pour projet de faire construire une route afin de relier Q'ero. Mais cette proposition suscita nombre de conflits au sein de la communauté. Karp visita notamment l'école de Munay T'ika où avait eu lieu l'assemblée de l'*anexo*. Son intérêt pour les Q'eros comme symbole de cohésion nationale coincida avec les efforts de son époux, le président Toledo, à revendiquer une origine autochtone.

40 J'évoquerai souvent un secteur appelé Munay T'ika, associé à la communauté de Hatun Q'ero et comprenant les villages de Ccolpacocho, Charkapata et Irwaconca. Bien que l'INC considère les villages de Ccolpacocho et Charkapata comme des secteurs différents, j'estime qu'ils ne forment qu'un seul et même secteur au vu de leur proximité, des liens familiaux qui lient leurs résidents et de leur fréquentation commune de l'école de Munay T'ika.

1.6 Cinq communautés autochtones

L'historiographie et l'ethnographie péruviennes font la distinction entre deux catégories d'*indígenas*. D'une part, les *indígenas* coloniaux sont les populations qui faisaient partie du Tawantinsuyu avant la Conquête et qui se sont intégrées au régime colonial. D'autre part, les *indígenas* non colonisés, également appelés 'sociétés de frontière', désignent les populations situées dans la forêt amazonienne. Pendant la période coloniale, les *indígenas* qui vivaient sur le territoire de l'Empire inca et qui payaient le tribut étaient également appelés *indios* (Remy 2013: 7).

Après la Conquête, tout en se substituant à la souveraineté incaïque, les autorités espagnoles inscrivent leurs relations avec les *indios* dans une certaine continuité avec le passé andin. D'une part, elles prétendent protéger les droits des autochtones en échange d'un tribut dû au roi d'Espagne. D'autre part, elles favorisent la diffusion du quechua comme 'langue générale' dans de nombreuses régions, notamment grâce à l'impulsion missionnaire qui privilégie les langues autochtones pour la transmission de la Parole chrétienne (Remy 2013: 7-8).

En 1570, le vice-roi Francisco de Toledo propose une première réforme agraire et crée de nouveaux villages appelés réductions (*reducciones*) éloignés des lieux de culte ancestraux. À l'époque, le taux de mortalité des populations autochtones est extrêmement élevé, atteignant près de 90% dans les zones côtières. Leur rassemblement en villages de réduction permet alors un meilleur recensement. La loi garantit aux autochtones un territoire sur lequel cultiver leurs produits de subsistance et à partir duquel ils payent leur contribution. C'est ainsi que naissent les communautés autochtones attachées à un territoire délimité, reconnues et protégées par l'État. Ces *pueblos de reducción* sont les *ayllu* des Incas qui se réunissent et forment de nouveaux villages avec leurs propres normes et leurs propres traditions (Remy 2013: 8).

Au lendemain de l'Independence qui donna naissance à la République du Pérou (1821), Simón Bolívar souhaita établir une citoyenneté unique sur l'ensemble du territoire. Il mit fin à l'obligation du tribut pour les autochtones, mais cette contribution qui représentait 80% du revenu étatique fut rapidement rétablie après son départ et sera prélevée jusqu'en

1851, lorsque le président Ramón Castilla la supprima définitivement. À partir de cette date, les terres communales ne furent plus protégées par l'État. Progressivement, les populations autochtones se sont vues obligées de vendre leurs terres, plus ou moins volontairement, aux grands propriétaires fonciers (Remy 2013: 8). Cette période correspondit à l'expansion du système de l'*hacienda* dans le sud du Pérou (Sendón 2009*b*: 52). Dès lors, les autochtones ne furent plus autorisés à sortir de leur communauté pour vendre leur force de travail et payer le tribut à l'État. On parla alors de 'communautés captives' dont la réclusion entraîna la perte d'une part importante de la main d'œuvre dans la *sierra*. Pour remédier à ce problème, les *hacendados* incorporèrent le territoire de ces communautés dans leurs *haciendas*. En échange de la terre qui leur appartenait précédemment, la population autochtone dut dorénavant payer une nouvelle contribution aux propriétaires terriens sous forme de prestations de travail et de produits agricoles (Remy 2013: 9).

En 1920, le gouvernement d'Augusto Leguía réforma ce *statu quo* et offrit aux communautés autochtones la garantie d'une reconnaissance constitutionnelle. Cette décision fut prise suite à une vague de protestations autochtones dénonçant le système des *haciendas* et revendiquant le droit à la terre. Ainsi, les communautés qui avaient été réduites à l'époque de Toledo furent à nouveau reconnues par l'État péruvien dans la loi constitutionnelle de 1920 instaurant le registre des *comunidades indígenas*. Cette reconnaissance ouvrit la voie légale à la récupération des terres perdues au cours de l'expansion des *haciendas* (Remy 2013: 10). Un an plus tard, le gouvernement créa l'Agence des affaires autochtones (*Sección de asuntos indígenas*) dont le but était de traiter les cas d'abus continus des propriétaires fonciers à l'égard des autochtones (Sendón 2009*b*: 52).

Suite à la réforme agraire du gouvernement Velasco Alvarado, plusieurs propriétaires d'*hacienda* furent expropriés par l'État en 1969, et une grande partie des territoires ainsi récupérés fut restituée aux autochtones (Sendón 2009*b*: 52). Velasco fit également adopter la loi n° 24656 sur les 'communautés paysannes' qui remplaça l'expression *comunidades indígenas*, jugée péjorative, exclusive et discriminatoire, par les termes de *comunidades campesinas*. Elle élargissait par là même les droits de ces communautés (Remy 2013: 11-12). Quelques années plus tard, en 1974, le même gouvernement introduisit la loi n° 20653 qui étendait les droits autochtones aux 'communautés natives' de l'Amazonie. En ouvrant un registre de *comunidades nativas*, Velasco permit aux peuples amazoniens de devenir propriétaires de leurs terres (Remy 2013: 15). Enfin, le gouvernement du général Morales Bermúdez dérogea cette loi en 1978, et la remplaça par la loi n° 22175 (Alvarez 2012: 112). Entre 1920 et 1968, plus de 1500 communautés autochtones furent reconnues par l'État péruvien. Entre 1969 et 1991, l'État enregistra environ 5000 communautés paysannes dont 804 dans la région de Cuzco (Trivelli 1992: 24-25).

Après cette brève histoire des droits autochtones au Pérou, revenons aux cinq communautés de Q'ero. Quel est le terme le plus adéquat pour les définir? Le titre du livre de Flores Ochoa et Nuñez del Prado les désigne par le terme d'*ayllu*. À ce sujet, Pablo Sendón (2006: 295) remarque que nombre de travaux anthropologiques relatifs à la région andine ne distinguent pas de façon suffisamment adéquate les termes d'*ayllu* et de communauté. L'*ayllu* désigne une forme d'organisation sociale associée le plus souvent à une dimension parentale, tandis que la communauté désigne une formation institutionnelle qui, dans le cas péruvien, est strictement liée à différents projets politiques et juridiques mis en œuvre par l'État depuis 1920. Si l'usage du terme de communauté s'inscrit dans un moment précis de l'histoire du Pérou républicain en lien avec la reconnaissance juridique des autochtones et leur inclusion dans le territoire national, le terme d'*ayllu* renvoie à des principes d'organisation sociale typiques de la tradition andine (Sendón 2009a: 108-109). Les formes sous lesquelles se présente l'*ayllu* – organisation dualiste, tripartite ou quadripartite – renvoient à l'univers des relations de parenté, elles-mêmes sujettes à variations d'un *ayllu* à l'autre. Ainsi, les membres de l'*ayllu* sont liés par des pratiques sociales, économiques, politiques et rituelles impliquant la mobilisation de relations de parenté. Sendón montre l'imprécision du titre *Q'ero el último ayllu Inka* qui ne spécifie pas que les cinq communautés de Q'ero constituent cinq *ayllu* différents.

Comme je l'ai indiqué, l'État péruvien instaura l'usage de l'expression 'communautés paysannes' en 1969 pour désigner les communautés andines. Sendón (2009a: 109), quant à lui, emploie les termes de 'populations paysannes-autochtones' (*poblaciones campesinos-indígenas*). Ayant définit l'*ayllu* comme une forme d'organisation sociale, il abandonne le terme communauté qui s'est imposé à travers les évolutions politiques pendant les périodes coloniale et républicaine, pour adopter la désignation de *poblaciones*. Bien que je partage la position de Sendón sur la définition de l'*ayllu*, j'éviterai d'utiliser ce terme au cours de mon argument parce que l'État péruvien ne le reconnaît pas juridiquement comme une forme d'organisation institutionnelle. Je désignerai les Q'eros par l'expression de communautés autochtones.

Selon Isabelle Schulte-Tenckhoff (2002: 68), la notion de communauté n'a rien d'évident en sciences sociales. Son emploi requiert une distinction d'ordre empirique, prenant en compte la réalité des communautés comprises comme des entités socioculturelles concrètes et délimitées, et une distinction d'ordre conceptuel, autrement dit la communauté en tant que construction idéelle. Schulte-Tenckhoff (2002: 69-70) souligne que l'anthropologie des communautés se trouve aujourd'hui aux prises avec les changements entraînés par les migrations et les flux culturels transnationaux. Les communautés se transforment, se disloquent et disparaissent, laissant place à l'émergence de nouvelles communautés. C'est dans ce contexte que se pose la question de la reconnaissance des droits collectifs, c'est-à-dire les droits individuels dont l'exercice présuppose l'appartenance à un groupe. La notion de communauté renvoie ainsi à une qualité intrinsèque qui peut être rendue probatoire dans le domaine du droit. L'auteure souligne que c'est justement là que les problèmes commencent : « poser l'existence de critères en fonction desquels les communautés pourraient d'emblée se prévaloir d'une forme de personnalité juridique signifie adopter, par la force des choses, une conception aussi essentialiste que fonctionnaliste – conception qu'une anthropologie critique cherche justement à dépasser » (Schulte-Tenckhoff 2002: 70).

Or, en sciences sociales, la conception de la communauté en tant que groupe social homogène ancré territorialement a récemment laissé place à celle d'une entité symbolique hétérogène construite par les individus dans la poursuite d'objectifs communs (Schulte-Tenckhoff 2002: 73). « Abordée sous cet angle, la référence communautaire est susceptible de servir de riposte à des conditions d'inégalité ou à une situation de 'minorisés' au sein de l'État libéral et pluraliste » (Schulte-Tenckhoff 2002: 73). Dès lors, deux questions fondamentales se posent :

> […] la notion de communauté possède-t-elle, en droit, une valeur analytique ou normative intrinsèque ? Les communautés sont-elles susceptibles de se prévaloir

d'une personnalité juridique ? Plus qu'à la 'collectivité' dans son acception juridique (donc à connotation spatiale précise), on est confronté ici au problème de la délimitation de groupes culturels susceptibles de constituer des entités juridiquement pertinentes. L'envergure du problème apparaît clairement lorsqu'il s'agit d'élaborer des normes juridiques en réponse à l'invocation stratégique de liens communautaires en vue de légitimer ou, inversement, de contester des revendications de droits collectifs (Schulte-Tenckhoff 2002 : 73).

Aussi, en tenant compte des enjeux liés à l'usage du terme communauté, je l'emploie à la place de celui d'*ayllu* parce qu'il est reconnu juridiquement par l'État péruvien.

Ensuite, je préfère le terme autochtone à celui de paysan car il permet d'échapper à la distinction juridique introduite par la notion de communautés natives d'Amazonie. Comme le souligne Peter Gow (1991 : 21), c'est en éliminant la vieille dichotomie entre Indiens acculturés et Indiens rationnels que les populations autochtones pourront s'acquitter de l'image de victimes passives des temps modernes pour devenir des agents centraux du processus social. Je ne vois aucune justification à créer deux statuts juridiques différents entre paysans et natifs. Il nous faut dépasser cette dichotomie et créer un cadre législatif commun à tous les peuples se définissant eux-mêmes comme autochtones[41]. C'est pour cela que je défends la légitimité juridique de définir les Q'eros comme cinq communautés autochtones. Ce choix est inévitablement un positionnement au niveau du droit international[42], mais il ne doit pas être entendu comme une prise de position à l'intérieur du discours autochtone sur le changement climatique. Mon approche se différencie des discours environnementalistes et essentialistes qui posent l'image de l'autochtone comme le gardien de la Terre et victime des conséquences du changement climatique. Ici, mon emploi du terme autochtone doit être entendu de manière plus large. Comme nous le verrons par la suite, il fait surtout référence à la nouvelle loi de consultation préalable du gouvernement dirigé par Ollanta Humala[43].

---

41 Sur la question des droits des peuples autochtones, voir Schulte-Tenckhoff (1997).
42 Voir la *Convention n° 169 relative aux peuples indigènes et tribaux* de l'Organisation Internationale du Travail (OIT) de 1989, et la *Déclaration des Nations Unies sur les Droits des peuples autochtones* de 2007.
43 *Ley del derecho a la Consulta Previa a los Pueblos Indígenas u Originarios reconocido en el Convenio 169 de la Organización Internacional del Trabajo (OIT)*, n° 29785.

1.7 L'organisation politique

Ainsi, à la suite de la réforme agraire de 1969, les cinq communautés Q'ero ont obtenu une reconnaissance juridique auprès du ministère de l'agriculture en conformité avec la Constitution péruvienne et la loi des communautés paysannes. Cette loi leur octroyait une autonomie économique et administrative (INC 2005: 52). Au sein de chaque communauté, les autorités les plus importantes sont l'assemblée générale et la *junta directiva comunal*. Cette dernière met en place les décisions de l'assemblée. Ces deux instances représentent la communauté au niveau politique. La *junta directiva* est composée d'un président, d'un vice-président, d'un secrétaire, d'un trésorier, d'un procureur (*fiscal*) et de deux autres membres nommés pour un mandat de deux ans (INC 2005: 53). À ces deux instances s'ajoutent les deux conseils mineurs de Hatun Q'ero et de Quico qui représentent un plus grand nombre de communautés. Le conseil de Hatun Q'ero inclue Marcachea et Totorani, tandis que celui de Quico inclue Japu. Ces conseils sont composés d'un maire (*alcalde*), d'un adjoint au maire (*teniente alcade*) et de conseillers.

Les secteurs sont parfois constitués de plusieurs villages, comme dans le cas de Munay T'ika (Ccolpacocho, Charkapata et Irwaconca), et ce pour des questions pratiques. À cause de la distance séparant certains villages, il est plus judicieux de former des assemblées de secteur qui ne sont parfois constituées que d'un seul village, comme celle de Choa Choa. Il existe également une assemblée générale de la Nación qui se réunit tous les deux ans. Celle-ci élit un président pour quatre ans avec une rotation entre les cinq communautés. Concernant l'administration de la justice, les Q'eros ont créé une *ronda campesina* qui assume ses fonctions sur l'ensemble du territoire. Cette institution veille à la sécurité au sein de la Nación Q'ero. Enfin, à ces différents groupes s'ajoute un ensemble d'organisations aux fonctions spécifiques appelées 'comités spéciaux', tels que le comité de l'eau potable, le comité de l'agriculture, les clubs sportifs, etc. (INC 2005: 54).

Parallèlement à la structure politique imposée par l'État péruvien, les Q'eros maintiennent encore aujourd'hui leur propre organisation politique traditionnelle antérieure à la réforme agraire de 1969. Le *varayuq*, aussi appelé *alcalde varayuq*, était à la tête des autorités traditionnelles de la communauté et détenait le pouvoir politique le plus important au cours de l'année. Il était secondé par des *regidores* et des *alguaciles* également appelés *karguyuq* (ceux qui possèdent le *cargo*). Aujourd'hui encore, l'*alcalde varayuq*, les *regidores* et *alguaciles* sont chargés de financer et d'organiser les célébrations les plus importantes, notamment le *Chayampuy* (la fête du changement des autorités traditionnelles) et le Carnaval.

Le système politique traditionnel de Q'ero est donc organisé selon le système des charges (*cargos*) traditionnelles, un système de rotation annuelle du pouvoir[44]. À Q'ero, comme dans le reste de la région andine, ce système des charges traditionnelles joue un rôle important parce qu'il confère une reconnaissance sociale sous la forme d'un processus initiatique. Ce système a également une composante économique parce qu'il permet de redistribuer les biens accumulés (animaux, produits agricoles) lors des fêtes. Ce sont les tenants des charges qui ont la responsabilité « d'assurer la prospérité et la pérennité sociale et symbolique du groupe » (Rivière 2008 : 71). Le système des *cargos* aurait ainsi conservé un rôle essentiel comme support de la mémoire sociale des communautés andines. En outre, il s'inscrit dans le cadre d'une réciprocité basée sur les droits et les devoirs des membres de la communauté. En effet, le non-accomplissement des charges peut entraîner l'exclusion sociale de l'individu (Rivière 2008 : 75-76).

Le passage d'autorité entre les anciens et les nouveaux *karguyuq* a lieu au cours du *Chayampuy* (Photo 2). Autrefois, les autorités organisaient les fêtes du Carnaval, de Pâques et le *Quyllur rit'i*, mais dernièrement, cette tradition s'étant perdue, ils n'organisent que le Carnaval. Pendant le *Chayampuy*, les *karguyuq* de l'année précédente, composés de l'*alcalde varayuq*, des *regidores* et des *alguaceles*, passent le témoin aux nouveaux[45].

---

44   Le système des *cargos* trouve son origine dans le *cabildo indígena* institué au XVIe siècle (Rivière 2008 : 73).
45   L'*alcalde varayuq* possède une canne qui s'appelle *vara*. Chaque année, le samedi avant le *Chayampuy*, une délégation de Q'eros descend à Paucartambo à l'église catholique pour y bénir la *vara*.

Photo 2 : La transmission des autorités pendant le *Chayampuy* à Hatun Q'ero, février 2012.⁴⁶

C'est l'*alcade varayuq* qui décide du nombre de *karguyuq*. C'est également lui qui convoque la réunion chargée de nommer le prochain *alcalde* parmi les deux personnes qu'il propose. Au cours de ce processus, le nouvel *alcalde* soumet à l'assemblée les *karguyuq* (*regidores* et *alguaceles*) qui

---

46   Les nouveaux *karguyuq* sont habillés de tissus rouges et jouent le *pututu*, un instrument fabriqué à partir d'un grand coquillage marin. Les *karguyuq* de l'année précédente, qui sont revêtus d'un *poncho* classique de couleur marron, jouent la *quena* en compagnie des *sargentos* tout de blancs vêtus. Les *sargentos* ou *apiris* sont de jeunes Q'eros qui les accompagnent en musique. Vers le début de l'après-midi, les nouveaux *karguyuq* commencent à faire plusieurs tours du village en s'arrêtant devant l'église qui se trouve au centre. Les *karguyuq* dansent et jouent jusqu'à l'église centrale. Lors des trois premiers tours, ils décident quelle sera la chanson chantée au sein de la communauté pendant toute l'année. Durant cette journée, les *karguyuq* ne peuvent parler à personne. Après avoir joué et chanté presque tout l'après-midi, tout le village se réunit finalement sur la place centrale pour manger et boire.

l'assisteront au cours de l'année. Son choix se porte généralement sur des parents réels ou fictifs, comme les *compadres* (compère ou parrain), de l'*alcalde varayuq* qui acceptent leur charge par obligation de la relation préexistante. Être *karguyuq* au moins une fois dans la vie d'un Q'ero constitue une obligation sociale entrainant une charge financière importante. Pour satisfaire à l'organisation du *Chayampuy* et du Carnaval, l'*alcalde* peut abattre jusqu'à une dizaine de lamas ou d'alpagas, tandis que les *regidores* et les *alguaceles* y contribuent plus modestement.

Les réformes imposées par l'État central de Lima semblent avoir crée une certaine confusion au sein de la communauté. Les Q'eros avec lesquels je me suis entretenu perçoivent que les fonctions et les responsabilités de chaque membre de la hiérarchie ne sont pas clairement définies. De plus, en marge de ces obligations politico-administratives, les Q'eros accordent aussi beaucoup d'importance au rôle charismatique assumé par l'*alcalde varayuq*. En outre, presque tous les secteurs possèdent une assemblée indépendante, laquelle statue sur les questions d'ordre politique selon la Constitution péruvienne.

2. Peaux cuites et peaux crues

> Le discours anthropologique, même quand il se veut descriptif, est toujours en situation de traduire. Il assure le passage de la culture indigène à la culture de l'observateur et du lecteur. Dans une telle situation, le différent apparaît comme le lieu de la découverte : il permet le dialogue, la médiation et le compromis entre l'horizon des significations inscrites dans la culture de l'indigène et l'horizon de significations de la culture de l'observateur. Le travail de l'anthropologue ne consiste-t-il pas finalement à discerner des différences sur un fond de ressemblances ? La traduction n'est pas assimilation de l'autre à soi, mais appréciation de la distance entre soi et l'autre.
>
> Mondher Kilani (1994 : 14).

2.1 Le grand départ

Après cette introduction sur les Q'eros, retournons à Cuzco[47]. Une fois mon sac préparé, j'attendais Guillermo dans mon logement. À 10 heures, nous étions dans un taxi en direction de la gare routière d'où partent les bus pour Ocongate. Santos, le beau-frère de Guillermo, s'était joint à nous. Il parlait uniquement quechua mais il possédait quelques connaissances basiques de l'espagnol. À la gare routière, Guillermo acheta une bouteille d'Inca Kola avant de prendre place dans la salle d'attente. Il ouvrit alors la

---

47   L'objectif du deuxième et du troisième chapitres est de présenter mon entrée sur le terrain. À travers le récit de ma rencontre avec les Q'eros et à travers la littérature, je cherche également à approfondir certains aspects (géographique, politique, etc.) de cette population évoqués dans le chapitre précédent. Pour une question de style et pour ne pas créer de confusion, les parties concernant le voyage seront séparées des autres avec un triple astérisque (***).

bouteille et en jeta quelques gouttes au sol qu'il me décrivit comme «une offrande à la *Pachamama*, la mère terre»[48].

Après trois heures de voyage sur la nouvelle *carretera interoceánica* (route interocéanique) qui relie le Brésil à l'océan Pacifique à travers le Pérou, nous sommes arrivés à Ocongate, un petit village au pied de l'Ausangate. Après le repas, nous avons négocié un passage en taxi pour rejoindre le lieu-dit d'Ancasi. Nous avons roulé deux heures sur un chemin de terre battue avant d'arriver à Ancasi, le dernier village connecté à une route en direction de Hatun Q'ero.

* * *

2.1.1 Accès et voies de communication

L'accès routier à Q'ero est très inégal. Certaines communautés et certains secteurs sont mieux connectés que d'autres. Il existe deux points de départ pour se rendre à Q'ero à travers trois routes différentes. Les deux points de départ sont les villages de Paucartambo et d'Ocongate, tous deux situés à environ trois heures de route de la ville de Cuzco.

1) Q'ero via Paucartambo

À Paucartambo, il est possible de louer un taxi ou de faire le voyage à bord de camions qui, à la fin de chaque semaine, montent en direction de la région de Q'ero vers 4 heures du matin. Ils s'arrêtent à K'allakancha. Les commerçants y descendent pour vendre leurs produits tandis que les femmes du village vendent des petits déjeuners. Les camions poursuivent ensuite leur route jusqu'à Pampaqasa où les commerçants organisent un petit marché de fruits et légumes pour les habitants de Q'ero qui vivent non loin. Habituellement, les habitants de Marcachea, situé à 3-4 heures de marche de Pampaqasa, empruntent ce trajet depuis Q'ero Totorani, qui se trouve à 2-3 heures de marche de Pampaqasa, pour se rendre aux secteurs de Hatun Q'ero, notamment celui de Choa Choa.

---

48 La *Pachamama* (mère-terre) et les *Apu* (esprits des montagnes) sont les divinités principales des Q'eros et de plusieurs autres communautés andines.

2) Q'ero via Ocongate et Ancasi

Une autre possibilité, que j'ai adoptée lors de mon premier voyage, est d'emprunter un taxi ou un camion qui monte en fin de semaine vers Ancasi. Ce parcours dure deux heures. Presque uniquement les habitants de Hatun Q'ero, et parfois quelques résidents de Q'ero Totorani, suivent cette voie d'accès. Choa Choa se trouve dans un secteur situé à 2-3 heures de marche d'Ancasi. Quant à, Munay T'ika, il se trouve à environ 4-5 heures de marche. Pour accéder aux autres secteurs de Hatun Q'ero, il faut entre 3 et 4 heures de marche.

3) Q'ero via Ocongate et Mahuaiani

La troisième et dernière alternative est de prendre un taxi ou un camion qui circule sur la vieille route qui relie Cuzco à Puerto Maldonado. La route passe près de Rit'iqasa avant de bifurquer. L'un de ses axes descend en direction de Quico et dessert directement le village de Hatun Quico, tandis que l'autre continue en direction de Japu et passe non loin des principaux villages de la communauté.

En 2014, la route qui passait par Pampaqasa a été prolongée jusqu'aux annexes de Choa Choa et de Cochamocco. Un projet de route non asphaltée, financé par l'État, est en cours de réalisation afin de connecter Pampaqasa à Rit'iqasa[49]. Récemment, Quico et Japu ont également fait construire une route connectant les deux secteurs à l'axe principal qui relie Cuzco à Puerto Maldonado. La *carretera interoceánica*, achevée en 2012, a permis de réduire la durée du voyage entre Ocongate et Cuzco. Par ailleurs, les travaux de modernisation de la route Paucartambo-Cuzco, toujours en cours, permettront également de réduire le temps de trajet entre ces deux localités. Cependant, la construction de l'*interoceánica* a eu pour conséquence de rendre la vieille route désuète, si bien que Quico et Japu sont restés isolés. Les camions qui montent à Pampaqasa, Ancasi et Rit'iqasa n'effectuent le circuit qu'en fin de semaine. Les passages pendant la semaine sont très rares et sont généralement organisés par des particuliers. Auparavant, Quico et Japu étaient les deux communautés qui

---

49 Regis Andrade, communication personnelle (25 juillet 2012).

bénéficiaient du meilleur accès à l'extérieur de la Nación Q'ero, mais la construction de l'*interoceánica* a changé la donne. Les paysans de ces communautés doivent désormais marcher jusqu'à la vieille route reliant Cuzco à Puerto Maldonado pour y attendre le passage d'un bus. La connexion subsiste, mais la route est quasiment déserte. La voie d'accès qui devait connecter Pampaqasa à Rit'iqasa s'arrête aujourd'hui à Cochamocco. En résumé, à l'exception de Choa Choa et Cochamocco, il faut au moins deux à trois heures de marche pour rejoindre les autres secteurs de Hatun Q'ero, Marcachea et Totorani depuis les différentes routes. Il est encore trop tôt pour mesurer les conséquences des liaisons routières pour les secteurs de Hatun Q'ero. Néanmoins, pendant mon dernier séjour en novembre 2014, j'ai constaté la présence de latrines en béton à l'extérieur de la plupart des maisons en pierre de Choa Choa.

* * *

Une fois arrivé à Ancasi, Santos est parti chercher des chevaux pour le transport du matériel. Quant à moi, j'ai passé la nuit dans un hébergement avec Guillermo. J'en ai profité pour lui poser quelques questions sur le climat à Q'ero. Il me raconta qu'auparavant il y avait moins de soleil tandis qu'aujourd'hui, le pâturage se dessèche vite pendant la saison sèche. Vers la fin de la saison sèche, me dit-il, en août et parfois en septembre, la pluie tombe rarement. À cette période, il n'y a alors plus de pâturage pour les alpagas et les lamas.

Santos est arrivé très tôt le lendemain matin avec ses deux chevaux. Les beaux-frères ont alors attaché mon sac à dos et le reste du matériel sur l'une des bêtes. Je demandai pourquoi ils ne disposaient pas une moitié de l'équipement sur le dos du second cheval. «L'autre est pour toi, quand tu seras fatigué de marcher. Les touristes n'arrivent jamais à faire tout le parcours sans monter à cheval». Guillermo, me sembla t-il à cet instant, n'avait pas tout à fait compris les raisons de ma visite dans sa communauté.

Le village d'Ocongate est situé à une altitude de 3550 mètres. Quant à Ancasi, il se trouve entre 3800 et 3900 mètres au dessus du niveau de la mer. Notre destination était Charkapata, le village où est né Guillermo dans la communauté de Hatun Q'ero, situé à plus ou moins 4200 mètres d'altitude. Pour y accéder, il faut traverser un col près de l'*Apu* Wamanlipa à presque 5000 mètres d'altitude. Après 30 minutes de marche, Guillermo arrêta notre petit groupe: «Nous faisons une pause». J'étais un peu contrarié car j'avais deviné que cette pause m'était destinée. L'occasion était toute trouvée pour expliquer à Guillermo que je n'étais pas un touriste.

* * *

2.1.2 *Le tourisme*

Dans la région de Cuzco, le tourisme a connu une augmentation exponentielle ces dernières années. Selon les statistiques du *Ministerio de comercio exterior y turismo* (MINCETUR), près de 3 millions de personnes ont demandé en 2012 un permis touristique à l'aéroport Jorge Chavez de Lima[50]. En 2012, le site de Machu Picchu a été visité par 970 979 personnes, dont 271 299 péruviens et 699 680 étrangers. En 2005, le nombre de visiteurs s'élevait à 540 304 personnes. Les statistiques ont donc presque doublé en l'espace de 7 ans. Ces chiffres nous aident à mieux comprendre l'ampleur du phénomène dans la ville de Cuzco, où résident aujourd'hui 450 095 habitants dans le centre urbain et ses communes limitrophes[51]. Comme je l'ai déjà mentionné, les Q'eros sont connus pour être les meilleurs chamanes de la région. En août, la plupart des chamanes de cette communauté passent un mois à Cuzco pour réaliser des cérémonies avec les habitants de la ville et les touristes. J'aurai l'occasion de revenir sur ce sujet. Pour le moment, il me suffit de mentionner que les Q'eros profitent de ce flux touristique pour vendre leurs produits textiles et pour organiser des cérémonies avec les voyageurs à la recherche d'une expérience spirituelle. Cette forme de tourisme est couramment appelée 'tourisme mystique'. Pour leurs adeptes, l'objectif principal est, d'une part, de participer à des expériences mystiques

---

50 Les chiffres sont disponibles sur le site: <http://www.mincetur.gob.pe/newweb/Default.aspx?tabid=3459> (consulté le 31 mars 2015).

51 Recensement pour l'année 2015 par l'INEI (*Instituto nacional de estadística e informática*): <http://proyectos.inei.gob.pe/web/poblacion/> (consulté le 29 juin 2015).

avec des chamanes amazoniens qui utilisent des plantes psychotropes comme l'ayahuasca, et, d'autre part, d'accomplir une quête plus spirituelle – dénuée de voyage psychédélique – avec des chamanes andins tels que les Q'eros. La situation géographique de Cuzco est particulièrement attrayante à cet égard puisque la ville se trouve à la jonction entre les Andes et la forêt amazonienne. Les chamanes qui y résident sont, de manière croissante, d'origine étrangère et, très souvent, ils pratiquent un mélange de différentes traditions créées sur mesure pour les touristes. Cette orientation est souvent qualifiée de néo-chamanisme[52]. Par ailleurs, les Q'eros voyagent également avec des touristes dans le cadre de tours organisés au Machu Picchu ou au lac Titicaca, par exemple. Mais l'ampleur de ce tourisme mystique se déploie bien au delà de la région puisque le Q'eros sont parfois invités à l'étranger pour lire les feuilles de coca ou pour organiser des cérémonies chamaniques à l'extérieur des frontières nationales. Le tourisme a donc un impact important sur les Q'eros bien qu'il se centralise essentiellement à l'extérieur de leur communauté. En effet, les territoires de la Nación Q'ero ne reçoivent pas plus de 100 touristes par an (George 2010: 15-16). Les agences de voyage commencent cependant à considérer la Nación Q'ero comme une mine d'or à exploiter.

À ce sujet, la *Dirección regional de comercio exterior y turismo* (DIRCETUR) publia en 2010 un document lançant un appel à concours à des entreprises privées afin de réaliser un projet touristique dans les cinq communautés de Q'ero[53]. Le document déclarait:

> [La DIRCETUR] a identifié l'activité touristique comme l'un des principaux facteurs de développement socio-économique de Q'ero. [...] Elle souhaite un tourisme soutenable qui permette une bonne gestion des ressources naturelles et culturelles. [...] Sans une gestion participative correcte impliquant tous les acteurs (secteurs public et privé, et la société civile), les impacts socio-culturels et environnementaux affecteraient ce territoire et ses habitants. Malheureusement, l'histoire de la région de Cuzco est pleine d'exemples de développements touristiques qui n'ont pas augmenté la qualité de vie des communautés locales impliquées[54].

---

52 Pour approfondir cet argument, voir Baud et Ghasarian (2010).
53 DIRCETUR, *Desarrollo del turismo rural comunitario en las cinco comunidades de la Nación Q'ero* (2010).
54 Ma traduction.

La DIRCETUR a finalement déclassé ce projet pour le reléguer au statut de dossier non-prioritaire. Marcos[55], un entrepreneur qui habite entre Lima et Cuzco et qui gère une agence de tourisme, avait cependant participé à ce concours. Il connaît très bien les Q'eros depuis une douzaine d'années et organise des trekkings touristiques chaque année dans les cinq communautés. D'après Marcos, la question ne se pose plus de savoir si l'on doit ou non implanter le tourisme à Q'ero; cette problématique est dépassée[56]. Le tourisme, bien que modeste, est déjà présent à Q'ero puisque la plupart des agences de Cuzco y organisent des tours qui ne profitent aucunement aux Q'eros d'un point de vue financier. Les touristes se présentent à Q'ero avec un guide, un cuisinier et des maîtres équestres, tous externes à la communauté, et y dorment généralement sous une tente. D'après Marcos, Q'ero reste l'une des seules zones peu exploitées par l'industrie du tourisme dans la région de Cuzco, laissant libre cours à de nombreuses dérives de la part des agences. Le tourisme étant déjà présent, la question centrale est de savoir quel type de tourisme aura à la fois un impact sociologique mineur et générera une entrée financière directement profitable aux Q'eros. Idéalement, un bon projet touristique aurait pour effet de freiner la migration grâce à la formation de guides touristiques originaires de Q'ero et permettrait la création d'autres activités économiques pour les jeunes de la communauté. Or, Marcos est d'avis que seul un tourisme de luxe permettrait des retombées financières entre les mains des Q'eros. D'après lui, le tourisme chez l'habitant est généralement pratiqué par des jeunes ne dépensant pas plus de 40 soles par jour, soit environ 12.5 US$. En revanche, grâce au tourisme de luxe, chaque voyageur dépenserait environ 1000 US$ pour visiter les cinq communautés pendant une semaine et dormir dans des *lodges*. Pour Marcos, nous devrions cesser d'avoir une vision romantique des Q'eros. Il affirme que le tourisme de luxe est une solution à l'impact négatif minimal. Il ajoute que si l'on ne développe pas un tourisme responsable géré conjointement avec les Q'eros, il y aurait deux risques: l'augmentation du tourisme sauvage de la part des agences et l'arrivée massive des industries minières. L'assurance financière du tourisme de luxe permettrait aux Q'eros de repousser

---

55   Marcos est un prénom fictif.
56   Communication personnelle (22 juillet 2013).

avec plus de fermeté les avances des compagnies minières qui désirent exploiter leur vaste et riche territoire[57].

2.1.3 Le secteur minier

Regis Andrade m'a confié ses préoccupations quant aux incursions des entreprises minières sur le territoire de la Nación Q'ero. Bien qu'aujourd'hui il n'existe pas d'exploitation dans cette zone, plusieurs responsables miniers sont venus débattre avec les résidents de Quico, Japu et Totorani. D'après Andrade, ces incursions provoquent des conflits internes au sein des communautés, opposant défenseurs et réfractaires de la présence du secteur minier sur leur territoire. Récemment, les résidents de Q'ero Totorani ont accepté d'accueillir un groupe de personnes venues prospecter sur leur secteur. Parallèlement, Andrade affirme que certaines entreprises se sont introduites à l'intérieur du territoire Q'ero de manière illégale pour dynamiter la roche à la recherche d'or. Or, d'après la *Ley de consulta previa*, les mines doivent obtenir 100 % du consensus local avant toute tentative de prospection. À Q'ero Totorani, seule la moitié de la communauté approuve cette exploitation. Andrade considère que la loi peine à être appliquée concrètement si bien que l'INC s'est donné pour objectif de sensibiliser les communautés locales à ce sujet. Aujourd'hui, les compagnies minières ne prospectent qu'un seul secteur de Q'ero Totorani car elles doivent obtenir l'accord de toute la communauté, et non pas d'un seul secteur, pour pouvoir ouvrir une mine en toute légalité. D'après la loi, ce n'est

---

57   Marcos suggère qu'il serait utile de développer un projet touristique reposant sur le textile sans tomber dans les travers des pratiques de certains habitants de l'île de Taquile qui, depuis que leur tissu a été déclaré patrimoine de l'UNESCO, mélangent leurs productions traditionnelles avec les tissus industriels de Juliaca. Les travaux de Gascon et Prochaska (cités dans Terry 2011) illustrent également l'impact du tourisme à Taquile et Amantani, deux îles du lac Titicaca. Gascon met en évidence la manière dont le tourisme augmente les inégalités et génère des conflits internes dans l'île d'Amantani. De son côté, Prochaska montre comment les habitants de Taquile bénéficient de revenus par le tourisme de façon équitable, tout en freinant les migrations. Regis Andrade ne voit pas le tourisme comme une menace à condition qu'il soit géré avec responsabilité, comme dans le cas de Taquile.

ni la Nación Q'ero, ni un seul secteur, mais bien la communauté en tant qu'entité juridique qui doit donner son approbation. À ce jour, le secteur de Tandañapata refuse de recevoir les représentants des sociétés minières, mais les habitants du village de Ccoluyoc ont, eux, acceptés leurs visites. Désormais, les habitants de Tandañapata ne participent plus aux réunions communales de Q'ero Totorani et les sociétés de prospection profitent de leur absence pour continuer leur avancée.

Andrade est très préoccupé par l'impact potentiel que pourrait avoir l'activité des sociétés minières au niveau écologique parce que, jouxtant les roches dynamitées, se trouvent des fleuves, des pâturages et des parcelles de pommes de terre. La pollution causée par les pratiques minières pourrait engendrer de nombreux dégâts. Andrade affirme que l'INC est sensible à ce problème mais que d'autres organes du gouvernement régional, notamment celui qui s'occupe de l'énergie et des mines, aident ces lobbies et parfois concèdent des permis aux mines sans la consultation préalable des communautés locales. Le rôle de l'INC est d'aider les communautés locales à comprendre les tenants et les aboutissants de la *Ley de consulta previa* et de la convention n° 169 du OIT. Traduire ces lois à l'intention des communautés quechuas est une des tâches de l'INC mais cela prend du temps. Or, les représentants des entreprises minières agissent rapidement, génèrent des conflits et profitent des conflits internes, comme dans le cas de Q'ero Totorani.

Andrade affiche une pleine confiance en la *Ley de consulta previa* introduite par le Président Ollanta Humala. Théoriquement, la loi protège les droits des communautés autochtones qui ont le devoir d'être consultées[58]. Mais, dans la pratique, les choses sont complexes. Le cas du projet Conga dans la région de Cajamarca et celui d'Espinar dans la région de Cuzco montrent que le gouvernement de Lima appuie la démarche des compagnies minières sous le dogme de la croissance économique nécessaire au développement du pays. En outre, dans son discours de présentation de

---

58 Le point k) de l'article 3 de la loi sur la consultation préalable définit comme *pueblos indígenas u originarios* «les populations qui habitaient dans le pays avant l'époque de la colonisation. [...] Ces populations qui aujourd'hui vivent organisées en communautés paysannes et communautés natives peuvent être identifiées comme peuples autochtones».

la *Ley de consulta previa*, le président Humala affiche une certaine ambiguïté. Alors que Velasco Alvarado distinguait les communautés natives de l'Amazonie des communautés paysannes des Andes et de la côte, les déclarations d'Humala sont plus ambivalentes dans l'interprétation et la reconnaissance des droits autochtones[59]. Le chef de l'État exprime une vision restrictive de la loi qui, de plus, n'est pas contraignante au regard du cinquième paragraphe de l'article 1[60]. Il limite son application aux communautés qui, d'après lui, «n'ont pas de voix ou de structure politique représentant leur voix aux gouvernements régionaux et national». Il affirme qu'il n'y a pas de communautés natives sur la côte péruvienne où réside 60 % de la population, en raison de la migration. En outre, il estime que les communautés paysannes des Andes sont le produit de la réforme agraire de Velasco Alvarado. En conclusion, Humala affirme que les seules communautés natives se trouvent en Amazonie, parmi les communautés dites non contactées (*no contactados*). Humala ne fait pas non plus de distinction entre les communautés de l'Amazonie et les communautés des Andes et de la côte. Il soutient simplement que, parmi les communautés amazoniennes, se trouvent encore des communautés natives qu'il faut protéger et – avec une emphase paternaliste – aider à accéder à la modernité. Son discours est volontairement ambigu afin de limiter la portée de la loi de consultation à un nombre restreint de communautés dites natives.

* * *

Lorsque nous avons passé le col, Guillermo posa une pierre blanche sur un petit monticule de pierres et m'expliqua qu'à chaque fois qu'il passait à côté d'une *apachita* (col de montagne), il laissait une pierre pour remercier la montagne sacrée, l'*Apu* Wamanlipa. J'étais enfin entré sur le territoire Q'ero. Le changement de climat sur ce versant de la montagne me frappa immédiatement. Alors que le temps était ensoleillé à Ancasi, un

---

59 Ces déclarations sont des extraits de deux interviews du Président Ollanta Humala accordées le 26 mai 2013 sur le *canal 2* et *canal 7* aux journalistes Nicolás Lúcar et David Rivera, cités dans Remy (2013: 5-6).
60 Article 1.5 de la *Ley de Consulta Previa*: *El resultado del proceso de consulta no es vinculante, salvo en aquellos aspectos en que hubiere acuerdo entre las partes.*

brouillard dense couvrant l'ensemble du paysage nous attendait de l'autre côté. Quand nous sommes arrivés près de la montagne sacrée de Q'ero, Guillermo m'avertit: «Quand un étranger passe à côte de l'*Apu* Wamanlipa, il se met à pleuvoir. C'est sa façon de montrer sa puissance». L'*Apu* Wamanlipa domine presque tout le territoire de Hatun Q'ero, la communauté de Guillermo.

* * *

2.1.4 Caractéristiques géographiques de la Nación Q'ero

Le point culminant de la région est l'*Apu* Wamanlipa, également appelé Nevado de Jollecunca par l'INC, dont le sommet atteint 5690 mètres d'altitude. Le territoire de Q'ero s'étend depuis les hauteurs de l'*Apu* Wamanlipa jusqu'au point le plus bas de la communauté, à 570 mètres d'altitude (Boda de Río Tono). Cette verticalité territoriale constitue la caractéristique principale des activités de subsistances des Q'eros qui contrôlent trois étages écologiques. L'étage le plus élevé, appelé *puna,* se situe entre 3800 et 4600 mètres d'altitude. L'étage intermédiaire ou *qhiswa* se situe entre 3200 et 3800 mètres. Enfin, la zone boisée et chaude de la *yunga* se trouve entre 1400 et 2400 mètres. Cette dernière zone est également appelée *ceja de selva* et s'étend à la lisière de la forêt amazonienne. Flores Ochoa (2005: 33) affirme que Q'ero fut le premier cas ethnographiquement documenté du processus adaptatif d'une société andine vers l'exploitation simultanée de plusieurs étages écologiques. L'étude de ces pratiques aide à mieux comprendre les macro-systèmes préhispaniques que John Murra (2002) a extrêmement bien documenté. Les Q'eros vivent en effet entre les glaciers qui culminent à une hauteur d'environ 5500 mètres, et la forêt tropicale humide appelée en espagnol *bosque nublado* (forêt embrumée), laquelle se distingue de la forêt tropicale[61].

---

61 L'anglais distingue plus clairement ces deux milieux grâce aux termes *rainforest* et *cloudforest* (George 2010).

Toute la région de Q'ero, enclavée dans la chaîne de montagnes de la Cordillère Vilcanota, se caractérise par une topographie accidentée faite de nombreux escarpements. Sa situation tropicale marque le rythme des évènements et des processus climatiques alternant entre une saison humide et une saison sèche. Par ailleurs, l'emplacement géographique de la région de Q'ero sur le flanc oriental de la Cordillère, tourné vers la forêt amazonienne, est favorable à un climat passablement instable par rapport aux régions qui se situent sur le flanc occidental (INC 2005: 14). Le climat y est généralement très froid avec une température annuelle moyenne de 7.97°C. Les précipitations annuelles moyennes sont de 768.07 mm avec une répartition de 9.4% des précipitations totales entre mai et septembre, et de 90.6% entre octobre et avril. Les Q'eros vivent donc un hiver humide et froid (mai-septembre) et un été humide avec des précipitations et des évapotranspirations (octobre-avril) (INC 2005: 14).

* * *

Il était midi lorsque Guillermo décida d'installer la tente devant l'*Apu* Wamanlipa. Nous avons préparé à manger puis avons monté la tente. Guillermo choisit alors un endroit pour préparer une cérémonie: «Nous allons demander à l'*Apu* Wamanlipa la permission que tu puisses entrer à Q'ero. Il te protégera pendant ton séjour à Q'ero». Nous nous sommes déplacés sur une petite colline et avons ouvert un des deux sachets cérémoniels que nous avions achetés au marché de Cuzco. Guillermo menait les opérations et Santos l'assistait. Jusque-là, je n'avais presque pas parlé avec Santos. Le manque de familiarité réciproque et la barrière linguistique en étaient les principales raisons. Après une préparation de 30 minutes environ, l'offrande pour l'*Apu* Wamanlipa était prête lorsque tout à coup, une forte pluie accompagnée de grêle s'abattit sur nous (Photo 3). «Je te l'avais dit, le Wamanlipa est en train de te faire la démonstration de sa force» me cria Guillermo pendant que l'on cherchait un abri pour se protéger de l'averse.

Photo 3: Préparation de l'offrande pour l'*Apu* Wamanlipa, mai 2011.

Le lendemain, nous avons attendu que le soleil fasse son apparition pour brûler l'offrande, dernière étape de la cérémonie que nous n'avions pas pu terminer le jour précèdent en raison de la pluie. Pendant que l'offrande brûlait à la vue de l'*Apu* Wamanlipa, je posai quelques questions à Guillermo sur la fonction des cérémonies et des chamanes. Après avoir pris le temps de la réflexion, il m'expliqua :

> Nous faisons toujours des cérémonies pour remercier la *Pachamama* – la mère terre – et les *Apu* – les esprits des montagnes sacrées. Si nous ne les remercions pas, ils se fâcheront et ils nous puniront en conséquence. Moi-même, je suis un chamane, je suis un *pampamisayuq*. J'ai été initié par mon père ici, en face de l'*Apu* Wamanlipa. Nous, les *pampamisayuq*, nous pouvons communiquer avec les *Apu* et la *Pachamama* seulement à travers ces offrandes. En revanche, les *altumisayuq*, qui occupent la position la plus élevée de la hiérarchie chamanique, peuvent communiquer directement avec eux sans aucun intermédiaire.

Après ces paroles et une fois l'offrande entièrement consumée, nous avons repris chemin en direction de Charkapata, le village de Guillermo. Après un peu plus d'une heure de marche, nous avons trouvé le premier village de la communauté de Hatun Q'ero, Ccolpacocho, habité par 25 familles environ. La route était désormais en pente descendante et nous marchions donc plus vite. Après une petite demi-heure, nous parvenions enfin à Charkapata.

* * *

2.1.5 Le chamanisme dans les Andes

Jusque dans les années 1960, en Amérique du Sud, seuls les spécialistes des sciences sociales utilisaient le terme chamane[62]. Ces spécialistes rituels étaient alors plus couramment appelés *curandero* (guérisseur), *brujo* ou *hechichero* (sorcier) (Perrin 1995: 10-12). Mircea Eliade (1983 [1968]) contribua à répandre l'usage du terme chamanisme grâce à son œuvre *Le chamanisme et les techniques archaïques de l'extase*[63]. Selon Alfred Métraux (1967: 100-101), le chamane dispose d'esprits auxiliaires qui, en certaines occasions, se confondent avec des armes magiques. Il affirme que l'influence du chamane dépend du nombre d'esprits sur lesquels celui-ci exerce son contrôle. La principale fonction du chamane serait donc

---

62 Le terme chamane viendrait du mot *çaman* de la langue des Toungouses, un groupe linguistique mongol d'une région s'étendant entre la Sibérie orientale et la Chine. Le suffixe *ça* signifie «connaître» et, selon certains auteurs, *çaman* signifierait «celui qui connait». Cependant, cette étymologie est contestée. Le terme chamane tend aujourd'hui à regrouper en une seule catégorie ce que le langage populaire appelait auparavant devin, magicien, guérisseur ou sorcier. Le terme fait référence à toute personne faisant appel à des dons magiques.

63 L'histoire des religions a généralement abordé le chamanisme à travers deux courants alors très répandus au début du XXe siècle: l'évolutionnisme et le diffusionnisme. Selon les thèses évolutionnistes, toute société passe nécessairement par certaines phases: de la magie à la religion, de la religion à la science (Kilani 2012: 58). En revanche, les conceptions diffusionnistes considèrent que les inventions culturelles sont rares et se diffusent à partir d'un centre. Elles soutiennent que le chamanisme était initialement circonscrit aux régions septentrionales de l'Empire russe et se serait ensuite diffusé ailleurs (Perrin 1995: 13-14).

la guérison des maladies. Lors de séances spectaculaires, le chamane s'acquitte de cette tâche en convoquant les esprits responsables du mal ou ceux dont il attend le secours. Ses autres tâches consistent notamment à interpréter les présages, empêcher les éléments de nuire aux hommes, prédire l'avenir et organiser les cérémonies religieuses et les danses. Gerhard Baer (1984), dans son ouvrage sur la religion des Matsigenka[64], démontre que le chamane a plusieurs fonctions. Il est un médiateur entre les humains et les non-humains, protecteur du groupe et un modèle de conduite. Sa capacité à établir et entretenir des relations sociales avec les entités non humaines fait du chamane la figure religieuse par excellence.

Michel Perrin (1995: 5) définit le chamanisme comme «l'un des grands systèmes imaginés par l'esprit humain, dans diverses régions du monde, pour donner sens aux événements et pour agir sur eux». Pour cette raison, le chamanisme implique, selon lui, une représentation particulière de la personne et du monde en ce qu'il suppose une alliance spécifique entre les hommes et les divinités. Le chamanisme est contraint par une fonction, attribuée au chamane, qui est celle de répondre à toute infortune, de l'expliquer, de l'éviter, et de prévenir toute sorte de déséquilibre. D'après Perrin (1995: 6-10), le chamanisme est donc issu d'une conception bipolaire ou dualiste de la personne et du monde. Il affirme qu'il existe un monde visible, quotidien et profane, et un monde-autre, généralement invisible aux hommes ordinaires qui est le monde des dieux, des esprits célestes ou chthoniens, le monde des maîtres des animaux ou des végétaux, des ancêtres ou des morts, parmi d'autres. Les sociétés qui obéissent à ces logiques affirment que le monde-autre s'adresse aux hommes à l'aide de signes et au travers de langages spéciaux comme les rêves. En outre, toujours selon Perrin, la figure du chamane est socialement reconnue. Le chamane se met dans un état de réceptivité au monde-autre, généralement suite à une demande. Le chamanisme, conclut-il, est donc une institution sociale à proprement parler. Roberte Hamayon (1990: 738-739) définit le chamanisme comme suit:

> Un système symbolique fondé sur une conception dualiste du monde, impliquant que l'humanité entretient des relations d'alliance et d'échange avec des êtres surnaturels

---

64   Les Matsigenka ou Machiguenga sont un peuple de la forêt amazonienne (région de Cuzco et de Madre de Dios), relativement proche de la Nación Q'ero.

censés gouverner les êtres naturels dont dépend sa subsistance, plus largement les facteurs aléatoires de son existence; le chamane assure la responsabilité générale de ce système d'alliance et d'échange avec la surnature, qu'il traite en partenaire, ce qui réclame de sa part un art personnalisé; cette fonction, régulière, lui confère une place centrale et fonde le caractère totalisateur du chamanisme dans les sociétés dites, pour cette raison, chamanistes.

Dans ces différentes références, la notion de système revient fréquemment pour définir le chamanisme. Aussi, les ethnologues s'accordent aujourd'hui à dire qu'il est avant tout un «système de pensée et d'action orienté vers la société» (Baud 2011: 80).

La figure du chamane apparaît ainsi comme un intermédiaire entre les divinités et les esprits d'un côté, et les êtres humains de l'autre. Dans la région andine, l'existence du chamanisme a longtemps été niée[65]. Pour Xavier Ricard Lanata (2007: 34), ce déni a pris racine dans la fascination des anthropologues andinistes pour les grandes réalisations de l'Empire inca. Aussi, se sont-ils efforcés d'identifier dans les sociétés contemporaines des survivances de la culture préhispanique. Lanata affirme que ce tropisme a sans doute contribué à masquer l'existence du chamanisme dans les sociétés andines parce que la religion officielle des Incas se serait établie contre les pratiques des religions populaires.

2.1.6 La hiérarchie des paqu

Alors que nous brûlions un *despacho* en l'honneur de l'*Apu* Wamanlipa, Guillermo m'expliqua brièvement la différence hiérarchique entre un *pampamisayuq* et un *altumisayuq*. La littérature anthropologique sur les Q'eros emploie également d'autres termes pour désigner un chamane: *paqu, hampiq, maych'a* et *watuq*. Selon Washington Rozas Alvarez (2005: 268-269), une fois que l'apprenti chamane a appris à lire dans les feuilles de coca – c'est-à-dire lorsqu'il parvient notamment à voir les maladies, à retrouver un objet perdu, à voir le futur ou à appeler la pluie – il est consacré *watuq*. Cet apprentissage terminé, il va ensuite se spécialiser dans les

---

65 À propos du chamanisme dans les Andes, voir Bernand (1998), Véricourt (2000) et Ventura i Oller (2009).

soins (*curanderismo*). Au cours de cette phase, il apprend à connaître et à classifier les herbes et les plantes médicinales, et à les utiliser pour soigner. Une fois qu'il a appris les secrets et les pouvoirs des plantes, il est considéré comme un *hampiq* ou *maych'a*. À ce stade, il est prêt à effectuer différentes initiations (*karpay*) sous la supervision d'un ou de plusieurs *pampamisayuq* ou *altumisayuq* confirmés. L'apprenti chamane devient alors un *pampamisayuq* dont la spécialité est d'accomplir plusieurs types de rituels et de cérémonies pour les *Apu* et la *Pachamama*. Par ailleurs, il existe plusieurs échelons liés aux années d'expérience dans la catégorie même de *pampamisayuq*. En effet, les plus âgés d'entre eux se font parfois appeler *hatun* (grand) *pampamisayuq*.

Après plusieurs années de pratique, le *pampamisayuq* peut effectuer la grande initiation (*hatun karpay*) au terme duquel il deviendra *altumisayuq*. Pendant la période préliminaire, l'apprenti est à l'affût d'un signe de la part des *Apu* qui, généralement, lui est transmis en rêve. L'apparition d'un condor sous différentes formes est un signe fréquent. L'animal peut se présenter soit en rêve, soit véritablement entrain de voler non loin du futur *altumisayuq*. Il est fréquent que le condor se présente également pendant le rituel du *hatun karpay* au cours duquel sa présence est considérée comme un signe propice. Le *pampamisayuq* se prépare en s'approvisionnant de plusieurs *despachos* et en rémunérant son maître avec de l'argent ou des animaux – seul un *altumisayuq* peut l'initier. Avant la tenue du *hatun karpay*, l'*altumisayuq* inspecte les feuilles de coca dans l'espoir de voir l'acceptation de son élève par les *Apu*. Généralement, le *hatun karpay* a lieu le 1er août, au cours du Carnaval, ou pendant le *Quyllur rit'i*[66]. Après la tenue du *hatun karpay* dédié aux *Apu* et à la *Pachamama*, le futur *altumisayuq* se déshabille et monte nu vers le glacier afin de se purifier grâce à la neige sacrée de l'un des *Apu*. Il peut également se baigner entièrement dans une lagune, au pied du glacier d'une montagne sacrée comme l'Ausangate. Purifié, il est prêt à recevoir les pouvoirs transmis par les *Apu* et la *Pachamama*. Une fois devenu *altumisayuq*, il a la capacité de parler et de convoquer leurs esprits pour les consulter au sujet de différentes questions.

---

66   Le 1er août est considéré dans le monde andin comme le premier jour de l'année. Ce jour-là, les *Apu* et la *Pachamama* se réveillent et différentes offrandes leur sont faites.

Dans les faits, il y a trois façons de devenir *altumisayuq* à Q'ero comme dans le reste des Andes. La première repose sur la seule volonté du futur chamane qui suit les enseignements de ses prédécesseurs et reçoit d'eux son initiation. La deuxième se fait par héritage familial par lequel le fils d'un chamane reçoit un don à la naissance. Ces deux premiers procédés sont valables également pour un *pampamisayuq*. Enfin, le foudroiement, qui est considéré comme une nomination directe des *Apu*, est une troisième méthode réservée uniquement au rang le plus élevé de la hiérarchie, celui d'*altumisayuq*. Dans ce cas, on estime que la personne élue a été foudroyée trois fois : au premier coup de foudre, elle est tuée ; au deuxième, elle est divisée en morceaux ; au troisième, elle se recompose et ressuscite.

Le terme *altumisayuq* est dérivé de l'espagnol. Selon Ricard Lanata (2007 : 144) et Sébastien Baud (2011 : 5), la *misa* renvoie à la table rituelle sur laquelle les objets du chamane sont disposés. L'*altumisayuq* serait « celui qui possède la table haute ». Cependant, je partage plutôt l'idée que ce terme est issu du terme catholique qui désigne la messe[67]. Selon mes interlocuteurs, la *misa* est le *paquete sagrado* (ensemble d'objets sacrés) appartenant au chamane et généralement composé de *inqaychu* (pierres), d'amphores ou de vases pour les cérémonies, de petites cloches et autres objets métalliques enroulés à l'intérieur d'une *unkuña*, un tissu quadrangulaire de laine d'alpaga. Pendant les cérémonies auxquelles j'ai assisté, les chamanes de Q'ero disposaient toujours ces objets par terre car il n'y a pas de tables dans les maisons. C'est également pour cette raison que je ne souscris pas entièrement à l'assimilation de *misa* avec la table ou l'autel (pour utiliser un autre terme de la liturgie catholique), même de manière métaphorique.

Les chamanes sont également appelés *paqu* à Q'ero. Bien que certains auteurs utilisent ce terme pour désigner exclusivement les *altumisayuq*, je l'emploie comme un terme générique pour désigner tout chamane, quel que soit son statut. La plupart des *paqu* à Q'ero sont des hommes même si la pratique chamanique n'est pas interdite aux femmes. Il est cependant très rare d'en rencontrer car les femmes sont en quelque sorte des chamanes de l'ombre. En effet, les grands chamanes de Q'ero travaillent géné-

---

[67] Dedenbach-Salazar Saénz (2012 : 198 n. 31) évoque les deux hypothèses d'emprunt.

ralement en couple avec leurs épouses qui possèdent une connaissance plus vaste des herbes et des plantes. Aussi, pourrait-on définir techniquement les épouses de chamane comme des *hampiq*. Leur savoir et leurs compétences sont complémentaires de ceux de leur mari. C'est pour cette raison également que les deux dirigent ensemble les rituels et les cérémonies. Toutefois, il m'est arrivé de rencontrer des femmes chamanes. Selon certains Q'eros, une femme qui pratiquerait seule des rites est une veuve. Elle pratiquerait par elle-même sans plus devoir rester dans l'ombre de son mari.

À ce stade, il me faut apporter une précision importante à propos des rituels. En dehors des célébrations principales comme celles du Carnaval qui s'inscrivent dans le calendrier cérémoniel, les actions rituelles font partie intégrante des activités quotidiennes des Q'eros comme de la plupart des communautés andines[68]. Par ailleurs, dans les Andes, les actions rituelles ne sont pas uniquement effectuées par des chamanes. Dans la communauté de Santa Barbara, située sur un flanc du massif de l'Ausangate, il n'y a qu'un, voire deux, spécialistes rituels[69]. Les célébrations principales et les rites de la sphère familiale sont généralement effectués par des individus ordinaires. Dans la plupart des communautés andines du sud péruvien, on ne rencontre que peu de *paqu*. À Q'ero, en revanche, presque chaque père de famille se revendique *paqu*.

2.1.7 Les Apu et la Pachamama

S'il existe une hiérarchie parmi les *paqu*, il y en a également une parmi les *Apu* ou esprits des montagnes tutélaires. L'*Apu* le plus important de la région de Cuzco est sans aucun doute l'*Apu* Ausangate (Photo 4). Dans la même région, l'*Apu* Salkantay possède également une renommée importante, bien que moindre auprès des Q'eros étant donné la distance qui les sépare. Ce n'est pas un hasard si ces deux montagnes sont également les deux plus hautes de la région. Les Q'eros n'invoquent pas souvent le

---

68 Par exemple, les Q'eros soufflent sur les feuilles de coca avant de les mâcher pour remercier les *Apu*, ou versent quelques gouttes de boisson par terre avant de la boire pour remercier la *Pachamama*.
69 Nathalie Santisteban, communication personnelle (15 février 2014).

Salkantay, contrairement à l'Ausangate qui est cité à chaque cérémonie. Les Q'eros estiment donc que l'*Apu* Ausangate domine toute la région de Cuzco suivit, dans leur hiérarchie, par l'*Apu* Wamanlipa qui domine leur territoire. Par ailleurs, chacune des cinq communautés possèdent différents *Apu* mineurs géographiquement proches. Une petite colline peut être habitée par un *Apu*. Ceux d'entre eux qui se situent en bas de l'échelle sont appelés *awki*. En réalité, comme l'observe Nuñez del Prado (1969: 144), l'*Apu* est un esprit de la montagne (*urqu*) tandis que l'*awki* est un esprit de la colline (*muqu*). La *Pachamama* est l'esprit de la terre (*pacha* ou *allpa*).

Photo 4: *Apu* Ausangate, août 2013.

À propos des *Apu*, Alfred Métraux (1983: 168-170) observe: «à côté des grandes divinités héritées de la mythologie préhispanique, les Indiens adoraient d'innombrables esprits, *awki, apu, mallku*, qui habitaient les montagnes, les rivières, les étangs et les lacs». Ces esprits, *Apu* compris, seraient les anciennes *wak'a*. Les Incas avaient établi un système composé de 41 lignes droites (*siqi*, parfois *s'eqe*) qui partaient du temple du soleil à Cuzco, le *Coricancha*, et traversaient 338 *wak'a* (Zuidema 1964). Selon Robert Randall (1987: 77-78), la plupart de ces lignes visaient une montagne sacrée, vénérée pour le contrôle qu'elle détenait sur les flux d'eau. Randall définit ce système de *siqi* ou *s'eqe* comme des «lignes de communication entre les Incas et ses Dieux». Selon Virginie de Véricourt (2000: 120), la chute de l'Empire inca a entraîné la disparition des grands cultes centralisateurs mais n'a pas éradiqué le culte des nombreuses *wak'a* locales réparties sur l'ensemble du territoire andin, et ceci malgré les politiques missionnaires de l'époque coloniale. Comme le souligne Manuel Marzal (1969: 95-99), le premier Concile de Lima (1551-1552) réunissant les autorités catholiques avait ordonné la destruction de toutes les *wak'a* et leur remplacement par une croix. Le deuxième Concile (1567-1568) a généralisé cette éradication à tous les lieux sacrés, tels que les *apachita*, et leur substitution par le symbole de la croix.

Plusieurs contributeurs à l'ouvrage *Q'ero, el último ayllu inka* (2005 [1983]) mentionnent le *roal* ou *ruwal* que Nuñez del Prado décrit comme le grand esprit créateur de l'*Apu* Ausangate. Historiens et anthropologues ont longtemps débattu de la question de savoir si la conception d'une divinité créatrice existait déjà dans le monde préhispanique, notamment au travers des divinités de Viracocha et Pachacamac (*Pachakamaq*) (Taylor 1974, Metraux 1983, Molinié Fioravanti 1987, Itier 1993 et 2013, Urton 2004). Laissant ce passionnant débat de côté, certains Q'eros m'ont expliqué que l'interprétation du terme *roal* fait en réalité l'objet d'un malentendu : «*roal Apu*, c'est une terminologie espagnole qui se réfère au mot 'lieu', *lugar. Roal Apu* signifie donc simplement le 'lieu de l'*Apu*'».

D'après les Q'eros, les *Apu* sont les entités qui protègent et ordonnent le monde. Ils peuvent être des amis de bonne foi, mais également agressifs et sournois. Il peut arriver également que certains *Apu* proches des Q'eros se fâchent contre eux. Ils sont alors capables de leur montrer toute leur rage. Pour les Q'eros, les *Apu* possèdent également des animaux, surtout des renards (*atuq*) et des vigognes, par analogie avec leurs élevages d'alpagas et de lamas. Ricard Lanata (2007: 73-74), qui a mené ses recherches à Siwina Sallma, un village situé sur les pentes du massif de l'Ausangate, affirme que les bergers de cet endroit ne reconnaissent que les *Apu*, et non la *Pachamama*, comme entités supérieures. À la différence des Q'eros, ces bergers subsistent principalement de l'élevage extensif et pratiquent très peu l'agriculture, ce qui expliquerait l'absence de la *Pachamama* dans leurs récits. À l'inverse, la Terre Mère joue un rôle tout aussi important que celui des *Apu* pour les Q'eros. Par ailleurs, elle n'est pas considérée en opposition à ceux-ci qui sont aussi bien masculins que féminins. Généralement, chaque *Apu* masculin possède sa *ñusta*, son *Apu* féminin. Chacun se trouve également dans une relation d'opposition (*yanantin masintin*) avec un autre *Apu*, et non avec la *Pachamama*. Quant à la *Pachamama*, véritable entité féminine, elle est conçue sous différentes formes. Elle est la planète Terre unique et indivisible, mais également un lieu, un village, un endroit unique. De manière générale, la *Pachamama* est pensée à Q'ero comme un tout englobant.

* * *

2.2 Dormir avec les morts

Dans l'après-midi du jour de notre arrivée, j'ai eu l'occasion de discuter avec Santos. La communication avec lui n'était cependant pas facile. Je lui ai posé quelques questions sur les glaciers et il me raconta qu'auparavant il y avait plus de neige. Il m'assura qu'il y aurait moins d'eau d'ici septembre. D'après lui, les glaciers sont en train de fondre à cause de l'*Inti*, le soleil. Il ajouta enfin que, lors de la saison des pluies, il était de plus en plus difficile de faire paître les animaux.

Après cette brève discussion, je me suis promené en direction du village de Charkapata. Près de 29 familles habitent le village qui est composé de 34 maisons (Photo 5). La maison de Guillermo et celles de ses frères mesurent environ 7 mètres de longueur sur 3 mètres de largeur. Aucune maison ne possède de fenêtres, seule une petite porte d'accès. Les murs sont faits de pierre et le toit est constitué d'une structure de poutres en bois couverte de paille. À l'intérieur, une cuisine faite de terre battue jouxte des espaces de repos, ainsi que des espaces dédiés à l'entrepôt de nourriture, d'ustensiles et d'excréments d'alpaga et de lama.

Photo 5 : Village de Charkapata, Hatun Q'ero, mai 2011.

Ce crottin est utilisé comme engrais pour la terre, mais aussi comme combustible naturel. Puisque les maisons ne sont pas équipées de cheminées, une partie de la fumée du foyer est évacuée par le toit en paille ou par la porte, tandis que le reste subsiste toute la nuit à l'intérieur de la maison. Le sol est fait de terre battue et de paille. Les lits ne sont qu'un amas de peaux d'alpagas entreposées les unes sur les autres à même le sol. Il n'y a ni table, ni chaise. La seule source de lumière provient de l'ouverture de la porte et d'une petite pellicule en plastique posée sur le toit. En bas, dans la vallée, se trouve une école, le seul édifice doté d'un toit en tôle (rouge) et de murs en ciment peints en jaune, et sur lequel flotte le drapeau péruvien. D'autres bâtiments près de l'école ont des toits de tôle mais ils ont été recouverts de paille.

* * *

2.2.1 Les centres peuplés et les habitations de Hatun Q'ero

Les secteurs qui composent Hatun Q'ero – Cochamocco, Munay T'ika, Choa Choa, Challmachimpana et Hatunrumiyoq – se situent dans cinq vallées différentes qui se rejoignent plus bas, à une hauteur d'environ 3300 mètres. C'est là que se trouve le village de Hatun Q'ero qui, pendant une grande partie de l'année, est presque inhabité. Il est cependant le centre cérémoniel de la communauté où chaque famille possède une habitation. Il s'anime surtout en période de fêtes comme au *Chayampuy*, au Carnaval ou à Pâques. Le géographe de l'expédition de 1955, Escobar Moscoso (2005 : 57-61), constata que le village était noyé dans un épais brouillard lorsque le groupe de scientifiques entra à Q'ero le 27 juillet. À ses yeux, le lieu semblait abandonné. Ce qu'il ne savait pas alors est qu'au cours de cette période de l'année, la majorité des habitants étaient occupés à cultiver le maïs en bas, tandis que les autres étaient avec les animaux, plus en altitude.

Généralement, les habitations du village de Hatun Q'ero sont plus grandes que les autres maisons qui se trouvent plus en hauteur, dans la *qhiswa* ou dans la *puna*. La raison en est d'ordre pratique puisqu'elles hébergent les autres membres de la communauté pendant les fêtes. Pendant le Carnaval, les membres de la communauté qui ont le devoir d'organiser la fête gèrent la préparation des repas et des boissons pour l'ensemble de la communauté. Les maisons doivent être suffisamment grandes pour accueillir tous les convives venus pour l'occasion. Par ailleurs, chaque famille élargie possède généralement une seule maison dans le village de Hatun Q'ero. Ainsi, Santos, ses frères et ses parents partagent la même maison dans le village, mais possèdent chacun des maisons séparées dans la région élevée.

Le village de Hatun Q'ero se situe juste aux portes de la *ceja de selva*. En effet, quelques mètres plus bas apparaissent les premiers signes de la végétation qui compose la forêt amazonienne. La température et l'humidité y sont plus élevées que dans la zone de la *puna*. La cinquantaine d'habitations que compte le village sont construites en pierre et sont recouvertes de paille comme dans la *puna*. Alors que quelques familles seulement vivent dans le village de Hatun Q'ero, presque tout le monde vit de façon quasi-permanente dans la *puna* entre 3800 et 4600 mètres. En outre, en marge des fêtes, des cérémonies ou des assemblées, ces maisons constituent des haltes indispensables sur la route pour se rendre dans la *ceja de selva* pour y cultiver et récolter le maïs, ou pour effectuer des travaux dans les environs du village. Chaque famille de Hatun Q'ero détient entre trois et six maisons éparpillées sur la verticalité du territoire. Santos, par exemple, possède une maison principale à Irwaconca (à environ 4300 mètres), la deuxième à Charkapata (à environ 4200 mètres), la troisième juste en dessous de la vallée d'Irwaconca à 4100 mètres, la quatrième plus bas à 3800 mètres, la cinquième qu'il partage avec sa famille élargie dans le village de Hatun Q'ero (à 3300 mètres), et la dernière qui en réalité est plus un refuge en bois qu'une véritable maison, dans la *ceja de selva* à moins de 2000 mètres d'altitude, là où les Q'eros cultivent le maïs. Tous les Q'eros ne possèdent pas une maison plus bas. Ils dorment alors sous des tentes lorsqu'ils doivent descendre cultiver ou récolter le maïs.

La dispersion des maisons nous montre comment se déroule la vie semi-nomade des Q'eros en fonction du calendrier agricole. On peut ainsi définir les Q'eros comme des communautés transhumantes. Le modèle classique de la transhumance est une interaction entre un système de hautes terres et de basses terres sous la forme d'une migration par étapes successives ou par mouvements circulaires (Droz et Sottas 1997 : 72). S'il est vrai que les Q'eros possèdent plusieurs habitations, chaque famille possède une maison principale dans laquelle elle passe la plus grande partie de l'année. Cette maison, d'une longueur de 7 à 8 mètres et d'une largeur de 3 à 4 mètres, est plus petite que les habitations du village de Hatun Q'ero, mais elle est plus grande que les autres. Cette maison principale se trouve toujours dans la *puna* où la famille passe beaucoup de temps à faire paître ses alpagas et ses lamas. En effet, même quand la quasi-totalité de la famille est occupée à cultiver en basse altitude ou à mener d'autres activités, un ou plusieurs membres de la famille – ordinairement les enfants et les femmes – doivent rester en haut avec le bétail, notamment pour repousser les attaques de prédateurs tels que les pumas et les renards. Alors que la culture de différentes variétés de pommes de terre et de maïs nécessite un travail périodique, l'élevage des alpagas et des lamas requiert un contrôle continu. Les contraintes de l'élevage expliquent que chaque famille possède plusieurs maisons dans la *puna*. En effet, lorsque les pâturages se font rares dans les environs d'une habitation, les Q'eros rejoignent temporairement une autre maison, normalement plus petite, pour permettre aux animaux de trouver un autre pâturage.

2.2.2 Les trois étages écologiques

L'activité des Q'eros se décline donc sur trois niveaux écologiques, chacun caractérisé par un microclimat et des sols différents. L'étage écologique le plus élevé, la *puna*, se situe entre 3800 et 4600 mètres d'altitude. Dans la partie la plus basse de cet étage, les Q'eros cultivent une variété de pommes de terre d'altitude appelé *rukuy* qui est celle qui est utilisée pour faire le *chuñu* et la *muraya* (ou *chuñu blanco*). Ces deux sortes de pommes de terre sont exposées à l'air entre la fin du mois de juillet et le début du mois d'août. Elles bénéficient ainsi d'un fort rayonnement lumineux pendant la journée, et du gel nocturne. À chaque cycle d'exposition, la pomme de terre perd de l'eau. Grâce à ce processus, elle se déshydrate et peut être conservée pendant plusieurs années[70]. Dans la *puna*, on trouve des pâturages durs comme le *ichu*, la *khunkuna* et la *qanqaya* qui sont meilleurs pour les camélidés (Nuñez del Prado 2005 : 78, Webster 2005*a* : 107). Grâce à l'eau qui coule des glaciers et à l'infiltration qui s'opère pendant l'année, le sol est bien drainé et permet la reproduction de ces végétaux fondamentaux pour la santé des alpagas. Les lamas et les alpagas prospèrent mieux dans ces régions froides où les infections dues aux parasites sont moindres par rapport aux régions proches de la forêt. En outre, les précipitations dans la *puna* sont très souvent semi-solides et pénètrent donc plus difficilement au travers de leur pelage (Webster 2005*b* : 134-138).

L'étage écologique intermédiaire, la *qhiswa*, se trouve entre 3200 et 3800 mètres où les Q'eros cultivent plusieurs variétés de pommes de terre, des *maway*, *warwichu*, *uqa*, *añu* et *lisas* (types de tubercules). La zone de production de la pomme de terre et la zone de pâturage sont complémentaires. L'altitude maximale à laquelle la pomme de terre est cultivée correspond souvent à l'altitude minimale à laquelle les alpagas et les lamas peuvent paître. Dans cette zone, le pâturage plus mou est destiné à un autre type d'élevage comprenant poules, moutons, bovins et cochons. Ces animaux sont cependant peu nombreux en comparaison aux alpagas et

---

70 La *muraya* ou *chuñu blanco* subit un processus plus long que le *chuñu* (*negro*). Une fois déshydratées, les pommes de terre sont disposées dans des sacs perméables et immergées dans l'eau d'une rivière pour une durée d'environ deux semaines. Le type *chuñu* (*negro*), en revanche, n'est pas plongé dans l'eau.

aux lamas. Les bovins sont l'espèce la plus représentée, mais on retrouve par ailleurs quelques chevaux qui sont surtout utilisés pour charger du matériel et des personnes, comme les rares touristes.

Dans la *yunga* ou *ceja de selva*, entre 1400 et 2400 mètres d'altitude, les Q'eros cultivent principalement du maïs et quelques tubercules tropicales. Cette zone marque le début de la forêt amazonienne. Les Q'eros l'appellent également *el monte*. Enfin, la zone intermédiaire entre la *puna* et la *qhiswa*, située entre 2400 et 3200 mètres d'altitude, n'est pratiquement pas utilisée pour la production agricole. Le territoire y est particulièrement escarpé. Les Q'eros exploitent toutefois cette zone intermédiaire ainsi que la *yunga* pour l'extraction des ressources que leur fournit la forêt, en premier lieu le bois. De plus en plus de Q'eros renoncent à descendre cultiver le maïs dont la production et la qualité ont baissé.

2.2.3 L'élevage des camélidés sud-américains

Les troupeaux d'alpagas sont emmenés paître exclusivement dans la *puna* car ils affectionnent un sol dur et peu humide. Dans la *qhiswa*, ils attrapent plus facilement des maladies mortelles et leur production de laine y est de moindre qualité. Les lamas peuvent cependant vivre à plus basse altitude car ils sont moins vulnérables aux maladies et s'adaptent mieux aux différents types de pâturage. La laine d'alpaga est de meilleure qualité que celle des lamas. L'alpaga est donc un animal plus délicat et sa principale fonction est de fournir la laine des textiles les plus fins de Q'ero. Cependant, la plupart des troupeaux de lamas sont emmenés paître dans la *puna* avec les alpagas pour des raisons pratiques. Leur laine, bien qu'elle soit de moindre qualité, est toutefois utilisée dans les textiles de la communauté. En outre, le lama est l'animal de trait principal. Tandis que les chevaux sont aujourd'hui utilisés pour le transport des hommes, notamment des touristes, et des matériaux, les lamas servent à l'acheminement des produits agricoles, tels que le maïs et la pomme de terre, d'un étage écologique à l'autre. Malgré l'augmentation du nombre de chevaux, le lama reste l'animal le plus approprié pour cette activité puisqu'il parvient à marcher avec d'importantes charges sur le dos dans des zones escarpées, généralement inaccessibles à cheval.

Hormis ces fonctions pratiques, alpagas et lamas jouent également un rôle important au cours des rituels. J'y reviendrai. Enfin, les excréments de ces deux camélidés sont le seul fertilisant agricole utilisé à Q'ero. Les crottins, une fois séchés au soleil, sont également un précieux combustible pour le foyer. Puisque les alpagas et les lamas restent à proximité des villages, surtout pendant la nuit, il est aisé de récupérer leurs excréments qui sont ensuite stockés à l'intérieur des maisons.

Dans les années 1970 Steven Webster (2005*b* : 136-137) écrivait que chaque famille de Hatun Q'ero possédait en moyenne 50 animaux (alpagas, lamas et moutons). Il précisait cependant que ce chiffre n'était qu'une moyenne : certaines familles pouvaient en posséder 300 et d'autres aucun. Webster soulignait en outre que le nombre d'alpagas était de trois contre un pour les lamas, et que le nombre de moutons était inférieur à celui des lamas. Lors de mes enquêtes, j'ai établi que les familles de Munay T'ika possédaient en moyenne aujourd'hui environ 70 animaux (entre 30-40 alpagas, 20-25 lamas et 20 moutons). Par rapport aux statistiques de Webster, la moyenne par famille a augmentée de 20. Le nombre d'alpagas n'est plus d'un rapport de trois pour un lama, mais plutôt de quatre contre trois. La famille qui possédait plus d'animaux en avait un peu plus de 200 ; celle qui en avait le moins n'en comptait que 10. Une autre donnée importante pour la compréhension de ces statistiques est qu'un tiers environ des familles ne possèdent ni alpagas ni moutons. En revanche, à Munay T'ika, presque toutes les familles, à quelques exceptions près, possèdent des alpagas.

Alpagas et lamas dorment généralement dans un enclos fait de pierres autour des maisons du village. Ils dorment parfois simplement près des maisons de leurs propriétaires. Le mur en pierre est une protection contre les prédateurs. Les animaux se réveillent vers 6 heures du matin et vers 8 heures environ, un ou deux membres de la famille qui les possède les emmènent à la recherche d'un bon pâturage. Vers 16h30, c'est-à-dire avant que la lumière ne disparaisse totalement vers 18 heures, les responsables regroupent les troupeaux. Or cette opération peut s'avérer difficile, surtout quand les animaux sont dispersés sur un vaste territoire escarpé. Entre 17 heures et 18 heures, ils s'installent de nouveau à proximité des maisons, prêts à y passer la nuit.

Dans le territoire de Q'ero, il existe également d'autres types de camélidés sud-américains, notamment la vigogne. À la différence de ses deux cousins, la vigogne n'a pas été domestiquée et vit donc librement à côté des glaciers. La fibre de vigogne est réputée pour sa qualité et elle est l'une des plus chères au monde. En raison du faible nombre de vigognes et du risque d'extinction, la loi péruvienne est stricte quant à son usage.

2.2.4 Le calendrier agricole

J'ai tenté de reconstituer le calendrier agricole des Q'eros en opérant un assemblage sur la base de trois entretiens spécifiques.

> Angelino : En janvier il pleut beaucoup. L'activité principale consiste donc à rester avec les alpagas et les lamas dans la *puna*. Les autres membres de la famille, quant à eux, tissent les vêtements (*poncho, chullo*) pour le Carnaval.
>
> GC : Vous ne faites aucun travail agricole en janvier ?
>
> Angelino : Non, on emmène seulement paître les animaux sous la pluie.
>
> GC : Et en février ?
>
> Marcos : En février ont lieu le *Chayampuy* et le Carnaval. Donc, on danse. Le Carnaval c'est la fête la plus importante de l'année. Pour cette fête, nous préparons la *chicha* avec le maïs. À cette période naissent également beaucoup de nouveaux alpagas et de lamas.
>
> GC : Oui, j'ai remarqué que vous mettiez des sacs en plastique sur les nouveaux nés.
>
> Marcos : Oui, c'est pour les protéger de la forte pluie parce qu'ils sont encore faibles et fragiles.
>
> GC : Combien de mois dure la gestation d'un alpaga ?
>
> Marcos : Environ sept mois.
>
> GC : Et que faites-vous en mars ?
>
> Luis : En mars et avril, nous procédons à la récolte des pommes de terre qui poussent plus en bas dans la *qhiswa*. À Q'ero, il y a quatre grandes variétés de pommes de terre : *maway, michkay, tarpuy* et le *rukuy*. Durant ces deux mois, on récolte le *maway* et ensuite le *michkay*. De même, en mars on coupe la laine des animaux.

GC: Et en mai?

Luis: En mai et en juin on récolte le *tarpuy*, c'est-à-dire les pommes de terre qui poussent plus en altitude. Dans ce groupe-là, on trouve la *papa nativa, uqa, lizas*...

Marcelino: Ensuite, en juin on descend faire la récolte du maïs dans la *yunga*.

Luis: En juillet, c'est la période de la récolte de la dernière variété de pomme de terre: le *rukuy*. Le *rukuy* pousse seulement lorsque le climat est propice pour faire le *chuñu* et la *muraya* grâce aux nuits glacées.

Marcelino: En outre, en juillet, c'est déjà le moment de semer les variétés de *maway* et de *michkay* en bas dans la *qhiswa*.

GC: Et en août?

Luis: En août, on fait des offrandes à la *Pachamama*, la Terre Mère. Donc, nous ne touchons pas la terre. On continue de s'occuper des animaux et on fait geler le *chuñu* et la *muraya*.

Marcelino: De septembre à novembre, on doit semer les autres deux variétés de pomme de terre, ainsi que le maïs dans la *yunga*.

Angelino: En décembre, il y a peut-être encore des choses à semer, sinon on commence à préparer les vêtements pour le Carnaval, comme en janvier.

J'ai ensuite poursuivi ces entretiens avec des questions spécifiques sur leurs cultures:

GC: Pourquoi ne cultivez-vous pas autre chose ici?

Luis: C'est plutôt par ignorance et par habitude. Quand j'étais petit, je cultivais des carottes. Mais ce ne sont pas des produits typiques d'ici. Nous n'avons pas l'habitude de cultiver ça.

GC: Vous n'avez jamais essayé de cultiver le quinoa?

Angelino: Oui, mais nous ne pouvons pas. Nous avons essayé avec le quinoa, le blé, l'orge, la fève, le petit pois... Ils ne poussent pas ici.

GC: Vous procédez à une rotation pour faire reposer le sol?

Luis : Oui bien sûr. En haut, on laisse reposer le terrain pour sept ans avant de le cultiver à nouveau. En bas, le terrain est plus fertile et il se renouvelle chaque deux-trois ans.

GC : Comment mangez-vous les quatre différentes variétés de pommes de terre ?

Luis : Le *maway* et le *mischkay* doivent être mangés dans les trois-quatre mois suivant leur récolte. Vers juillet, elles sont à la limite de la péremption. Le *tarpuy* peut être conservé jusqu'à douze mois parce qu'il contient beaucoup d'amidon. Enfin, le *rukuy* peut se conserver jusqu'à sept ans.

GC : Tu me racontais par ailleurs que chaque variété de pommes de terre doit suivre des étapes de culture précises.

Luis : Oui bien sûr. En effet, quand on sème le *tarpuy* par exemple, il faut qu'il y ait des semences des autres espèces, c'est-à-dire 10 % des semences des autres trois variétés. C'est une manière de croiser les pommes de terre pour garder ses qualités. En outre, il y a des règles à suivre aussi dans la façon de les cuisiner. Par exemple, la majorité de la variété *tarpuy* est cuisinée avec sa peau. La variété *michkay* est cuisinée sans la peau. Il y a des règles à suivre pour chaque variété de pommes de terre. Il y a une relation de réciprocité, d'*ayni* entre nous et la pomme de terre. Nous devons la traiter comme elle veut être traitée. Si nous ne respectons pas ces règles, elles vont se plaindre auprès des *Apu* et nous n'aurons alors plus le droit de les cultiver.

2.2.5 Le régime alimentaire des Q'eros

Ces quatre familles de pommes de terre constituent la principale nourriture des Q'eros et pas moins de 80 % de leur régime alimentaire. Pour cette raison, il n'est pas surprenant que l'on en trouve une grande variété (Webster 2005*a* : 109). La *muraya* et le *chuñu* sont deux aliments fondamentaux lorsque la production de pommes de terre est terminée. Hormis ces tubercules, les Q'eros mangent aussi des produits qu'ils achètent lorsqu'ils se rendent à Paucartambo ou à Ocongate. Généralement, on trouve dans chaque maison quelques kilos de riz et de pâtes. Ils les utilisent surtout dans les soupes de pommes de terre pour varier leur diète. Toutefois, ils en mettent de petites quantités et pas systématiquement. Il n'est pas rare de trouver aussi du pain, des fruits (oranges et bananes) et des légumes (surtout des carottes, oignons et tomates), mais ces aliments sont rapidement consommés dans les jours suivant l'achat. Aussi, le pain, les fruits et les légumes ne font pas partie d'une alimentation régulière sur toute l'année. Parmi les autres achats fréquents figurent le sel, les épices et le sucre. Le sel et les épices sont surtout utilisés pour préparer les soupes de pomme de terre. En revanche, le sucre est utilisé exclusivement pour préparer le *mate de coca*.

Le reste de leur régime alimentaire est composé de viande d'alpaga et de lama. La viande est la principale source de protéine des Q'eros, mais elle est consommée en très petite quantité. Autrement dit, on peut trouver quelques morceaux de viande dans une soupe en moyenne deux fois par semaine. La fonction prioritaire des animaux est de produire de la laine. Ce n'est que rarement que les Q'eros tuent un animal dans le seul but de le manger. De fait, les Q'eros ne tuent les camélidés qu'en période de fêtes. La viande consommée est souvent ce qui reste de l'animal après l'attaque d'un prédateur. Aussi, il n'est pas rare que les femmes reviennent larmoyantes à la maison avec un bébé alpaga mort dans leurs bras. Les Q'eros endiguent cette perte en sauvant les parties encore comestibles de l'animal. Il y a deux manières de traiter la viande. La première est de la consommer dans les jours qui suivent l'abattage. La deuxième est de faire sécher les bouts de viande avec du sel pour les conserver plus longtemps. Cette viande séchée, que l'on trouve accrochée à l'intérieur des maisons s'appelle *ch'arki*. Des truites ont aussi été importées dans les lagunes de Q'ero et dans ses fleuves. Quelques Q'eros possèdent des filets de pêche mais ne les utilisent que rarement (deux à trois fois par mois au plus). La pêche reste donc une activité fort marginale.

Les deux dernières denrées qui complètent l'alimentation des Q'eros sont la coca et le maïs. Je liste expressément ces deux produits en dernier parce que, en plus d'être des aliments, ils jouent un rôle important au cours des rituels et des fêtes. La plupart de la production de maïs est en effet utilisée pour la préparation de la *chicha*, une bière de maïs qui se consomme pendant les fêtes. Le reste du maïs est consommé au cours de l'année, généralement grillé.

La coca, en revanche, est présente au quotidien. Du nom scientifique *Erythroxylum coca Lam. Var. coca*, la coca commune est un arbuste cultivé dans la partie haute de l'Amazonie entre 400 et 2000 mètres d'altitude (Plowman 1986). Ses feuilles accompagnent systématiquement chaque rituel dans le monde andin et constituent l'intermédiaire par excellence entre les chamanes, les *Apu* et la *Pachamama*. Pendant la période qui a suivi la conquête espagnole, la plante est devenue un symbole fort des populations autochtones, aussi bien *campesinos* (*runa*) que *mestizos* (*misti*) (Allen 2008: 39). Bien que les colonisateurs et leurs descendants aient longtemps cultivé les feuilles de coca, ils se sont toujours refusés à la consommer. Juste après la conquête, les missionnaires catholiques avaient en effet lancé de fortes invectives contre son usage, contribuant ainsi à instaurer la coca comme symbole de résistance aux yeux des *runa*. C'est pour cette raison que la mastication des feuilles de coca trace une frontière entre *runa* et *misti*. Hormis leur valeur symbolique, les feuilles de coca sont aussi un aliment fondamental pour les Q'eros. Elle est connue pour ses propriétés médicinales astringence et analgésique. Elle est un remède efficace contre le mal d'altitude et constitue un stimulant (Baud 2011: 143). Bien que la *yunga* de Q'ero descende jusqu'à 1400 mètres, les Q'eros ne cultivent pas de feuilles de coca. Dans le passé, les Q'eros avaient mis en place un troc de produits en échange de ces feuilles de coca. Aujourd'hui, les feuilles de coca peuvent s'acheter dans les villes comme Cuzco, Paucartambo et Ocongate.

L'alcool est un autre produit de consommation à Q'ero qui se boit quotidiennement et pendant les fêtes. Thierry Saignes (1992: 54-55) a montré que l'alcool remplissait deux fonctions dans les Andes: communiquer avec l'invisible et stimuler la sociabilité. Pendant les fêtes, tous les adultes boivent. À ces occasions, les Q'eros préparent eux-mêmes la *chicha* le samedi pour être bue entre le mardi et le mercredi suivants. La fermentation alcoolique ne dépasse donc pas les 1-2%. Les Q'eros achètent également à Cuzco du *cañazo*, une boisson fortement alcoolisée (60-70%), faite à partir de cannes à sucre. La plupart des Q'eros boivent de grandes quantités d'alcool lors des fêtes mais presque jamais le reste de l'année. Cependant, certains Q'eros boivent quotidiennement. La communauté de Totorani est celle qui connait le plus de problèmes à ce sujet. Quand ils reviennent de Cuzco, les hommes remplissent les camions de *cañazo* et de caisses de bières[71].

* * *

---

71   À propos de l'alcoolisme dans les Andes voir Saignes (1992) et Allen (2008: 310-313).

Le lendemain de mon arrivée, alors que je marchais avec Guillermo en observant les montagnes qui dominent la vallée, je lui ai demandé s'il y avait eu plus de neige auparavant. Il me répondit que, du temps de son enfance, la neige descendait pratiquement jusqu'au village. Chaque année, elle diminue davantage. Plus tard dans la journée, vers 18 heures, nous nous sommes installés dans la maison de Guillermo pour cuisiner une soupe de pommes de terre sur le feu. Nous avons mangé assis par terre et sans couverts.

Le jour suivant, lors du petit déjeuner, Guillermo m'informa que les Q'eros ne se rendaient jamais à l'hôpital mais soignaient tous leurs maux grâce aux cérémonies chamaniques. Il me raconta que sa femme avait failli mourir lorsqu'elle a accouché de son quatrième fils car un *kukuchi* (l'esprit malveillant d'un défunt[72]) avait fait son apparition avec le vent (*wayra*). Or, Guillermo l'avait repoussé grâce à des rituels chamaniques. Il m'expliqua que le vent pouvait tout aussi bien présenter un bon qu'un mauvais esprit. Toute chose, tout élément, possède un esprit. Après le petit déjeuner, nous entreprirent de monter au sommet de la montagne dominant le village pour y faire notre deuxième cérémonie, cette fois-ci à proximité d'une lagune de couleur vert émeraude. Guillermo m'expliqua que la lagune nous lave de toutes nos ondes négatives (*energía negativa*) et que si quelqu'un devait se baigner sans prendre la peine d'exécuter au préalable une cérémonie, la lagune le punirait. Je me suis souvenu qu'à l'intérieur du *despacho* acheté à Cuzco se trouvait un coquillage *mamaqucha* représentant l'eau. J'ai donc profité de cette occasion pour poser beaucoup de questions à Guillermo sur les cérémonies chamaniques. En début de soirée, les enfants de Toribio, un frère de Guillermo, nous ont rejoint et ont révisé leurs cours à nos côtés. Je me suis alors retrouvé à aider deux enfants âgés d'environ 10 ans à réviser leur espagnol dont leur connaissance se limitait à quelques mots et chiffres.

Je n'étais arrivé que depuis quelques jours au sein de la communauté et il me fallait encore trouver un certain équilibre entre mes questions,

---

72 À propos du *kukuchi,* Valérie Robin Azevedo (2008: 142) affirme que «parmi les récits sur les revenants, les plus répandus concernent les damnés (*condenado* ou *kukuchi*) parfois simplement désignés comme les 'pécheurs' (*huchayuq*), en raison des graves péchés commis durant leur existence. Ces narrations, au contenu assez stéréotypé, sont aussi parmi les plus connues de la tradition orale andine».

mes observations et les activités menées en commun. Je ne voulais pas être un individu externe au foyer. J'essayais donc de participer autant que possible aux tâches domestiques et à la vie du foyer, sans être trop intrusif. Aussi, j'aidai Guillermo à nettoyer sa maison tout l'après-midi. Le soir venu, aux alentours de 18 heures, lorsque le soleil se coucha, nous avons commencé à préparer le souper. Pendant la journée, Santos avait rejoint sa famille à Irwaconca, un petit village proche de Charkapata abritant douze familles. Guillermo, qui menait les opérations, avait décidé de préparer une soupe de pomme de terre cuisinée avec le bouillon que nous avions acheté au marché. Parallèlement, il fit bouillir d'autres pommes de terre avec un peu de sel. Nous avons donc commencé à peler et à couper le nombre de pommes de terre nécessaire pour la soupe et avons versé le reste des tubercules avec leurs peaux dans l'eau bouillante. Alors que nous nous apprêtions à manger, j'observais comment Guillermo mangeait ses pommes de terres. Il pelait de ses mains les pommes des terres cuites dans l'eau et déposait les pelures sur le sol. Je l'imitai et nous avons terminé notre repas assez rapidement. Puisque nous n'étions que deux, je décidai de l'aider à ranger la cuisine. Aussi, pendant qu'il était occupé à chercher de l'eau dans une petite rivière à côté de la maison, je commençai à nettoyer le sol jonché de pelures. Alors que j'étais parvenu à toutes les rassembler en un tas, Guillermo arriva avec son récipient rempli d'eau et, m'apercevant avec les pelures à la main, me jeta un regard glacial et s'écria : « Que fais-tu ??? ». Il posa précipitamment son récipient par terre, prit dans ses mains les pelures que j'avais rassemblées et les sépara soigneusement. Je le regardais faire en silence, encore pétrifié par sa réaction. Quand il termina, il leva la tête et me demanda : « Est-ce que normalement tu dors avec les morts ? ». Désemparé par cette question, il me fallut quelques secondes avant de lui répondre : « Non... je crois que non... ». Guillermo ne tarda pas à répliquer : « Alors, si tu dis ne pas dormir avec les morts... pourquoi as-tu mis les peaux mortes [celles que nous avions cuites dans la casserole] avec les peaux encore en vie [celles des pommes de terre crues que nous avions pelées avant de les faire cuire dans la soupe] ? ». « En effet », continua Guillermo, « les peaux que nous avons cuites ont perdu leur esprit, tandis que les autres ont encore leur *animu*[73]. Pour cette raison, il est interdit de

---

73 *Animu* peut être utilisé comme synonyme d'esprit.

les mélanger. Tu viens de me dire que tu ne te couches pas dans le même lit que celui d'un mort, non ? ». Sans rien ajouter de plus, il forma deux petits tas distincts, l'un avec les peaux possédant encore leur *animu* et l'autre avec les peaux qui l'avaient perdu pendant la cuisson. Il sortit de la maison et déposa sur le gazon les deux tas bien loin d'un de l'autre. Je n'ai plus prononcé un seul mot de la soirée. Guillermo non plus.

3. La ville, quatrième étage écologique

> Ce que j'ai très vite compris, c'est que l'information n'est jamais affaire gratuite.
>
> Marc Abélès (2002 : 38)

3.1 L'assemblée de Munay T'ika

Le lendemain, j'ai profité de la matinée pour me promener dans le village presque désert. Tous les Q'eros se trouvaient alors plus bas dans la vallée pour effectuer la récolte des pommes de terre. Le soleil fait son apparition dans la vallée vers 8 heures du matin. Avant le lever du jour, la température est assez froide mais l'atmosphère change avec une rapidité incroyable. Presque tous les jours, le brouillard monte depuis la forêt tropicale humide. Il était parfois si opaque que je m'y sentais perdu parce que je ne pouvais pas voir au delà de 10 mètres. Ce matin-là, la météo étant clémente, je suis monté vers Ccolpacocho pour observer les travaux de la nouvelle maison de Toribio. Il m'expliqua qu'il était en train de construire une maison plus en hauteur car il y avait là beaucoup plus de pâturage pour les animaux qu'il n'y en avait à Charkapata. Cette information me sembla intéressante. J'avais emporté avec moi un sachet de feuilles de coca et alors que je prenais une pause, je lui demandai s'il souhaitait mâcher des feuilles avec moi en lui tendant le sachet. Toribio le saisit en me remerciant.

* * *

3.1.1 Biens et acteurs exogènes

Dans les années 1970, Webster (2005*a*: 112) observait que l'achat de produits provenant des centres peuplés proches se limitait aux feuilles de coca, au sucre, au pain et à de petites quantités de kérosène. D'autres biens étaient ramenés par des commerçants de la région en visite à Q'ero. Bien que l'achat de ces produits reste aujourd'hui limité, la situation a certainement changé par rapport aux années 1970. Quelques commerçants visitent encore la communauté avec des produits tels que vêtements, batteries et torches électriques, mais la plupart des biens comestibles et non comestibles sont achetés en dehors de Q'ero. Comme nous l'avons vu, les habitants de Choa Choa peuvent profiter du petit marché de Pampaqasa le dimanche, mais les habitants du secteur de Munay T'ika habitent trop loin pour s'y rendre.

Bien que la majorité des biens soient produits à partir de matériaux issus du territoire de la communauté – en particulier le bois, la pierre, la terre et la paille – on trouve à Q'ero de plus en plus de matériaux provenant de l'extérieur. Les maisons des familles de Munay T'ika, par exemple, sont construites avec des matériaux endogènes. L'école est le seul édifice en béton avec un toit en tôle. Quelques mois après ma première visite à Q'ero, un groupe d'américains amena une radio à l'école. À partir de 2012, les habitants de Munay T'ika ont pu également utiliser un téléphone pour communiquer avec l'extérieur. Dans le village de Hatun Q'ero, il y a quatre édifices avec un toit en tôle. À la différence de Munay T'ika, il est possible d'installer des câbles électriques à Hatun Q'ero pour éclairer l'intérieur des maisons. Il y a également une parabole satellite en face de l'école pour les communications via la radio. L'école de Munay T'ika, les maisons en béton de Hatun Q'ero, ainsi que tous les moyens de communication ont été amenés, construits et installés par des acteurs externes, en particulier des ONG et des touristes en visite. L'école de Munay T'ika a ainsi été construite par l'ONG *Fundación Puma Perú* en 2000. L'INC (2005: 57) signalait en 2005 la présence de quatre ONG ou associations qui opéraient dans la communauté de Hatun Q'ero: Puma, Kryon, Cedaq et ANDES.

Les Q'eros sont connus pour leurs textiles de qualité. Tandis que les femmes continuent à produire elles-mêmes leurs habits, les hommes et les enfants portent de plus en plus de vêtements achetés à Cuzco ou dans d'autres localités, souvent en fibres synthétiques.

Hormis les biens de première nécessité, les Q'eros n'achètent pas beaucoup de choses. Dans la cuisine, on trouve des ustensiles en plastique comme des bols pour manger la soupe ou des seaux pour chercher l'eau dans les rivières, et quelques rares couverts pour les repas. Les objets les plus fréquemment achetés sont les batteries de torches électriques afin d'avoir un peu de lumière la nuit. Dans certaines maisons, on peut également trouver des radios qui captent très mal une ou deux stations. Enfin, une chose frappante lorsqu'on se promène dans les villages de Hatun Q'ero est le nombre élevé de sacs en plastique, de bouteilles et de batteries qui jonchent le sol à l'extérieur des maisons.

* * *

Dans l'après-midi, Guillermo me posa beaucoup de questions sur une possible fin du monde. Je me trouvais pour la première fois face à une situation que je n'avais pas vraiment envisagée puisque je pensais être celui qui venait poser des questions[74]. Voilà que je m'en trouvais assailli. Comment devais-je y répondre? J'ai tenté de ne pas trop influencer Guillermo avec mon point de vue, mais cette opération s'avérait techniquement impossible. À la suite de cette discussion, Guillermo me confia sur un ton grave que les anciens avaient beaucoup plus de respect pour la *Pachamama* et les *Apu* que les jeunes d'aujourd'hui. Il m'expliqua que, dernièrement, des commerçants venaient à Q'ero pour y vendre des boissons dans des bouteilles de plastique que les jeunes abandonnaient partout. «Je pense que la fonte des glaciers est surtout due à ces plastiques. Est-ce que j'ai raison?». Je me suis senti un peu embarrassé par cette question mais je lui répondis que oui, dans un certain sens, il pouvait avoir raison. Lors de notre conversation, la température chuta brutalement et le brouillard se fit de plus en plus épais. Il m'avoua alors avoir perdu deux de ses enfants en raison du froid: «Triste la vie ici, n'est-ce pas»?

* * *

---

74   Alessandro Monsutti (2004: 73-74) souligne que les anthropologues en formation apprennent surtout à poser des questions et à interpréter les réponses, alors qu'une partie essentielle de leur travail est aussi d'analyser les questions que leurs interlocuteurs posent en retour.

3.1.2 La santé

Si nous abordons la santé telle qu'elle est conçue selon les schémas établis en Occident, le constat est vite fait: il n'y a aucune structure sanitaire dans la Nación Q'ero. Le personnel de l'hôpital de Paucartambo rend rarement visite aux communautés alors que l'État sollicite ses médecins pour effectuer des campagnes d'immunisation. Cependant, au fil des générations, les Q'eros ont développé un savoir traditionnel des plantes et des soins au moyen de rituels chamaniques sur lesquels je reviendrai.

La mortalité infantile est très élevée. Presque chaque famille a perdu au moins un enfant au cours des premiers mois qui ont suivi la naissance. Guillermo et d'autres Q'eros m'ont confié que chaque famille perd en moyenne entre un et deux enfants. Les enfants les plus en danger sont ceux qui naissent entre décembre et février car il leur faut alors affronter en bas âge la pluie et un haut taux d'humidité, conjugué à un froid intense. Seuls les bébés les plus robustes parviennent à passer cette épreuve.

* * *

Plus tard dans la soirée, nous avons préparé le souper et je profitai de l'occasion pour poser davantage de questions à Guillermo. Je m'apercevais peu à peu qu'il me communiquait toujours les informations les plus intéressantes sans même que je lui demande quoi que ce soit. Cette fois-ci, il me répondit un peu irrité qu'il était occupé à cuisiner. Un mutisme réciproque nous a alors accompagné pendant toute la préparation du souper. Après le repas, je tentais de lui exposer les objectifs de mon séjour. Je lui exprimais le souhait de conduire des entretiens avec d'autres *comuneros* (habitants de la communauté) de Q'ero. Je lui demandai donc s'il pouvait m'aider à traduire en quechua certaines questions que je ne parvenais pas à traduire seul. Je commençais par la première question que j'avais notée sur ma liste: «Comment était la pluie autrefois, lorsque vous étiez jeunes par exemple ou il y a quelques années, par comparaison avec aujourd'hui?». Au lieu de traduire la question, Guillermo me répondit: «Quand j'étais gamin la pluie était...» Je l'arrêtai tout de suite: «Je ferai un entretien avec toi plus tard. Pour l'instant, j'aurais juste besoin que tu me donnes un coup de main avec la traduction». Aucune réaction.

Il continua à me faire part de sa perception de la pluie. Je tentai de lui exposer d'autres questions, mais il continua à y répondre au lieu de les traduire. Je compris alors qu'il ne voulait tout simplement pas traduire mes questions. De son côté, il avait également compris que je n'étais pas un simple touriste et ce fait le mettait mal à l'aise face aux autres membres de la communauté. Sans me l'avouer encore expressément, il n'était pas tout à fait à l'aise à l'idée que quelqu'un qu'il avait invité dans la communauté puisse poser allègrement des questions à ses voisins. Aussi, je me résolus à utiliser un dictionnaire quechua-anglais. Peu de Q'eros parlent espagnol et sans l'aide de Guillermo, la seule option que j'avais était de traduire moi-même mes questions en quechua. À ce stade, je devais me laisser guider par mon terrain et, dans ce cas spécifique, me résoudre à l'emploi d'un dictionnaire.

C'est à la suite à cette conversation que les problèmes ont commencé. Le lendemain, Guillermo m'annonça que je ne pouvais pas parler avec les membres de Q'ero autres que sa propre famille et celle de Santos. Je ne pouvais faire des entretiens qu'avec eux. « En outre », ajouta t-il, « il sera difficile de faire des entretiens avec les autres puisqu'ils veulent être payés ». J'essayais de rester calme et positif mais je voyais bien que Guillermo était de plus en plus importuné par ma présence dans sa maison. Il me laissa donc seul pour quelques heures avant de revenir me demander combien d'entretiens je comptais faire. Je n'avais jusque-là jamais pensé en termes quantitatifs et la réponse était à mes yeux très relative, mais Guillermo voulait une réponse concrète. Aussi, je lui indiquai : « Trente, j'ai besoin de trente entretiens ». Avec une certaine nervosité, il disparut à nouveau. Après une nouvelle longue attente, Guillermo revint : « Demain aura lieu une assemblée du village. Je viens de parler avec le président du secteur de Munay T'ika. Il va te présenter et l'assemblée décidera si tu peux rester et mener tes entretiens, ou si tu dois partir. Dans tous les cas, une fois que tu auras terminé les trente entretiens, il te faudra repartir à Cuzco. Mais avant tout, il faut que tu donnes 100 soles destinés à l'école au président de la communauté ». Je n'étais pas enchanté d'entendre ces nouvelles mais je compris vite que ce n'était pas le moment de négocier, aussi je demeurai silencieux. La négociation avec Guillermo avait commencé dès l'instant de notre rencontre, mais je réalisais que j'étais désormais entré dans une phase de négociation bien plus importante.

Le lendemain, je me réveillai tôt. Guillermo était déjà en train de préparer à manger. Il m'annonça qu'il partait pour Cuzco après l'assemblée. Il ne souhaitait pas rester dans sa maison parce qu'il avait perçu que des mauvais esprits allaient venir cette nuit. Je devais continuer le reste du voyage avec Santos. L'après-midi, nous sommes descendus à pied de la vallée pour nous rendre sur la place face à l'école. Les femmes du village étaient en train de préparer le repas pour les enfants encore en salle de classe. Une fois les cours terminés, les enfants sont sortis jouer et progressivement, tous les pères de familles se sont rassemblés près de la cour de l'école. Pendant le repas, j'ai fait la connaissance de deux enseignants de l'école de Munay T'ika. Une femme de Cuzco et un homme de la province de Quispicanchi.

* * *

3.1.3 L'éducation

La communauté de Hatun Q'ero compte aujourd'hui quatre écoles. Quand l'INC publia son rapport en 2005, seules existaient l'école de Munay T'ika et celle du village de Hatun Q'ero. Aujourd'hui, il y a deux écoles supplémentaires à Choa Choa et Cochamocco, lesquelles ne sont pas sous le contrôle de l'État. En outre, une école est en projet de construction à Challmachimpana. L'objectif de la municipalité de Paucartambo, en accord avec la Nación Q'ero, est d'avoir au moins une école primaire dans chaque secteur.

Le centre éducatif de Munay T'ika est passé sous le contrôle de l'éducation publique de l'État après avoir été fondé par la fondation Puma. L'INC affirmait en 2004 que 63 élèves fréquentaient alors l'école. En 2011, l'école en accueillait environ 40. L'État péruvien a créé un programme bilingue (*educación bilingüe intercultural*) et offre une subvention de 100 soles par mois pour inciter les familles paysannes à scolariser leurs enfants. Selon l'enseignante de Munay T'ika, l'objectif de cette subvention est d'augmenter la fréquence aux cours des élèves qui, autrement, travailleraient dans les champs avec le reste de leur famille. L'école de Munay T'ika a deux enseignants. L'un s'occupe des trois premières années, et l'autre des trois restantes. Ces six années sont l'équivalent de l'école primaire. Si les élèves veulent poursuivre leur scolarisation, ils doivent migrer. Il existe une école secondaire à Quico et une autre devrait ouvrir ses portes prochainement à Challmachimpana. Bien entendu, je ne peux pas commenter l'impact qu'aura l'école de Challmachimpana, mais je peux toutefois souligner que les étudiants de Munay T'ika ont rarement poursuivi leur scolarisation à l'école secondaire de Quico. Ceux qui ont continué leurs études ont quitté Q'ero en direction de Cuzco, Ocongate ou Paucartambo.

L'enseignante qui s'occupe des élèves les plus jeunes leur parle généralement quechua en introduisant progressivement la langue espagnole. À partir de la quatrième année, l'autre instituteur enseigne le lundi, le mercredi et le vendredi en espagnol, et le mardi et le jeudi en quechua. Les classes sont composées de filles et de garçons à parité presque égale. L'un des buts de l'école est aussi d'encourager les filles à parler espagnol. En effet, il est très rare que les femmes de plus de 18 ans parlent espagnol. Le calendrier scolaire commence en mars et se termine en décembre. Les instituteurs qui changent presque chaque année en raison d'un concours étatique annuel, enseignent trois semaines sur quatre. Puisque Q'ero est géographiquement éloigné, ils ont l'opportunité de rentrer chez eux environ une semaine par mois.

* * *

Lorsque j'étais sur le terrain, l'enseignante de Cuzco était également la directrice de l'école. Aussi, il lui incombait de diriger l'assemblée (Photo 6). Je reporte ici les principales interventions qui ont eu lieu au cours de celle-ci :

> Enseignante : Notre président nous a annoncé que nous avions reçu la visite d'un ami qui va collaborer avec nous en versant 100 soles pour l'école.
>
> Président : Guillermo m'a raconté que notre ami nous rend visite dans le cadre de ses études. Je demande donc à Guillermo de nous dire ce qu'il va faire et d'indiquer les raisons pour lesquelles il a choisi de faire son étude ici chez nous. Reste-t-il seulement ce mois ou va-t-il va revenir plus tard ?
>
> Guillermo : Pères de famille, bonjour. J'ai ramené notre ami ici à Q'ero et nous avons beaucoup parlé de ce qu'il veut faire ici. Il m'a dit par la suite qu'il souhaitait tout savoir sur nos vies. Je lui en ai demandé les raisons. Je crois qu'il ne sait pas trop

lui-même ce qu'il est en train de faire et ce qu'il veut découvrir. Aussi, pour cette raison nous avons eu quelques disputes. Hier, il m'a dit qu'il voulait interviewer trente personnes. Je lui ai donc demandé pourquoi trente personnes ? Mes amis, je tiens à m'excuser auprès de vous. Si j'avais su les véritables raisons de sa visite, je ne l'aurais pas accompagné ici. Maintenant, je me sens coupable vis-à-vis de vous. Mais s'il vous plaît, croyez-moi, si j'avais su, je ne l'aurais fait. Ainsi, si vous voulez, vous pouvez lui demander de donner plus que 100 soles. Peut-être va-t-il le faire.

Enseignante : Est-ce que tu peux te présenter devant l'assemblée ?

GC : Bonjour à tout le monde, je m'appelle Geremia, je viens de Suisse et j'ai 28 ans.

Enseignante : Peux-tu nous donner les raisons de ta visite ?

GC : Je suis ici pour mener une recherche sur la pluie, la neige, la grêle. J'aimerais savoir s'il y a eu des changements.

Enseignante : Pourrais-tu nous en dire un peu plus ?

GC : Je ne veux pas en dire trop car je ne tiens pas à influencer les réponses qu'ils vont me donner. Mais rassurez-vous, je ne vais pas poser des questions trop intimes sur vos vies privées.

Guillermo : Ce qu'il veut savoir, c'est comment on vit, comment on travaille. Nos productions agricoles. Si elles sont mieux ou non par rapport au passé. Il veut savoir si le sol est en train de sécher, pourquoi il y a de plus en plus de grêles, moins de glaciers, beaucoup de vent et il veut savoir d'où vient la pollution. Il va vous poser trois ou quatre questions. Ce n'est pas beaucoup. Mais je le répète, si j'avais su, je ne l'aurais pas amené ici. Je suis désolé. Vous pensez sûrement que je suis en train de me faire de l'argent ainsi. Mais au contraire, je n'y gagne rien. Il me paie seulement les chevaux.

Homme 1 : Merci à notre ami qui collabore déjà avec 100 soles. À mon avis, il peut faire sa recherche. La question est de savoir s'il peut nous aider un peu plus.

Homme 2 : Vu que nous l'avons déjà accepté, nous resterons pour le moment avec ces 100 soles. Mais par rapport à sa recherche, dans le futur peut-être pourra-t-il nous aider un peu plus ? J'espère que ce ne c'est pas la dernière fois qu'il nous rend visite.

Enseignante : Ils sont d'accord pour travailler avec toi. En revanche, tu as bien vu qu'ils sont très pauvres et n'ont aucun revenu. Pour cette raison, ils acceptent que tu collabores pour le moment avec un montant de 100 soles, mais ils souhaiteraient que, plus tard, tu puisses collaborer un peu plus.

GC : J'ai déjà passé un accord avec Guillermo. Lorsque je rentrerai à Cuzco, j'achèterai des cahiers d'école pour les enfants.

Guillermo : Mais je veux m'y rendre avec le président. Je veux que les choses soient bien en règle.

Enseignante : De plus, les enfants auraient besoin de nourriture pour les repas de midi. Par exemple, il nous faudrait un peu de farine. Comme cela, nous pourrons préparer du pain avec les enfants.

GC : Pas de problème. Je me mettrai d'accord avec Guillermo et le président.

Homme 3 : Tout d'abord, je tiens à souhaiter la bienvenue à notre ami. J'aimerais lui demander s'il travaille seul ou avec quelqu'un d'autre. Je sais qu'il nous aide déjà beaucoup, mais s'il travaille avec des touristes ou pour un projet spécifique, il pourrait nous aider davantage. En nous fournissant du ciment par exemple.

GC : Je travaille tout seul. Je suis là uniquement pour des raisons académiques.

Enseignante : Il ne travaille pas avec les touristes et il n'a pas de projet spécifique non plus. Il vient seul et travaille seulement avec son université en Suisse. Vas-tu revenir une fois prochaine pour conduire ton étude sur la pollution ?

GC : En réalité, je n'étudie pas cela. Je souhaiterais ne pas utiliser des mots tels que 'pollution'. Mais puisque Guillermo en a déjà trop dit… Je suis ici pour étudier si la pluie ainsi que d'autres phénomènes atmosphériques sont en train de changer, et si oui, pourquoi ? De plus, je souhaiterais connaître les raisons de la migration de nombreux Q'eros à Cuzco et déterminer si d'autres parmi vous envisagent également de migrer. À vrai dire, je ne voulais pas dire tout ça afin de ne pas influencer vos réponses. Mais bon. Je préfère être transparent plutôt que de vous cacher des choses.

Homme 4 : Les années précédentes, d'autres étudiants sont venus ici. Ils nous ont demandé beaucoup de choses. Or, une fois partis, ils ne sont jamais revenus. Pour le moment, puisqu'il est encore à l'université, je suppose qu'il ne peut pas vraiment nous aider car il ne travaille pas encore. J'espère toutefois qu'il va revenir, mais pour le moment, nous l'aiderons dans sa recherche.

Enseignante : Pourquoi as-tu besoin de trente entretiens ?

GC : En réalité, je n'ai pas besoin de trente entretiens. Cela dépendra de la qualité des entretiens. J'ai indiqué trente parce que Guillermo voulait un nombre exact et donc je lui ai répondu comme ça.

Enseignante: Bien. L'assemblée a bien compris que tu es un étudiant et que tu ne vas pas poser des questions trop intimes. Donc, ils t'autorisent à rester et sont contents de ton aide. Passons maintenant à une autre question. Et bienvenue à toi.

GC: Merci.

L'assemblée a ensuite débattu de trois autres points: la mise en place de panneaux solaires pour bénéficier d'un téléphone fixe à l'école, l'élection d'un nouveau secrétaire de l'association de l'*anexo*, et enfin, un accord avec les chauffeurs de *colectivos* (minibus collectifs) pour payer seulement 40 soles pour aller jusqu'à Ocongate.

Photo 6: Assemblée du secteur de Munay T'ika, Hatun Q'ero, mai 2011.

3.2 El Boca Juniors de Ccolpacocho

À la fin de l'assemblée, un des trente *comuneros* présents a sorti un ballon de foot et l'atmosphère a tout de suite changé. Juste derrière l'école se trouve un grand terrain de foot. Les plus jeunes ont commencé à jouer et l'autre enseignant qui avait été peu loquace lors de l'assemblée m'a demandé si je voulais jouer avec eux. J'ai immédiatement jeté un œil à mes chaussures de montagne pas tout à fait adéquates pour ce type de sport. De plus, je pressentais que jouer à plus de 4000 mètres d'altitude serait une épreuve. La négociation – cette fois-ci avec moi-même – n'a toutefois pas duré longtemps : c'était une occasion à ne pas manquer. Je me suis alors proposé comme attaquant. À la fin du match, j'ai remarqué qu'un petit groupe discutait entre eux. À la fin de leur conversation, le capitaine de l'équipe vint vers moi et me dit : « Demain, nous partons pour un tournoi contre les autres communautés de Q'ero. Nous allons jouer à Japu. C'est pratiquement à un jour de marche d'ici. Veux-tu te joindre à l'équipe de Boca Juniors de Ccolpacocho ? ». Guillermo, dans un premier temps, ne voulait pas que j'accepte et il fit un peu de résistance. Sitôt qu'il comprit que les négociations n'étaient pas en sa faveur, il se tut. Le lendemain, j'étais en marche pour un voyage en direction de Japu.

Santos et moi sommes partis très tôt pour participer au tournoi. Entre-temps, Guillermo était rentré à Cuzco. Santos a profité du voyage pour me poser plein de questions sur la Suisse. Il était surtout intéressé de savoir s'il y avait en Suisse des lamas et des alpagas, s'il y avait aussi du sucre et du sel, et si le soleil était le même. Au détour d'une lagune, il me confia que le lendemain, il était prévu que tout Quico monte à cette lagune pour y punir de trois coups de fouet un couple qui avait divorcé. Il m'expliqua qu'il y aura également des représentants des quatre autres communautés, ainsi que des représentants de la *ronda campesina*.

Après avoir traversé Quico, nous sommes arrivés le soir au village de Yanaruma qui se trouve sur le territoire de Japu. Nous y avons rencontré Sebastian, un cousin éloigné de Guillermo, qui nous a immédiatement invités à dormir chez lui. La nuit tombée, il nous prépara à manger et nous fit part de ses soucis quant à la présence de l'Église Maranata, un courant évangélique nord-américain qui était devenu majoritaire dans la communauté de Japu.

* * *

3.2.1 La présence des Églises

Ce que je viens de décrire est, dans les grandes lignes, assez représentatif de ce qui prévaut dans les cinq communautés qui forment la Nación Q'ero. Néanmoins, comme je l'ai déjà souligné, il existe plus de ressemblances entre les trois communautés de Hatun Q'ero, Q'ero Totorani et Marcachea. Quico et Japu partagent la plupart des mêmes traits, mais l'accès à la route leur est plus facile, d'où quelques différences notables avec les autres communautés.

Lorsque je suis arrivé à Charkapata (communauté de Hatun Q'ero) lors de mon premier séjour de recherche, j'étais persuadé de vouloir limiter mon étude au secteur de Munay T'ika. J'étais convaincu d'avoir assez de données sur les habitants et j'avais suffisamment de contacts pour retrouver les migrants de ce secteur dans la région de Cuzco. Cette idée se confirma pendant le long voyage qui m'emmena à Japu. En effet, quand je suis arrivé à Quico et ensuite à Japu, j'ai été frappé par la différence flagrante, avant tout matérielle, entre ces deux communautés et Hatun Q'ero.

Les maisons de Quico possèdent presque toutes un toit en tôle (Photo 7). La plupart des maisons en paille ont également un toit en tôle. Nombre de maisons faites de pierre et de ciment ont deux étages, des fenêtres vitrées et l'accès à l'électricité. Le village compte de nombreux poteaux électriques et, au centre, se trouve un téléphone public de la compagnie espagnole *Telefónica*. La majorité des familles possède un téléviseur et un lecteur VHS. Bref, les différences avec la communauté de Hatun Q'ero sont si grandes que je pensais ne pas pouvoir la traiter au même niveau au cours de mes recherches. En termes de développement matériel, le village de Japu se situe entre Quico et Hatun Q'ero.

Photo 7 : Village de Quico, juin 2011.

Il possède l'accès à l'électricité et de plus en plus de ses maisons ressemblent à celles de Quico. En visitant Quico et Japu, je suis devenu plus que jamais convaincu que je ne devais pas prendre en considération ces deux communautés. Cependant, c'est en parlant avec les Q'eros de ces deux communautés que je me suis aperçu qu'il y avait des variables dont je n'avais alors pas tenu compte. D'une part, la présence de l'Église Maranata, un courant évangélique nord-américain et, d'autre part, le passage d'un père catholique danois, Padre Peter, ont contribué de façon décisive à la transformation de ces deux communautés. Quico s'est développé rapidement pendant la présence de Padre Peter qui décéda en 2010, un an avant ma visite. L'Église Maranata est surtout présente à Japu. Presque tous les habitants de cette communauté, hormis le secteur de Yanaruma, se sont convertis et ont abandonné ce que les Q'eros appellent en espagnol *la costumbre,* la coutume. Grâce à ce voyage, je me suis donc rendu compte des conflits crées par l'intrusion de cette mouvance évangélique à Q'ero. D'autres interlocuteurs m'ont ensuite confié qu'une église

Maranata était également présente dans la communauté de Hatun Q'ero, et qu'il y avait des fidèles à Marcachea. Q'ero Totorani est la seule communauté à avoir expulsé les Maranata. Cette découverte et ses implications pour mes recherches, ainsi que je l'exposerai par la suite, m'ont convaincu que je ne pouvais pas limiter mon enquête à Munay T'ika ou seulement à la communauté de Hatun Q'ero. Les autres séjours que j'ai effectués par la suite à Marcachea et à Q'ero Totorani, qui matériellement ressemblent beaucoup à Hatun Q'ero, ainsi que mes rencontres avec les Q'eros de Cuzco m'ont convaincu que je devais intégrer les cinq communautés à mon étude.

Padre Peter à Quico

Peter Hansen est né en 1926 au Danemark. Avocat de profession, il a joué dans l'équipe nationale de basketball de son pays. Après avoir étudié la théologie, il entre dans l'ordre religieux catholique jésuite, la *Compañía de Jesús*, au Pérou. Il s'installe à Quico en 1983 où il demeure jusqu'à sa mort en 2010. Sa vie et ses activités à Quico ont été compilées dans un ouvrage rédigé par un autre membre de la Compagnie, Bruno Schlegelberger (2011).

Mon objectif n'est pas d'évaluer son travail au sein de la communauté de Quico. Toutefois, il me faut souligner son influence. L'institutrice de Munay T'ika, avant d'enseigner dans cette école, travaillait à Quico dans l'école créée par Padre Peter. Je lui ai donc demandé quelle était la différence entre la vie à Quico et à Hatun Q'ero.

> Enseignante: Tout est différent. À Quico il y a l'électricité, la lumière, le chauffage, les cuisines, le téléphone, le téléviseur.
>
> GC: Quelle a été l'influence de l'école créée par Padre Peter sur les enfants de Quico?
>
> Enseignante: Depuis la mort de Padre Peter, il n'y a plus d'école catholique. Il y a seulement l'école de l'État. Padre Peter a beaucoup aidé les habitants de Quico. Les catholiques mais aussi les Maranata. Dans l'école, on enseignait à prier, et on allait à l'église pour chanter avec tous les enfants. Mais Padre Peter respectait beaucoup la tradition des Q'eros. Il disait toujours que croire en Dieu, ça ne voulait pas dire oublier les *Apu* et la *Pachamama*. Il ne leur a jamais dit d'arrêter de mâcher les feuilles de coca. Il leur disait de croire avec toutes leurs forces dans leurs traditions. Il parlait de Dieu comme s'il était l'*Apu* majeur.

GC: Quico s'est développé au niveau matériel grâce à lui, non ?

Enseignante : Oui, c'est grâce à lui qu'il y a une route qui le connecte jusqu'à Ocongate. L'école aussi. La lumière, l'électricité, les services sanitaires, etc.

La présence de Padre Peter a certainement changé la vie des habitants de Quico. Sans prendre la défense d'aucune confession religieuse, je crois pouvoir affirmer que son approche était moins intrusive, tout au moins concernant le respect des pratiques, que celle des Maranata et d'autres Églises évangéliques à Q'ero. En cela, son passage a eu un impact similaire à celui d'une ONG. De fait, après sa mort, personne n'a pris la relève de son travail. En revanche, les Maranata sont toujours bien présents dans la Nación Q'ero, en particulier à Japu et à Quico.

L'Église Maranata à Japu et Quico

Si Padre Peter est décédé en 2010, l'Église Maranata est, elle, bien vivante. Selon Bruno Schlegelberger (2011 : 354-357), elle a été introduite à Quico par un couple arrivé en 1955 pour des raisons liées à l'exploitation minière. Par le passé, les Maranata cachaient leur conviction. L'Église Maranata est un courant pentecôtiste évangélique né à Hollywood, une ville de Floride, au nord de Miami. Son nom original est *Maranatha Pentecostal Church.* À Cuzco, elle possède son siège sur la rue principale, l'*avenida del Sol*. D'après Catherine Allen (2008 : 310-311), le terme 'Maranatha' est issu de la langue araméenne et signifie « le Seigneur vient marchant ».

À Japu, 75 % de la communauté aurait adopté la religion Maranata, les 25 % restants étant tous les habitants de Yanaruma[75] (Photo 8). D'après la même source, les Maranata composeraient près de 50 % de la population de Quico. L'anthropologue Percy Paz m'a signalé que les Maranata se comportent aujourd'hui comme les catholiques du XVIe siècle en interdisant la mastication des feuilles de coca[76]. En effet, à l'issue du deuxième Concile ecclésiastique de Lima (1567-1568), l'Église catholique avait relégué la consommation de la coca au rang d'idolâtrie. Cette tendance changea rapidement quand les missionnaires se rendirent compte que la

---

75 Regis Andrade, communication personnelle (juillet 2012).
76 Communication personnelle (juillet 2011).

production de ces feuilles pouvait générer un véritable commerce. Le vice-roi Toledo décida de suspendre les contrôles officiels sur la plante en 1573 et, durant les trois siècles qui suivirent, les feuilles de coca furent acceptées comme une nécessité économique pour le pays.

Photo 8 : Façade de l'église Maranata à Japu, juin 2011.

Lors d'une de mes visites à Q'ero, j'ai rencontré un avocat péruvien, Martín Sáez à Yanaruma (communauté de Japu). Sáez travaillait sous mandat du Congrès péruvien le jour où cette assemblée reçut une dénonciation officielle provenant des habitants de Yanaruma. Ils dénonçaient l'hostilité et le mauvais traitement qu'ils subissaient de la part de l'Église Maranata qui sanctionnait leurs pratiques à coups d'amendes pécuniaires. Une amende était donnée à chaque fois qu'un habitant de Japu avait un comportement considéré comme diabolique, tel que mâcher des feuilles de coca, pratiquer des cérémonies chamaniques, ou boire de l'alcool. Dans cette lettre, les Q'eros de Yanaruma s'inquiétaient également de ce que la danse du *Wayri ch'unchu* ne disparaisse bientôt à cause des pressions de l'Église évangélique. Selon les Maranata, toutes ces manifestations ne font qu'attirer le diable et la mort. Suite à cette plainte, Sáez a été mandaté par le Congrès de Lima pour mener une enquête dans la communauté. Rapidement, il se rendit compte que les dénonciations de l'*anexo* de Yanaruma étaient véridiques. En outre, non seulement les Maranata avaient détruit tous les *pututu* (instrument à vent), ils avaient également brûlé les *vara*. Le problème, selon Sáez, était que l'Église s'était implantée dans le village de Japu, au cœur même du centre politique de la communauté. Aussi, toutes les décisions politiques importantes étaient prises dans ce village par la majorité Maranata. L'argent des ONG ou du gouvernement régional passait par ces autorités et Yanaruma se trouvait systématiquement exclu de ce processus. Pendant son séjour, Sáez organisa des ateliers pour expliquer aux habitants de Yanaruma quels étaient leurs droits face à ces injustices. Il invita également les Q'eros Maranata, mais aucun d'entre eux ne se présenta. Depuis cette visite, l'avocat aide juridiquement les Q'eros de Yanaruma et a créé une association des habitants de Yanaruma. Grâce à cette organisation, les habitants de Yanaruma ont désormais accès à une forme de financement qui ne passe pas par le centre de Japu. Cette association s'occupe également de maintenir certaines pratiques telles que la danse du *Wayri ch'unchu* pendant le *Quyllur rit'i*. Selon Sáez, les Maranata utilisent l'argument de la lutte contre l'alcoolisme pour annihiler les pratiques traditionnelles des Q'eros. Il ne nie pas que l'alcool soit un problème, bien au contraire, mais il maintient qu'il existe d'autres formes d'action pour le combattre. En outre, Sáez souligne le fait que les Maranata sont également des Q'eros et qu'il n'est pas bon que les Q'eros soient en conflit interne. Selon lui, de nombreux habitants de Yanaruma demandent, à travers les cérémonies, que les *hermanos* puissent un jour quitter cette Église et revenir remercier les *Apu* et la *Pachamama*[77]. Quelques Maranata ont regretté leur choix et en sont revenus. La pire des choses, conclut Sáez, est de voir des Maranata se rendre à Q'ero pour organiser des cérémonies chamaniques à destination des touristes et des habitants de Cuzco.

* * *

---

77   Le terme *hermano* (frère) désigne les Q'eros qui se sont convertis à la confession évangélique.

Le lendemain matin, après avoir mangé et repris la route, nous sommes arrivés vers 10 heures à Japu. Après un voyage d'une journée et demie, nous étions finalement arrivés à destination. Le premier prix du tournoi était une vache, le deuxième un alpaga, et le dernier un mouton. Nous avons attendu jusqu'en milieu d'après-midi que toutes les équipes arrivent mais, en fin de compte, il en manqua une. Nous n'étions donc que quatre équipes au tournoi (Photo 9). Chaque match devait durer 60 minutes et j'étais déjà bien épuisé par le long voyage. Le tournoi se termina le lendemain. Finalement, notre performance fut peu glorieuse avec une troisième place au classement, et un mouton.

Photo 9 : Tournoi de Japu, juin 2011.

Nous sommes ensuite repartis pour un autre long voyage. Lorsque nous sommes arrivés à Irwaconca, la famille de Santos était en train de procéder à la récolte des pommes de terre dont Santos n'était pas vraiment satisfait car il y avait beaucoup de *rancha*[78]. Dans l'après-midi, nous avons pêché

---

78   La *rancha* est un parasite connu sous le nom scientifique de *phytophthora infestans* et, plus couramment, sous celui de « mildiou de la pomme de terre ».

ensemble six ou sept truites. Je lui demandai s'il se livrait souvent à cette activité mais il me répondit qu'il n'avait pas le temps pour cela. Il péchait peut-être deux à trois fois par mois. Les conversations avec Santos s'étaient nettement améliorées. Malgré les barrières linguistiques, nous parvenions à nous comprendre mutuellement. Le voyage vers Japu avait contribué à renforcer notre relation.

* * *

3.2.2 L'entrée sur le terrain: un processus de négociation

Après avoir évoqué les étapes les plus importantes de mon entrée sur le terrain, j'aimerais en approfondir certains aspects en rapport avec la négociation. Le rôle et le comportement de Guillermo ont été déterminants dans ma découverte de Q'ero. Or, la relation que celui-ci entretient avec sa communauté est particulière puisqu'il habite depuis 2008 à Cuzco avec sa femme et ses enfants. En effet, certaines tensions existent entre ceux qui ont migré et ceux qui sont restés, ce qui explique en grande partie les craintes de Guillermo au moment où il a compris que je voulais interviewer les autres membres de la communauté. Il pensait dans un premier temps que j'étais uniquement intéressé par le monde spirituel des Q'eros à l'instar des quelques touristes qui visitent la communauté de temps à autres. Aussi, il a été passablement désorienté lorsqu'il a saisi les objectifs de mon séjour et prit l'initiative d'expliquer la situation au président.

Pendant l'assemblée, j'ai rapidement compris que Guillermo cherchait à négocier sa propre position de migrant auprès des membres de la communauté. Ce comportement est tout à fait compréhensible dans la mesure où il ne voulait pas que les autres *comuneros* pensent qu'il percevait de l'argent pour avoir ramené un étranger qui se promène dans le village et pose des questions embarrassantes. A *posteriori*, je ne suis donc pas surpris qu'il m'ait laissé entre les mains de Santos qui, lui, vit dans la communauté.

Une autre partie délicate de mon entrée sur le terrain a été ma présentation. Comment me présenter sans trop en dire, mais tout en étant honnête? Je voulais être le plus transparent possible vis-à-vis des Q'eros sans influencer leurs réponses. Par ailleurs, j'essayais de bannir de mon vocabulaire certaines expressions, telles que celles de changement climatique, nature, trou d'ozone, réchauffement climatique, etc. Autant de termes propres aux sciences naturelles qui auraient pu influencer les réponses de mes interlocuteurs. Malgré mes efforts, je ne suis pas parvenu à les éviter systématiquement.

Il est important de souligner également que l'assemblée a été utile pour exposer ma position. Comme l'un des membres l'a mentionné, je ne suis pas le premier étudiant à passer par Q'ero même s'il n'y a jamais eu d'incursions envahissantes de jeunes chercheurs par le passé. Les Q'eros sont relativement habitués à recevoir des touristes, des représentants de l'état régional ou des membres d'ONG. La plupart d'entre eux pensaient initialement que j'étais lié à un projet de développement. L'assemblée m'a donné l'occasion de me différencier clairement de ces acteurs. Les membres présents ont compris que j'étais un simple étudiant, ce qui a facilité bien des choses en évacuant quelques malentendus.

Enfin, le football m'a permis de gagner en familiarité avec une grande partie des gens. Le tournoi a renforcé certaines relations, en particulier avec les plus jeunes – des relations qui se sont avérées précieuses pour la suite de mes recherches. En outre, cette expérience m'a permis de connaître d'autres régions de Q'ero: Quico et Japu.

3.3 La migration des Q'eros

Après avoir présenté les principales étapes et les enjeux de mon entrée sur le terrain à Q'ero, j'aborde ici l'analyse de la migration des Q'eros. En 1955, Escobar Moscoso ne comptait que 52 familles vivant à Hatun Q'ero qui abritait alors un total de 211 habitants. Dans les années 1980, Müller et Müller (1984*a*: 161) comptabilisaient environ 500 personnes à Hatun Q'ero réparties en 94 familles. En 2004-2005, l'INC comptabilisait 882 habitants répartis en 147 familles (Tableau 1). Ces données nous montrent une augmentation démographique au sein de la communauté de Hatun Q'ero qui, en 2004-2005, comptait près de 40% de la population de la Nación Q'ero[79]. Steven Webster (2005a: 113), dans son travail d'investigation mené dans les années 1970, soulignait que personne n'avait jamais quitté Q'ero et que seuls quelques résidents quittaient la communauté de façon très sporadique pour travailler dans des *haciendas* proches de Q'ero. En revanche, depuis une dizaine d'années, de nombreux Q'eros ont migré hors des cinq communautés, notamment vers Cuzco.

Tableau 1: Données démographiques des cinq communautés de Q'ero (d'après INC 2005: 25-27) (données élaborées par l'auteur).

Communauté	Nb de familles	Km²	Population	Hab/km²	Pourcentage
Hatun Q'ero	147	171	882	5.16	40%
Q'ero Totorani	48	15.77	288	18.26	13%
Japu	65	342.5	325	1	15%
Quico	58	155	324	2.09	15%
Marcachea	57	30.10	378	12.56	17%
Total	375	714.37	2197	7.814	100%

Avant d'entrer dans les détails de l'analyse, il est nécessaire d'apporter quelques précisions au sujet des caractéristiques de la migration des Q'eros. Dans le deuxième chapitre, j'ai défini les Q'eros comme des communautés transhumantes. J'ai indiqué qu'il s'agissait de mouvements circulaires, ou plutôt de plusieurs mouvements bidirectionnels avec un foyer central situé dans la *puna*. J'ai ensuite mentionné que les Q'eros, dans leur économie de subsistance, exploitent trois étages écologiques disséminés à différentes altitudes constituant un archipel vertical. Murra (2002) a ainsi décrit la stratégie de survie des sociétés andines qui consiste à exploiter plusieurs lieux de production dans différents écosystèmes. Nous sommes donc face à une communauté qui est habituée à circuler, et non pas face à une communauté sédentaire.

---

79 Dans une enquête participative menée entre 2004 et 2005 par l'INC, la Nación Q'ero comptait 2197 habitants répartis en 375 familles.

Une autre remarque préliminaire s'impose. La migration des Q'eros se déroule à l'intérieur du Pérou, le plus souvent au niveau local ou régional. La plupart d'entre eux ont migré vers les localités de Cuzco (Cuzco centre, Santa Rosa, T'ika-T'ika et Poroi), Paucartambo, Ocongate (Ocongate village, Q'eropata et Tinki) et Mollepata. Certains ont migré vers Lima mais ils sont des exceptions jusqu'à présent. Il ne s'agit donc pas d'une migration qui dépasse les frontières politiques du Pérou. Selon mes estimations empiriques approximatives, j'ai constaté qu'à Santa Rosa se trouvent environ 25-30 familles issues de la Nación Q'ero, 10-15 à T'ika-T'ika et Poroi, six à Mollepata, cinq-six à Paucartambo, et 25-30 à Ocongate, Tinki et Q'eropata. Dans le centre de Cuzco, on rencontre plutôt de jeunes Q'eros sans famille, mais je n'ai pas été en mesure d'estimer leur nombre exact.

Enfin, quelques remarques d'ordre méthodologique. J'ai recueilli des données sur la migration des Q'eros des cinq communautés, mais la plupart de mes matériaux proviennent de Hatun Q'ero. Pour des raisons pratiques et méthodologiques, je propose ici d'analyser seulement les données des migrants de Hatun Q'ero qui sont semblables aux autres communautés. L'INC (2005 : 30) signalait qu'en 2004, 18 personnes avaient migré définitivement : quatre de Totorani, six de Marcachea, deux de Japu et six de Quico. Malheureusement, l'INC ne disposait pas de données provenant de Hatun Q'ero.

Dans les tableaux qui suivent, j'ai divisé les personnes interviewées en trois groupes : dans le premier groupe se trouvent les Q'eros qui vivent encore à Hatun Q'ero (11 personnes) mais dont la migration prochaine est planifiée ; le deuxième est composé des Q'eros qui ne veulent pas migrer (16 personnes) ; enfin, le troisième comprend les Q'eros de Hatun Q'ero qui ont déjà migré (14 personnes). Ces trois tableaux me servent, non pas à entreprendre une analyse quantitative mais plutôt à dégager des caractéristiques générales pour décrire la migration des Q'eros[80].

---

80 J'ai recueilli ces données dans le cadre d'entretiens semi-directifs en 2011. Puisque je n'ai jamais utilisé de questionnaires, certaines données sont manquantes. J'ai élaboré ces tableaux après mes entretiens, une fois obtenues suffisamment d'informations pour dégager quelques tendances.

Les Q'eros qui désirent ou qui projettent de migrer

Ce premier groupe est composé des Q'eros qui ont manifesté leur souhait de se déplacer à Cuzco ou dans d'autres localités dans le futur (Tableau 2). Ce groupe est assez hétérogène puisqu'il regroupe des Q'eros qui étaient sur le point de partir et des Q'eros qui manifestaient leur désir de partir mais pour lesquels cela n'était qu'une éventualité parmi d'autres[81]. J'ai demandé à mes interlocuteurs quel type de travail ils allaient effectuer hors de Q'ero, ou quel type d'activité ils pratiquent lorsqu'ils se déplacent pendant l'année à Cuzco ou dans d'autres localités. Les réponses montrent que les Q'eros envisagent d'effectuer des activités similaires à celles qu'ils effectuent déjà de manière sporadique quand ils se déplacent en dehors de la communauté. Les travaux qu'effectuent les Q'eros sont essentiellement de trois types : les pratiques chamaniques, la vente de produits artisanaux (généralement des tissus tels que les *ponchos*, *chullos* et *mantas*), et le travail dans le secteur de la construction (maison construites en adobe). On trouve également deux activités supplémentaires non représentées dans ce groupe qui sont le travail dans les mines d'or de la région de Madre de Dios, et le travail agricole que j'aborderai plus loin.

La plupart des Q'eros interrogés sortent entre une et dix fois par an de la communauté, avec une moyenne de quatre à cinq fois. Ces visites peuvent durer de plusieurs jours à plusieurs semaines, voire même un mois. En effet, tous les Q'eros qui m'ont affirmé se rendre à Cuzco pour faire des cérémonies chamaniques, passent au moins le mois d'août à Cuzco. Dans ce cas, il est courant qu'ils fassent trois à quatre voyages de courte ou de moyenne durée pour vendre des tissus, organiser des cérémonies ponctuelles avec des touristes, ou rendre visite à une partie de la famille, et effectuer un long séjour à Cuzco pendant le mois d'août. La vente de produits artisanaux est une pratique courante. Elle est surtout liée à l'activité chamanique, notamment pour ceux qui sont mariés mais aussi pour les plus jeunes qui vendent les tissus de leurs parents. En revanche, ceux qui sortent de Q'ero pour travailler dans la construction restent à Cuzco ou dans d'autres localités pour une durée minimale de deux à trois semaines, le temps d'achever leur travail.

---

81 J'ai rencontré certains Q'eros en 2011 qui ont depuis migré.

Tableau 2 : Les Q'eros qui désirent ou projettent de migrer (11)

1.	2.	3.	4.	5.	6.	7.	8.	9.
C.P.	21	1	C	1-2	V	–	–	–
J.F.	29	5	E	4-5	V/C	Oui	Oui	Pe
A.Q.	49	5	E/C	–	V/C	Oui	Oui	Pe
M.S.	70	2	C	1-2	P/C	Oui	Oui	Non
A.A.	30	4	E	10	P/V	Oui	Oui	Oui
L.S.	46	4	C	4-5	P/V	–	–	–
R.S.	39	5	E	5-6	P/V	–	–	–
S.M.	64	6	E	–	–	–	–	–
S.S.	20	0	–	3-4	C	X	–	–
N.Q.	43	5	C/E	–	V/C	Oui	Oui	Pe
K.S.	25	1	E	–	C	Oui	Oui	Pe
Moyenne	39.6	3,45		4-5				

Légende :

1) Initiales des noms et prénoms
2) Âge
3) Nombre d'enfants
4) Pourquoi vouloir migrer ?
   E = Éducation   C = Difficultés liées au climat
   T = Travail   – = Sans réponse
5) Combien de fois allez-vous à Cuzco durant l'année ?
6) Pour y pratiquer quel type d'activité ?
   C = Construction   V = Vente des produits textiles artisanaux
   P = (*Paqu*) cérémonies chamaniques   – = Sans réponse
7) Migrez-vous avec toute votre famille ?
   Oui   Non
   – = Sans réponse   X = Il n'est pas père de famille
8) Quand vous allez migrer en dehors de Q'ero, allez-vous garder vos animaux et vos parcelles ?
9) Pensez-vous revenir par la suite à Q'ero ?
   Oui   Non
   Pe = Peut-être   – = Sans réponse

Le voyage à Cuzco n'est pas gratuit; il peut coûter entre 20-50 soles selon le moyen de transport et le type d'hébergement choisi pour éventuellement passer la nuit en chemin. La différence d'âge est une caractéristique évidente de différentiation entre les Q'eros qui se déplacent hors de la communauté pour travailler surtout dans le secteur de la construction, généralement les plus jeunes, et ceux qui se déplacent pour organiser des cérémonies à Cuzco, généralement les plus âgés.

J'ai également demandé aux Q'eros qui envisageaient de partir quel type de relation ils envisageaient de maintenir avec leur communauté. Tous ceux qui ont accepté de me répondre ont affirmé qu'ils souhaitaient migrer avec toute leur famille, c'est-à-dire avec leurs épouses et leurs enfants. Ils confieraient leurs animaux et leurs parcelles de pommes de terre à un membre de la famille élargie, généralement un frère ou une sœur. La plupart des migrants envisage donc de garder des contacts avec Q'ero. En outre, à la question de savoir si un jour ils pensent revenir vivre dans la communauté, une seule personne m'a répondu par la négative et une autre m'a répondu clairement positivement. Tous les autres semblent garder ouverte la possibilité de revenir un jour à Q'ero.

Les Q'eros qui ne veulent pas migrer

Dans ce deuxième groupe, nous retrouvons les Q'eros qui n'envisagent pas de quitter la communauté (Tableau 3). Ce groupe possède des analogies avec le premier. D'abord, ceux qui ne désirent pas migrer se déplacent tout de même régulièrement à Cuzco ou ailleurs au cours de l'année. En revanche, par rapport au premier groupe qui se déplace en moyenne quatre à cinq fois par an, ce groupe-ci se déplace moins fréquemment: deux à trois fois en moyenne par an. Le type de travail que les Q'eros effectuent lors de ces déplacements est similaire à celui du premier groupe. Il faut toutefois relever que les Q'eros de la communauté de Japu (secteur Yanaruma) forment une exception notable puisqu'ils sont nombreux à travailler dans les mines d'or (*lavaderos de oro*) de la région de Madre de Dios, une donnée que je n'ai pas retrouvée au cours des entretiens menés avec les Q'eros originaires de Hatun Q'ero ou des trois autres communautés. Nous retrouvons la même tendance concernant l'âge: les plus jeunes se déplacent pour travailler sur les chantiers et les plus âgés en tant que *pampamisayuq*.

Tableau 3 : Les Q'eros qui ne veulent pas migrer (16).

1.	2.	3.	4.	5.	6.
A.F.	68	5	–	1-2	P / V / S
M.Q.	85	5	E	1	P / V
H.S.	45	2	–	3	P / V
P.Q.	50	5	E	4-5	P
H.C.	58	3	E	1-2	P / S
C.A.	20	0	E	1-2	S
L.Q.	55	3	T	2-3	C
M.A.	21	0	E	–	–
K.Q.	22	0	–	4-5	C
L.A.	24	2	E	2-3	C / V
W.S.	22	0	E	5-6	C
C.V.	43	6	E / C	3-4	P / V / T
H.S.	29	4	E	1-2	S
K.L.	80	8	C	0	–
M.O.	48	0	T	1-2	S
S.Q.	27	3	E / C	2-3	P / V
Moyenne	43.5	2.87		2-3	

Légende :

1) Initiales des noms et prénoms
2) Âge
3) Nombre d'enfants
4) Pour quelles raisons les autres Q'eros ont-ils migré ?
   E = Éducation   C = Difficultés liées au climat
   T = Travail   – = Sans réponse
5) Combien de fois par an allez-vous à Cuzco ou quittez-vous Q'ero ?
6) Pour quelles raisons allez-vous à Cuzco ou quittez-vous Q'ero ?
   C = Construction   V = Vente des produits textiles artisanaux
   P = (*Paqu*) cérémonies chamaniques   S = Visite
   – = Sans réponse

Même dans ce cas, tous les *paqu* passent le mois d'août à Cuzco en faisant des *pagos à la tierra* (offrandes à la terre) pour les habitants de la ville. La vente des produits artisanaux revient surtout à ceux qui pratiquent des cérémonies chamaniques, mais on retrouve aussi des exceptions parmi ceux qui travaillent dans le secteur de la construction.

Il est intéressant de relever qu'en comparaison avec le premier groupe, nous retrouvons une forte homogénéité des attitudes à travers les âges. Autrement dit, on ne constate pas de clivage entre des jeunes qui migreraient et des membres sédentaires plus âgés. Dans les deux groupes, les migrants sont des jeunes et des moins jeunes.

Les migrants de Hatun Q'ero

Dans ce troisième et dernier groupe, nous retrouvons les Q'eros qui ont déjà migré vers Cuzco ou vers d'autres localités (Tableau 4). Parmi les 14 personnes interviewées, dix d'entre elles habitent à Cuzco ou dans des localités très proches de Cuzco (Santa Marta, T'ika-T'ika et Poroi), deux dans des localités proches (Paucartambo et Q'eropata proche de Ocongate) et deux habitent assez loin, à Mollepata (à 2 heures de Cuzco, sur la route qui mène vers Lima).

Tout d'abord, il est important de relever la date de la migration. Celui qui a migré le plus tôt est parti en 2003. Tous les autres ont migré entre 2003 et 2011, avec le cas d'une personne qui venait tout juste de s'installer à Cuzco lorsque je l'ai rencontrée en 2011. Lorsque je me suis intéressé aux migrants, je n'ai pas rencontré beaucoup de jeunes qui avaient migré seuls, bien qu'ils aient été à l'époque de plus en plus nombreux. Dans ce groupe, les seules exceptions notables sont le premier et le troisième de la liste qui avait respectivement 17 ans et 26 ans en 2011. Tous deux travaillent dans le secteur de la construction. Tous les autres, sauf dans le cas de Mollepata sur lequel je vais revenir, sont plus âgés et travaillent en tant que *paqu* et dans la vente de tissus artisanaux. En outre, dans ce groupe, les *paqu* les plus âgés ont migré seulement avec leur femme. En revanche, ceux qui ont entre 30 et 50 ans ont migré avec toute leur famille ou une partie d'elle, c'est-à-dire les enfants les plus jeunes.

Le cas de Mollepata est une exception. En effet, Mollepata se trouve sur la route qui rejoint Cuzco à l'*Apu* Salkantay, à environ 2800 mètres d'altitude sur le flanc occidental des Andes. Cette zone se caractérise par un climat plus doux et la possibilité de cultiver plusieurs types de légumes et d'élever différents types d'animaux. De fait, les deux Q'eros que j'ai interviewés à Mollepata travaillent comme agriculteurs dans des fermes.

Tableau 4: Les migrants de Hatun Q'ero (14).

1.	2.	3	4.	5.	6.	7.	8.	9.
J.O. (Cuzco centre)	17	0	1	C / T	–	2-3	Non	C
M.Q (Cuzco centre)	68	–	6	S / T	Non	0	Non	P
C.S. (Cuzco Santa Rosa)	26	0	3	E / T	Non	9-10	Oui	C
G.S (Cuzco Santa Rosa)	38	4	5	E	Oui	20	Oui	P / V
J.Q. (Cuzco Santa Rosa)	30	3	1	E	Pe	20	Oui	P / V
J.A (Cuzco Santa Rosa)	46	5	6	E	Oui	2	Oui	P / V
S.P. (Cuzco Santa Rosa)	60	11	1	E	–	–	Oui	P
H.S (Cuzco Santa Rosa)	60	5	8	S / T	Non	–	Non	P
T.Q (T'ika-T'ika/Poroi)	45	–	2	E	Non	–	Non	P / V
B.S (T'ika-T'ika/Poroi)	42	5	4	E / C	Pe	–	Oui	P / V
C.S (Q'eropata)	40	–	1	E	Non	4-5	Oui	–
L.A. (Mollepata)	42	5	7	E / T / C	Non	2-3	Non	A / P / V
P.M. (Mollepata)	42	4	0	C	Non	10	Oui	A / P / V
L.S (Paucartambo)	50	4	5	–	–	–	–	P
Moyenne	43,2	4,2	3,6			7-8		

Légende :

1) Initiales des noms et prénoms et lieux de migration
2) Âge
3) Nombre d'enfants
4) Depuis combien d'années avez-vous migré ?
5) Pourquoi avez-vous migré ?
    E = Éducation   C = Difficultés liées au climat
    T = Travail   S = Question de santé
    – = Sans réponse
6) Pensez-vous rentrer un jour à Q'ero ?
    Oui   Non
    Pe = Peut-être   – = Sans réponse
7) Nombre de fois par an que vous retournez à Q'ero
8) Avez-vous encore des animaux ou des parcelles cultivables à Q'ero ?
    Oui   Non
    – = Sans réponse
9) Type de travail pratiqué
    C = Construction   V = Vente des produits textiles
    P = (*Paqu*) cérémonies chamaniques   A = Agriculteur

En 2011, l'un d'entre eux venait d'acheter les parcelles qu'il cultivait, l'autre travaillait la terre d'un propriétaire foncier. Mollepata est également un lieu stratégique parce que les touristes le traversent pour visiter le Salkantay. Les Q'eros profitent donc de ce lieu pour organiser des cérémonies et vendre leurs produits textiles aux touristes.

Pour ce qui est de la relation que ces migrants entretiennent avec leur communauté d'origine, ils gardent généralement des liens réguliers avec Q'ero. En moyenne, ils vont sept ou huit fois par an à Q'ero, une moyenne que l'on ne doit pas cependant considérer comme représentative. Certains Q'eros rentrent très peu, en principe uniquement pour des fêtes telles que le Carnaval ou pour rendre visite à leur famille. D'autres retournent entre dix et vingt fois par an. Il faut donc établir une distinction entre les Q'eros qui ont encore des animaux et des parcelles cultivables à Q'ero, et ceux qui les ont cédés à d'autres membres de leur famille. Bien que ce ne soit pas la majorité dans ce groupe, nous trouvons également des Q'eros qui projettent un jour de retourner dans leur communauté.

3.3.1 Trois formes de mobilité

À partir de trois trajectoires de vie différentes, je propose de dégager trois formes de migration ou de mobilité qui donnent une image plus concrète de la situation: une migration circulaire (hors de la communauté), une transhumance à l'intérieur de la communauté et une migration définitive. Le premier cas décrit un Q'ero qui a migré mais dont la relation avec Q'ero est encore très étroite. Le deuxième cas est celui d'un Q'ero qui n'a pas migré mais qui se déplace de temps à autre en dehors de sa communauté. Le troisième et dernier cas est celui d'un Q'ero qui a migré seul plusieurs années auparavant et qui n'a pas beaucoup de relations avec sa communauté d'origine. Nous avons déjà rencontré ces trois Q'ero: Guillermo, Santos et Nicolas.

Guillermo: migration circulaire

Guillermo est né en 1974 à Charkapata dans la communauté de Hatun Q'ero. Il passa seulement quatre ans à l'école primaire, la durée d'étude maximale pour un Q'ero à cette époque. L'enseignante ne venait seulement qu'une ou deux semaines par mois. Parmi les gens de sa génération, seuls les garçons allaient à l'école, à part quelques rares exceptions. Guillermo dit avoir beaucoup souffert de ces années et qu'il n'en a pas tiré grand-chose. C'est pour cela qu'une fois l'école terminée, il voulut suivre les enseignements de son père pour devenir un *pampamisayuq*. Il se maria à l'âge de 19 ans. Après avoir perdu ses deux premiers enfants à la naissance, il eut avec sa femme quatre autres enfants, tous nés à Q'ero. Il migra seul à Cuzco en 2008, puis avec toute sa famille en 2009. Depuis, il envisage de vivre dans ces deux lieux, Q'ero et Cuzco. À Cuzco, il habite une grande maison construite par son père et sa mère. Son père est l'un des *pampamisayuq* les plus connus de Cuzco qui migra quelques années avant Guillermo. Ils habitent à Santa Rosa, où se trouvent la plupart des Q'eros qui ont migré à Cuzco. Sa maison se situe sur une colline à côté de l'aéroport.

À Cuzco, outre ses parents et ses quatre enfants, il vit avec six autres enfants qui sont les fils de ses frères et des frères de sa femme. À Q'ero, les frères et sœurs de Guillermo et de sa femme s'occupent de ses animaux et de ses cultures. En échange, Guillermo et sa femme sont responsables de l'éducation des dix enfants. Avec l'aide de son père, il prend soin de gagner l'argent nécessaire pour envoyer les enfants à l'école et pour subvenir à leurs besoins. À ces fins, il organise des cérémonies chamaniques et vend les produits artisanaux de sa famille ainsi que ceux de sa famille élargie. Parfois, il a l'occasion de voyager avec des touristes dans sa communauté.

Guillermo affirme aller à Q'ero entre 15 et 20 fois par an, mais il passe tout de même 60 % à 70 % de son temps à Cuzco. Le reste du temps, il se rend à Q'ero pour s'occuper de ses activités agricoles, de ses animaux et des questions politiques. De fait, chaque année, il paye une certaine somme à la communauté pour conserver son statut de membre de celle-ci. Guillermo attise la jalousie. Comme je l'ai observé lors de mon voyage, les autres Q'eros pensent qu'en ramenant des touristes, il gagne de l'argent qu'il ne partage pas avec le reste de la communauté. Les relations entre les migrants qui reviennent, comme lui, dans la communauté et les autres Q'eros sont souvent tendues.

Guillermo pense que sa migration n'est qu'une situation temporaire qui s'achèvera lorsque ses enfants auront terminé l'école. À ce moment-là, il pense rentrer définitivement à Q'ero. En revanche, il pense que ses enfants sont trop habitués à Cuzco pour pouvoir un jour vivre à Q'ero. En cela, Guillermo représente la majorité des Q'eros qui se déplacent aujourd'hui pour permettre à leurs enfants d'étudier mais qui gardent un contact continu avec leur communauté.

Santos : transhumance

Santos est né en 1984 à Irwaconca dans la communauté de Hatun Q'ero. Après avoir suivi l'école primaire dans le village de Hatun Q'ero, Santos rencontra sa femme. Ils ont aujourd'hui quatre enfants de un, cinq, sept et dix ans. Santos, comme Guillermo, est aussi un *pampamisayuq*. En dehors de ses activités agricoles et d'élevage, il travaille de temps à autre avec des touristes en aidant Guillermo. Leurs épouses respectives sont sœurs. Santos ne souhaite pas migrer parce qu'il aime sa terre et vivre à Q'ero. Pour l'instant, il ne pense pas non plus confier ses enfants à Guillermo et à sa femme ; deux de ces enfants sont déjà scolarisés à l'école de Munay T'ika.

Santos va deux à trois fois par an à Cuzco, et deux à trois fois par an soit à Paucartambo soit à Ocongate, pour faire des achats ou régler des affaires administratives. Il se rend à Cuzco pour vendre des tissus, pour organiser des cérémonies, notamment pendant le mois d'août, et pour rendre visite aux autres Q'eros. Santos est représentatif des Q'eros qui ne souhaitent pas migrer mais qui ont tout de même des contacts sporadiques ou fréquents avec l'extérieur de la communauté.

Nicolas : migration définitive

Après mon premier voyage à Q'ero, j'ai fait une rencontre qui s'est révélée déterminante pour la suite mes recherches, celle de Nicolas, un Q'ero ayant migré à Cuzco. Nicolas représente une exception dans le panorama actuel des migrants de Q'ero. J'ai choisi son cas parce que les Q'eros sont de plus en plus nombreux à sortir de leur communauté pour faire des études, et il est probable que leur trajectoire suive celle de Nicolas. Celui-ci est né en 1981 à Espadilla, dans la communauté de Marcachea, d'où il s'est enfui à l'âge de 12 ans après une dispute verbale avec son père. Il savait que l'un de ses oncles se dirigeait vers Cuzco et s'est donc joint à lui. Il rêvait d'aller à Cuzco. Il avait appris d'autres Q'eros qu'à Cuzco les routes parlaient et que, dans certaines maisons, il y avait une machine appelée ascenseur qui transportait les gens. Il voulait savoir ce que les routes lui diraient et apercevoir ces maisons dont le toit de paille s'ouvrait pour en faire sortir la machine ascenseur. Lorsqu'il arriva à Cuzco sa déception fut grande: les routes ne lui parlaient pas et les gens de la ville parlaient presque tous cette langue qu'il ne comprenait pas: l'espagnol. La semaine suivante, son père est venu à Cuzco pour le chercher mais, malgré sa déception, Nicolas fit le choix de rester en ville. Le retour aurait signifié un échec personnel. Malgré de nombreuses difficultés, il apprit l'espagnol à Cuzco, puis partit à Espinar pour terminer l'école primaire. Il rentrait à Q'ero pendant les fêtes. Après Espinar et un passage d'une année à Paucartambo, il décida d'aller à Lima en 1999 où il suivit l'école secondaire jusqu'au 2003. Cette année-là, il décida de rentrer à Cuzco pour suivre une formation de guide touristique. Entre-temps, il avait rencontré sa femme et avait eu deux enfants. Aujourd'hui, Nicolas est un *pampamisayuq*. Il habite à T'ika T'ika, proche de Cuzco, où il a construit une maison pour sa famille et une autre pour ses parents et deux de ses frères qui l'ont rejoint en 2008. Il travaille actuellement comme guide touristique et commence à se faire connaître à l'extérieur du Pérou. Il va souvent à Buenos Aires, en Argentine, pour parler de la cosmologie andine. Il vient de faire un voyage en Europe, au Mexique et aux États-Unis.

En dehors de ses activités de guide, il est en train de créer une association de Q'eros résidents à Cuzco dans le but d'appuyer des projets dans la Nación Q'ero; un projet ambitieux pour lequel il a beaucoup de difficultés à trouver d'autres *comuneros* susceptibles de contribuer. Il collabore d'ailleurs souvent avec l'INC de Cuzco. En outre, Nicolas attire la jalousie de certains Q'eros. À Cuzco, les migrants de sa communauté me demandent souvent si j'ai rendu visite à Nicolas avant d'aller les voir. Cette jalousie est particulièrement présente parmi les *paqu* de Q'ero qui pratiquent des cérémonies à Cuzco. C'est également pour cela que, parfois, Nicolas préférait ne pas m'accompagner à certains entretiens. Sa présence auprès de moi aurait pu laisser penser qu'il percevait de l'argent de ma part et qu'il n'allait pas le partager avec mon interlocuteur. Comme nous l'avons vu avec le cas de Guillermo, les migrants prennent le risque d'être considérés défavorablement par les Q'eros qui restent dans la communauté, mais aussi par les autres migrants.

En dépit de son départ, Nicolas a toujours été proche de Q'ero et se tient au courant de ce qui s'y passe. Lorsque ses enfants seront plus grands, Nicolas veut rentrer et vivre à Marcachea, la communauté dans laquelle il a grandi. Malgré l'exception que constitue son parcours personnel, sa migration est représentative des Q'eros qui vivent en ville et qui n'ont pas d'animaux ou de parcelles à cultiver à Q'ero.

3.3.2 Le quatrième étage écologique

Dans l'analyse de la migration des Q'eros, une caractéristique prévaut: le lien toujours étroit entre les migrants et les cinq communautés de Q'ero. À quelques exceptions près, les migrants Q'eros reviennent souvent dans leur communauté et ceux qui restent à Q'ero sortent de plus en plus des cinq communautés. C'est pour cela que Flores Ochoa (2005: 423) a défini la ville, de façon provocatrice, comme le nouvel étage écologique de Q'ero, en élargissant la définition proposée par Murra. Je souscris à cette définition et c'est pourquoi ce chapitre est intitulé «La ville, quatrième étage écologique». En ce sens, je me rallie ici à Yvan Droz et Beat Sottas (1997: 70) qui considèrent la migration comme

> [...] un déplacement multidirectionnel – quelquefois circulaire – qui modifie, d'une part, le lieu de résidence mais pas toujours les lieux de séjour et, d'autre part, l'intensité des relations sociales mais pas systématiquement leur structure. Il s'agit donc d'un phénomène social complexe qui comprend beaucoup plus qu'une fuite ou une attirance vers des terres prospères. Ainsi, la conception d'un déménagement définitif ou d'un déplacement irréversible ne rend pas compte de la réalité sociale car les phénomènes migratoires observables aujourd'hui sont – pour la plupart – bidirectionnels ou circulaires.

Pour une société à caractère transhumant comme celle des Q'eros, cette migration circulaire ne serait-elle pas une sorte de transhumance élargie qui intègre un quatrième étage écologique, la ville ? Il me semble que nous pouvons parler de migration circulaire entre quatre étages écologiques. Tester cette hypothèse à plus long terme (entre 10 ou 20 ans) permettrait d'observer le parcours des prochaines générations qui auront grandi à Cuzco et qui, probablement, changeront la dynamique actuelle.

3.3.3 *Les raisons de la migration*

Jusqu'à présent, j'ai volontairement choisi de ne traiter que marginalement la question des raisons de la migration ou de la mobilité des Q'eros. L'éducation est clairement la raison la plus fréquemment invoquée. À l'exception de la communauté de Quico, seules des écoles primaires sont situées sur le territoire de Q'ero. Les enseignants viennent à Q'ero et y restent trois semaines sur quatre, ce qui, selon les résidents, n'est pas suffisant. Au cours de mes entretiens, j'ai entendu cette phrase plusieurs fois : « j'amène mon enfant à Cuzco pour qu'il ne reste pas ignorant comme moi ». Un Q'ero m'a dit un jour : « chaque fois que nous allons à Paucartambo, comme nous ne parlons pas bien l'espagnol, les gens profitent de nous et ils abusent de nous. Moi, je veux que mon enfant parle espagnol et anglais ». La langue est également parmi les facteurs symboliques qui séparent les *misti* (les gens de la ville) et les *runa* (les paysans). Cette distinction est souvent perçue en termes d'intelligence et d'ignorance, si bien que beaucoup de Q'eros vivant à Cuzco refusent de parler le quechua. D'après leur perception, parler quechua signifie être considéré comme un paysan et donc comme un ignorant. La politique éducative de l'État et des ONG fait le reste car ce sont aussi ces organisations qui, avec leur discours, font savoir aux Q'eros qu'une éducation scolaire est nécessaire. L'État pour sa part promeut un programme bilingue quechua-espagnol « afin de préserver leurs traditions ». Regis Andrade insiste cependant sur l'ouverture à Q'ero d'une éduction plus complète à deux échelles : l'allongement de la durée de l'école obligatoire et l'intégration dans leur curriculum de connaissances traditionnelles telles que la médecine, la musique, etc.[82]. L'autre raison de la migration, moins souvent mentionnée, est liée aux difficultés du cli-

---

[82] Communication personnelle (25 juillet 2012).

mat. La pluie et les autres phénomènes atmosphériques affectent la vie des Q'eros de plus en plus rudement.

Je reviens donc au lien entre changement climatique et migration. La plupart des Q'eros affirment qu'ils migrent pour acquérir une éducation. La deuxième raison est celle d'un climat toujours plus hostile. Outre ces deux justifications principales, les Q'eros mentionnent plus rarement des raisons de santé et de travail. Ce dernier facteur joue néanmoins un rôle important bien qu'il soit peu mentionné. Les Q'eros qui se déplacent à Cuzco pour organiser des cérémonies chamaniques profitent d'être reconnus comme les chamanes parmi les plus puissants des Andes et comme les derniers Incas.

Dans mon introduction, j'ai montré comment la plupart des recherches sur le lien entre changement climatique et migration considèrent que la migration a rarement une cause unique. Les facteurs environnementaux s'insèrent dans un schéma complexe de causalités multiples liées à des facteurs sociaux, politiques, démographiques et économiques (Black et al. 2011). L'application de cette approche multi-causale à l'analyse des migrations des Q'eros montre que les facteurs politiques et démographiques jouent un rôle assez marginal. Les facteurs politiques sont plus difficiles à évaluer, mais les facteurs démographiques ne jouent aucun rôle dans des communautés où il y a une très faible densité par habitant et où les espaces potentiellement exploitables ne manquent pas. En revanche, la migration ou la mobilité des Q'eros peut s'expliquer par des facteurs économiques (nouvelles opportunités de travail à Cuzco et dans d'autres villes), des facteurs sociaux (éducation et réseaux familiaux) et des facteurs environnementaux (conditions climatiques préexistantes difficiles, exacerbées par le changement climatique). La migration des Q'eros est donc influencée par trois facteurs d'ordre économique, social et environnemental. Les facteurs économiques et sociaux jouent un rôle prépondérant dans la migration en raison du manque d'opportunité éducative à Q'ero tandis qu'une ville comme Cuzco, en plein essor économique dû à un flux touristique croissant, procure de nombreuses opportunités de travail. Les conditions climatiques défavorables incitent d'autant plus les Q'eros à quitter leur communauté.

Cette analyse relativise en quelque sorte l'importance que joue le changement climatique dans la migration des Q'eros. Toutefois, je me suis aperçu pendant mes premiers séjours de terrain que, bien que cette analyse soit la plus détaillée et approfondie possible, elle reste incomplète. Pour mieux expliciter mon propos, j'aimerais revenir rapidement sur deux épisodes que j'ai décrits précédemment. Le premier est celui de mon interaction avec Guillermo au sujet des peaux crues et des peaux cuites de pommes de terre. Dans cet épisode, Guillermo me réprimandait d'avoir mélangé les peaux crues, qui avaient encore un esprit, avec les peaux cuites qui n'en avaient plus. Le deuxième épisode renvoie à un entretien conduit avec Luis lorsque celui-ci m'expliqua que les Q'eros devaient traiter les pommes de terre de la manière dont elles voulaient être traitées, en respectant certaines règles.

Ces deux épisodes nous montrent l'étroite relation que les Q'eros ont avec leur principal aliment. Non seulement les pommes de terre sont dotées d'un esprit, elles communiquent également leurs désirs aux humains. Elles sont dotées d'une intentionnalité et dictent certaines règles aux Q'eros. Si les humains respectent ces règles, les pommes de terre continueront à croître et à se laisser manger. Ces deux épisodes ont remis en question mon cadre analytique basé sur la dichotomie entre nature et culture. Ils ont ouvert un véritable tournant dans mes recherches puisque, influencé par l'approche multi-causale, j'étais parti sur le terrain avec l'intention d'étudier dans quelle mesure le changement climatique – soit un phénomène de la sphère du naturel – pouvait influencer la migration d'un peuple autochtone – une réponse de l'ordre de la sphère du culturel. Or, pour analyser correctement la relation entre changement climatique et migration chez les Q'eros, je me devais de remettre en question une ontologie présumée universelle qui trouve ses racines dans une dichotomie parfois latente mais toujours présente entre nature et culture.

Seconde Partie
Vers une anthropologie du changement climatique

4. Les feuilles de coca et les *Apu* s'expriment

> D'après les feuilles de coca, ce jeune homme croit désormais plus que nous aux *Apu*.
>
> Rolando, *altumisayuq* de Q'ero

4.1 L'anthropologie de la nature

4.1.1 *L'anthropologie face à la dichotomie nature – culture*

C'est à partir de la dichotomie entre nature et culture que, dans la deuxième moitié du XIXe siècle, les disciplines des sciences de la nature et des sciences de la culture se sont définitivement séparées[83]. Cette délimitation

---

83 Cette dichotomie trouve son origine dans la Grèce antique. Hésiode, dans *Les Travaux et les Jours*, mentionne une différence entre les hommes, d'une part, et certaines espèces animales prises comme un ensemble, d'autre part (Descola 2005 : 99). Par la suite, Aristote systématise cet objet d'étude encore en phase embryonnaire. L'objectivation de la *phusis*, la nature, selon Aristote est surtout inspirée par l'organisation politique de la Cité. En effet, la Cité est censée se conformer aux normes de la nature et reproduire au plus près la hiérarchie naturelle. Bien que la *phusis* d'Aristote ne soit pas aussi englobante que la nature des Modernes, un pas décisif a néanmoins été franchi. Dans la pensée grecque, les humains font encore partie de la nature mais en décontextualisant les entités de la *phusis* et, en les organisant dans une taxinomie exhaustive de type causal, Aristote fait surgir un domaine d'objet nouveau qui va prêter à l'Occident les traits de sa future ontologie (Descola 2005 : 100-102). Cependant, ce sont les chrétiens, qui « ont fait de la personne morale une entité métaphysique après en avoir senti la force religieuse. Notre notion à nous de personne humaine est encore fondamentalement la notion chrétienne » (Mauss 1950*c* : 357). C'est donc avec le christianisme et sa double idée d'une transcendance de l'homme et d'un univers tiré du néant par la volonté divine que les humains deviennent extérieurs et supérieurs à la nature. L'idée de la Création témoigne de l'existence d'un Dieu transcendant, de sa perfection et de sa bonté, mais ses œuvres

s'opéra, au niveau théorique, par le développement des travaux épistémologiques qui ont mis l'accent sur les différences de méthode entre les deux domaines et, au niveau pratique, par l'organisation institutionnelle cloisonnée des universités telles que nous la connaissons aujourd'hui (Descola 2011: 9). Certaines disciplines qui avaient pour objet de recherche les rapports entre les dimensions biologiques ou physiques et les dimensions culturelles, comme la géographie, la psychologie et l'anthropologie, se sont retrouvés scindées entre les partisans de l'une ou de l'autre approche[84]. Cependant, cette division ne se situe pas seulement entre l'anthropologie physique, d'une part, et l'anthropologie sociale et culturelle, de l'autre (Descola 2011: 10-11). Elle se trouve également au sein même de cette dernière discipline et de façon plus nette que dans aucune autre discipline qui étudie les objets de cette interface. Depuis plus d'un siècle, l'anthropologie sociale et culturelle s'est définie comme la science qui étudie les médiations entre la nature et la culture, entre des déterminants physiques qui conditionnent la vie des êtres humains et les significations données à ces déterminants (Descola 2011: 12).

Michel Foucault (1966: 389) affirmait dans les années 1960 que le problème essentiel de l'anthropologie dans son ensemble concernait la question des rapports entre nature et culture. Pour Marshall Sahlins (1980), cette dichotomie est vieille comme la discipline de l'anthropologie elle-même. L'anthropologue américain résume la question en utilisant la métaphore d'un prisonnier qui est contraint depuis plus d'un siècle d'arpenter sa cellule, bloqué entre les murs des déterminants pratiques et des contraintes de l'esprit. L'alternative au conflit entre utilitarisme et perspective culturelle peut se formuler comme suit:

> Ou bien l'ordre culturel doit être conçu comme la codification de l'action intentionnelle et pragmatique réelle de l'homme, ou bien, au contraire, l'action de l'homme

---

(la nature) ne doivent pas être confondues avec lui. Les êtres humains tirent leur signification de cet événement fondateur. C'est pour cela qu'ils n'ont pas leur place dans la nature comme des êtres parmi d'autres. L'homme est donc transcendant au monde physique et, par conséquent, il n'est pas, par nature, comme les animaux et les plantes. De cette origine transcendante et surnaturelle, les hommes tirent le droit et la mission de gouverner la terre (Descola 2005: 103).

84 Pour approfondir la manière dont l'anthropologie a traité la question de la nature, voir Charbonnier (2015).

dans le monde doit être comprise comme étant médiatisée par un projet culturel, qui ordonne à la fois l'expérience pratique, la pratique coutumière et la relation entre les deux (Sahlins 1980 : 77).

Quelles que soient les divergences théoriques qui traversent l'anthropologie, un consensus a toujours existé sur le fait que le domaine de la discipline est celui où se croisent et se déterminent mutuellement les règles contingentes de l'organisation sociale et les contraintes universelles du vivant (Descola 2005 : 118-119). Descola affirme :

> Tous les objets concrets de l'investigation ethnologique sont situés dans cette zone de couplage entre les institutions collectives et les données biologiques et psychologiques qui confèrent au social sa substance mais non sa forme. L'autonomie que l'anthropologie revendique au sein de la cité savante est ainsi fondée sur la croyance que toutes les sociétés constituent des compromis entre la nature et la culture (Descola 2005 : 119).

Cette dualité est ainsi devenue le défi auquel l'anthropologie a tenté de répondre. Si l'on admet que l'expérience humaine est conditionnée par la coexistence de ces deux champs, nature et culture, il devient inévitable d'aborder leur interface en partant soit d'un pôle, soit de l'autre. On a donc, d'une part, les particularités des traitements symboliques de la nature et, de l'autre, les déterminants que le contrôle, l'usage et la transformation de la nature induisent. Par conséquent, « le relativisme culturaliste et le monisme naturaliste » continuent de prospérer et se légitiment mutuellement en formant les deux pôles d'un continuum épistémologique dans lequel se positionnent tous ceux qui analysent les rapports entre les sociétés et leurs milieux. Le choix entre les deux champs acquiert ainsi une valeur pédagogique : d'une part, la culture est façonnée par la nature et, d'autre part, la nature ne prend forme que comme réservoir de symboles et de signes dans lequel la culture vient puiser (Descola 2005 : 119-120).

« Faut-il conserver un découpage du monde aussi historiquement déterminé pour rendre compte des cosmologies dont maintes civilisations nous offrent encore le vivant témoignage ou qui, consignées dans les rayons de nos bibliothèques, n'attendent que notre curiosité pour revivre ? », demande Descola (2005 : 128). Il importe de rejeter un tel dualisme qui trouve ses origines dans la tradition occidentale. Le dualisme entre culture et nature est simplement une manière parmi d'autres d'identifier des continuités et des discontinuités dans les plis du monde (Descola 2011: 32). C'est une ontologie qui existe depuis à peine plus d'un siècle et qui a délimité de façon nette un domaine de positivité pour les sciences sociales. Or, un tel héritage complique beaucoup la tâche des anthropologues, laquelle est notamment de comprendre comment des sociétés ne partageant pas cette ontologie ont pu «inventer pour eux-mêmes des réalités distinctes de la nôtre» (Descola 2011: 32-33). C'est pour cela que l'erreur épistémologique à éviter serait de continuer à regarder l'Autre seulement à travers les lunettes de notre ontologie. Autrement dit, il faut envisager les sociétés non occidentales, et même l'Occident pré-moderne, comme des «systèmes complets de conceptualisation du monde» différents et alternatifs tout à la fois au nôtre, et non les considérer comme des représentations exotiques du monde que notre propre ontologie a établi au préalable. Faire de la dichotomie nature-culture la seule manière de voir le monde a conduit l'anthropologie à une forme particulière d' «eurocentrisme savant» qui nous a porté à croire que notre ontologie était universellement partagée (Descola 2011: 34-35).

4.1.2 Les quatre modes d'identification

Descola a nommé la chaire qu'il a obtenue au Collège de France en 2000 Anthropologie de la nature. L'anthropologue a choisi ce titre en guise de provocation, en expliquant qu'une ontologie qui considère la nature au travers de l'absence de l'homme rendrait alors les termes d'anthropologie de la nature antinomique. En effet, pour un esprit moderne, l'anthropologie de la nature serait tout simplement inenvisageable (Descola 2011: 100). L'approche que propose Descola vise à dépasser les débats entre le déterminisme culturel et le déterminisme environnemental ou écologique qui ont animé l'anthropologie écologique durant des décennies. Ces deux déterminismes ont montré les contradictions dans lesquelles la discipline s'est enfermée lorsqu'elle a posé comme postulat de base que le monde était divisé entre deux champs bien séparés. D'une part, on affirme que la culture est le produit de la nature et, d'autre part, que la nature est muette et qu'elle advient à l'existence comme une réalité pertinente seulement à travers les signes et les symboles dont la culture l'affuble (Descola 2011: 30).

Mon approche analytique puise dans l'ouvrage *Par-delà nature et culture*. Dans cette publication, Descola (2005: 135) souligne que la reconnaissance des inconvénients que le dualisme induit dans l'appréhension des cosmologies non modernes ne signifie pas qu'il faille négliger la recherche de «structures de cadrage» avec lesquelles des sociétés non modernes vivent et perçoivent leur engagement dans le monde. En effet, les êtres humains recourent à des «schèmes intégrateurs des pratiques» afin de structurer les relations qu'ils entretiennent avec le monde (Descola 2005: 163). Ces schèmes peuvent être ramenés à deux modalités fondamentales de structuration de l'expérience collective et individuelle que l'auteur appelle identification et relation (Descola 2005: 163). L'identification – qui nous intéresse ici – est conçue comme un schème «au moyen duquel j'établis des différences et des ressemblances entre moi et des existants en inférant des analogies et des contrastes entre l'apparence, le comportement et les propriétés que je m'impute et ceux que je leur attribue» (Descola 2005: 163). La relation est entendue comme des «rapports externes entre des êtres et des choses repérables dans des comportements typiques et susceptibles de recevoir une traduction partielle dans des normes sociales concrètes» (Descola 2005: 164-165).

L'identification renvoie à la capacité d'appréhender et de répartir des continuités et des discontinuités par l'observation et la pratique de notre environnement. Autrement dit, l'identification est une expérience de pensée «menée par un sujet abstrait dont il est indifférent de savoir s'il a jamais existé, mais qui produit des effets tout à fait concrets puisqu'elle permet de comprendre comment il est possible de spécifier des objets indéterminés en leur imputant ou en leur déniant une 'intériorité' et une 'physicalité' analogues à celles que nous nous attribuons à nous-mêmes» (Descola 2005: 168). La distinction entre ces deux néologismes, l'intériorité et la physicalité, ne doit pas être entendue comme une simple projection de la dichotomie cartésienne entre l'esprit et le corps. Par intériorité, Descola (2005: 168-169) entend:

> Une gamme de propriétés reconnues par tous les humains et recouvrant en partie ce que nous appelons d'ordinaire l'esprit, l'âme ou la conscience – l'intentionnalité, subjectivité, réflexivité, affects, aptitude à signifier ou à rêver. On peut aussi y inclure les principes immatériels supposés causer l'animation, tels que le souffle ou l'énergie vitale, en même temps que des notions plus abstraites encore comme l'idée que je partage avec autrui une même essence, un même principe d'action ou une même origine, parfois objectivés dans un nom ou une épithète qui nous sont communs.

En revanche, Descola comprend la physicalité comme étant:

> [La] forme extérieure, la substance, les processus physiologiques, perceptifs et sensori-moteurs, voire le tempérament ou la façon d'agir dans le monde en tant qu'ils manifesteraient l'influence exercée sur les conduites ou les habitus par des humeurs corporelles, des régimes alimentaires, des traits anatomiques ou un mode de reproduction particuliers. La physicalité n'est donc pas la simple matérialité des corps organiques ou abiotiques, c'est l'ensemble des expressions visibles et tangibles que prennent les dispositions propres à une entité quelconque lorsque celles-ci sont réputées résulter des caractéristiques morphologiques et physiologiques intrinsèques à cette entité (Descola 2005: 169).

Descola (2005: 175-176) considère que «les oppositions binaires ne sont pas des inventions de l'Occident ou des fictions de l'anthropologie structurale», mais qu'elles sont largement utilisées partout dans le monde. Les combinaisons possibles entre la physicalité et l'intériorité sont seulement au nombre de quatre. En effet, face à un être quelconque, humain ou non, on peut supposer, soit qu'il possède des éléments d'intériorité et de physicalité identiques aux miens, soit que sa physicalité et son intériorité sont différents des miennes, soit encore que nos intériorités sont distinctes et nos physicalités analogues, soit enfin que nos intériorités sont similaires et nos physicalités différentes. Descola appelle 'totémisme' la première combinaison, 'analogisme' la deuxième, 'naturalisme' la troisième et 'animisme' la quatrième et dernière combinaison[85]. Ces quatre combinaisons définissent quatre grands types d'ontologie, autrement dit, quatre «systèmes de propriétés des existants lesquels servent de point d'ancrage à des formes contrastées de cosmologies,

---

85 Descola emploie des notions, notamment le totémisme et l'animisme, déjà bien établies en anthropologie en leur conférant de nouvelles significations.

de modèles du lien social et de théories de l'identité et de l'altérité»[86] (Descola 2005: 176).

Tableau 5: Les quatre ontologies (Descola 2005: 176).

ANIMISME	Ressemblance des intériorités et différence des physicalités
NATURALISME	Différence des intériorités et ressemblance des physicalités
ANALOGISME	Différence des intériorités et différence des physicalités
TOTÉMISME	Ressemblance des intériorités et ressemblance des physicalités

En affranchissant la définition de l'animisme héritée d'Edward Tylor de ses corrélats sociologiques, il subsiste une caractéristique sur laquelle tout le monde s'accorde: le fait que les êtres humains attribuent à des non-humains une intériorité identique à la leur. Dans cette ontologie, les plantes et les animaux sont humanisés puisque l'âme dont ils sont dotés leur permet de se comporter selon les normes sociales et les préceptes éthiques des humains. Par ailleurs, les animaux et les plantes sont capables d'établir entre eux et avec les hommes des relations de communication. Cette ressemblance des intériorités autorise donc l'extension de la culture aux non-humains avec tous les attributs que cela implique (Descola 2005: 183). Cependant, Descola (2013a: 269) souligne que la référence partagée par la plupart des existants n'est pas ici l'homme comme espèce, mais l'humanité comme condition. En outre, cette humanisation n'est pas entière car

---

86 À propos des notions de mode d'identification, d'ontologie et de cosmologie, Descola (2014: 236-237) affirme que «l'expression la plus juste pour parler des différentes formes de composition du monde, c'est-à-dire de l'architecture de ces rapports de continuité et de discontinuité entre les êtres [...] est 'mode d'identification'. C'est en réalité une terminologie que j'ai empruntée à Marcel Mauss, quand il écrit que 'l'homme s'identifie aux choses et identifie les choses à lui-même en ayant à la fois le sens des différences et des ressemblances qu'il établit'. [...] Une ontologie, pour moi, c'est simplement le résultat institué d'un mode d'identification, la forme particulière, repérable dans des discours et des images, que prend à telle ou telle époque et dans telle ou telle région du monde l'un des quatre régimes de continuité et discontinuité. [...] Par rapport au mode d'identification, une cosmologie c'est simplement la forme de distribution dans l'espace des composantes d'une ontologie et les genres de relation qui les unissent».

dans les ontologies animiques, les animaux ou les plantes se distinguent précisément des hommes par les vêtures de plumes, de poils, etc., c'est-à-dire par leur physicalité. Ce n'est donc pas au travers de leur intériorité que les humains se différencient des non-humains mais bien par le biais de leur différente physicalité (Descola 2005: 183-184). Dans les mythes amérindiens, bien que les animaux et les plantes possèdent des physicalités distinctes de celles des êtres humains, ainsi que des mœurs qui correspondent à chaque espèce, ils ont toutefois pour la plupart conservé les facultés intérieures dont ils jouissaient avant leur spéciation: subjectivité, intentionnalité et aptitude à communiquer dans un langage universel, parmi d'autres. Par conséquent, les plantes et les animaux sont considérés comme « des personnes revêtues d'un corps animal ou végétal dont elles se dépouillent à l'occasion pour mener une vie analogue à celle des humains » (Descola 2005: 187).

Le naturalisme, en revanche, inverse la formule de l'animisme en articulant une continuité des physicalités et une discontinuité des intériorités. Le naturalisme est l'ontologie de l'Occident puisque c'est bien la subjectivité, la conscience réflexive et le langage parmi d'autres, qui distinguent les humains des non-humains (Descola 2005: 241). En effet, depuis Descartes et surtout depuis Darwin, la composante physique de notre humanité situe les hommes dans un continuum matériel avec les non-humains (Descola 2005: 243). Autrement dit, c'est la structure moléculaire et le métabolisme de notre phylogénie qui lient les hommes aux autres espèces vivantes, et les lois de la thermodynamique et de la chimie aux objets non vivants. En outre, face aux similitudes physiques entre les humains et les non-humains d'une part – notamment les animaux – et les dissemblances de leurs intériorités d'autre part, les voies à la spéculation comparative pour le naturalisme s'en retrouvent limitées (Descola 2005: 249). En d'autres termes, l'ontologie du naturalisme souligne les ressemblances entre humains et non-humains, notamment les animaux, par l'intermédiaire de leurs attributs biologiques en ajoutant une dose de facultés internes communes afin que la transition soit plus graduelle, ou alors met l'accent sur l'exceptionnalité des attributs intérieurs par lesquels les humains se distingueraient des non-humains. Cette seconde approche a longtemps prévalu et reste encore largement dominante en Occident. À ce propos, Ingold (2011) souligne que les philosophes se sont rarement posés la question de savoir ce qui fait de l'homme un animal particulier, et ont préféré se demander plutôt quelle était la différence entre les humains et les animaux. La première question induit que l'humanité est une forme particulière d'animalité, la seconde la décrit comme un état exclusif et un principe auto-référent typique de l'ontologie naturaliste (Descola 2005: 249). L'ontologie naturaliste est donc l'opposition complète de l'ontologie animique. La première subordonne les êtres humains et ses contingences culturelles à l'universalité de la nature, tandis que la deuxième fait prévaloir l'universalité de la condition du sujet moral et les relations entre humains et non-humains sur l'hétérogénéité physique (Descola 2005: 278).

Ensuite, Descola définit l'analogisme comme:

> [Un] mode d'identification qui fractionne l'ensemble des existants en une multiplicité d'essences, de formes et de substances séparées par de faibles écarts, parfois ordonnées dans une échelle graduée, de sorte qu'il devient possible de recomposer le système des contrastes initiaux en un dense réseau d'analogies reliant les propriétés intrinsèques des entités distinguées (Descola 2005: 280).

Dans l'ontologie analogique, toute position devient le point de rencontre d'une myriade d'influences. Tous les êtres humains et non humains sont étroitement liés au point qu'il est impossible de déterminer précisément le point à partir duquel une entité se termine et une autre commence (Descola 2005: 284-285). Pour cette raison, la différence des physicalités et des intériorités de l'ontologie analogique ne doit pas être prise à la lettre tant les contours de ces deux ensembles paraissent flous. Au contraire, il s'agit d'une approche envisageant ce foisonnement de singularités de façon plus ou moins accordée (Descola 2005: 288). Dans une cosmologie analogique, les humains et les non-humains ne partagent pas une même culture mais cohabitent (Descola 2005: 296). Autrement dit, humains, animaux, plantes, divinités se trouvent au sein d'un univers clos où chaque être poursuit les buts que le destin lui a fixés. Chaque être étant fait d'une multiplicité de composantes, il en résulte donc un équilibre instable. Ainsi, dans les ontologies analogiques se rencontrent des «chaînes de causalités transitives» entre les différentes entités, d'où la préoccupation constante d'une équilibre infiniment menacé (Descola 2005: 302).

Enfin, la quatrième et dernière ontologie est le totémisme. Descola (2005: 211) illustre cette ontologie par des exemples australiens. Nulle part ailleurs on ne trouverait un ensemble de populations si vaste ayant développé de manière systématique l'idée selon laquelle il existe une continuité des intériorités et des physicalités entre des groupes humains et non humains. Dans cette ontologie, un groupe d'humains est en parfaite fusion avec l'espèce animale qu'il a choisie comme totem. Autrement dit, l'essence de l'espèce est devenue l'essence du groupe-même. Il s'agit d'une hybridation recherchée, dont la finalité est sociale mais dont la réalisation exige d'avoir des propriétés partagées avec une espèce animale particulière.

Ces quatre ontologies ou modes d'identification sont des façons de schématiser l'expérience et prévalent dans certaines situations historiques. Elles ne constituent donc pas des synthèses empiriques de croyance. Chacune de ces ontologies prédomine en un temps et en un lieu donné, mais sans exclusivité. En effet, une des quatre ontologies peut s'accommoder des autres modes. Aussi, chaque ontologie est en mesure d'apporter des nuances au schème localement dominant engendrant des «variations idiosyncrasiques que l'on a coutume d'appeler les différences culturelles» (Descola 2005: 234). Par exemple, la plupart des Européens ont une ontologie naturaliste, mais cela n'empêchera pas certains d'entre eux de parler à leurs orchidées, de traiter leur chien comme un humain, ou de penser que la planète Saturne a une influence sur leur vie (Descola 2005: 322). Descola se demande cependant:

> Comment dès lors se soustraire au dilemme du naturalisme, cette oscillation trop prévisible entre l'espoir moniste de l'universalisme naturel et la tentation pluraliste du relativisme culturel? Surtout, comment se détourner de la pensée consolante que notre culture serait la seule à s'être ouverte un accès privilégié à l'intelligence vraie de la nature dont les autres cultures n'auraient que des représentations – approximatives mais dignes d'intérêt pour les esprits charitables, fausses et pernicieuses par leur pouvoir de contagion pour les positivistes? (Descola 2005: 418-419)

Bruno Latour (1991: 142) définit ce régime épistémologique basé sur l'ontologie naturaliste d'universalisme particulier. Descola (2011: 92-96) n'est pas hostile à la dichotomie nature-culture, ce qu'il remet en cause est plutôt l'universalité présumée du dualisme. L'opposition entre nature et culture est une façon parmi d'autres de voir le monde. En revanche, d'autres oppositions comme la perception des continuités et des discontinuités, des intériorités et des physicalités entre humains et non-humains pourraient être qualifiées à bon droit d'universelles. Ainsi, il voudrait dépasser cette impasse épistémologique en reconnaissant un universalisme relatif qu'il définit en prenant le terme relatif au sens qu'il a dans 'pronom relatif' (Descola 2005: 418-419). Autrement dit, cette épithète se rapporte à une relation. C'est donc pour cela que l'universalisme relatif ne part pas de la nature ou de la culture, mais des relations de continuité et de discontinuité, de ressemblance et de différences que les humains établissent partout entre les existants.

4.1.3 Les quatre ontologies comme outil de travail

Si Descola ne remet pas en cause le dualisme entre nature et culture mais en critique seulement son universalisme présumé, Tim Ingold et Eduardo Viveiros de Castro récusent entièrement cette dichotomie. Selon Viveiros de Castro (2009: 14), «perspectivisme interspécifique, multinaturalisme ontologique et altérité cannibale forment les trois versants d'une alter-anthropologie indigène qui est une transformation symétrique et inverse de l'anthropologie occidentale». Le perspectivisme de Viveiros de Castro est souvent associé à l'animisme de Descola. En réalité, un point fondamental les différencie. Selon Viveiros de Castro:

> Les humains, dans des conditions normales, voient les humains comme des humains et les animaux comme des animaux; [...] Les animaux prédateurs et les esprits, pour leur part, voient les humains comme des proies, alors que les proies voient les humains comme des esprits ou comme des prédateurs; [...] En nous voyant comme des non-humains, c'est eux-mêmes (leurs congénères respectifs) que les animaux et les esprits voient comme des humains. (Viveiros de Castro 2009: 21).

Pour Descola (2005: 199), cette inversion croisée des points de vue qui caractérise le perspectivisme est loin d'être attestée dans toutes les ontologies animiques. Il affirme que la situation la plus commune dans ce type d'ontologies est plutôt celle où les humains se contentent de dire que des non-humains se perçoivent comme des humains. À partir du perspectivisme, Viveiros de Castro (2009: 39; 1998: 470) définit son concept de multinaturalisme. À ses yeux, l'ontologie naturaliste suppose une diversité de représentations subjectives et partielles incidentes sur une nature unique et externe, autrement dit, un relativisme culturaliste et un monisme naturaliste. À l'inverse, le perspectivisme typique de l'ontologie des Amérindiens propose une unité des esprits et une diversité des corps. En d'autres termes, le perspectivisme est basé sur un relativisme naturaliste et un monisme culturaliste. Descola (cité dans Kohn 2009: 139) considère l'animisme comme une ontologie parmi d'autres. Pour Viveiros de Castro, le perspectivisme constitue plutôt une sorte de philosophie générale de la connaissance. Son propos est de ce fait politique car il vise à miner les fondements épistémologiques de l'ontologie occidentale.

Dans l'ouvrage *The Perception of the Environment*, l'objectif d'Ingold (2011: 16-19) est de remplacer le dualisme entre nature et culture par la synergie dynamique de l'organisme et de l'environnement afin de retrouver ce qu'il appelle l'écologie de la vie. Ce concept repose sur une réponse particulière à la question de Gregory Bateson (1972: 455): « quel est cet organisme plus environnement? ». Pour Ingold (2011: 19), l'écologie conventionnelle soutient que cela correspond simplement à l'addition de différents éléments. En revanche, son écologie de la vie prend comme point de départ un ensemble constitué par l'organisme-dans-son-environnement (*whole-organism-in-its-environment*). Autrement dit, un organisme plus son environnement doit être compris comme une totalité unique et indivisible et non pas comme la combinaison de deux éléments. Alors que l'anthropologie classique pose comme point de départ l'extériorité de la nature, Ingold, influencé par la phénoménologie, caractérise les relations des chasseurs-cueilleurs à leur environnement comme une immersion totale avec celui-ci, impliquant un engagement perceptif et actif avec les différentes entités du monde. C'est donc à partir de l'ontologie des chasseurs-cueilleurs qu'il développe son concept d'écologie de la vie. Ingold ne considère pas la manière d'être au monde des chasseurs-cueilleurs comme une construction de la réalité différente de la réalité occidentale, puisque selon l'auteur, l'ontologie des chasseurs-cueilleurs, qu'il appelle *poetics of dwelling*, exprime une condition humaine plus véridique que celle exprimée par l'ontologie naturaliste occidentale. Autrement dit, selon Ingold cette 'ontologie de l'habiter' serait plus adéquate pour rendre compte de la complexité des relations entre les entités du monde que l'ontologie occidentale fourvoyée par le biais du dualisme et de ses médiations entre l'objet et le sujet. Or, un tel projet relève davantage de la philosophie que de l'anthropologie. Descola (2011: 64-66) affirme que les positions d'Ingold et de Viveiros de Castro sont tout à fait légitimes en tant que professions de foi philosophiques, mais qu'elles s'avèrent peu pertinentes en termes d'analyse anthropologique. Pour lui, ces propositions renversent simplement le préjugé ethnocentrique courant. L'ontologie animique ou celle des chasseurs-cueilleurs – laquelle peut être considérée comme animique selon le schème de Descola – remplacerait l'ontologie naturaliste comme ontologie de référence scientifique. En outre, Descola (2011: 67) soutient qu'il n'incombe pas à la discipline de l'anthropologie d'établir quelle ontologie est la plus véridique ou la meilleure. En effet, Ingold ne veut pas comparer les savants occidentaux et les chasseurs-cueilleurs car il pense que cette comparaison n'est pas fondée sur un pied d'égalité. Toutefois, répète Descola, la responsabilité de la discipline n'est pas de légiférer sur la vérité des ontologies[87].

À la suite de Descola, je ne questionne pas la validité de la dichotomie nature-culture dans l'absolu comme le font Ingold et Viveiros de Castro. Je m'interroge sur son universalité présumée car l'objectif de mes recherches n'est pas de remplacer le discours scientifique sur le changement climatique avec la représentation que s'en font les Q'eros. Tout au long de ma réflexion, j'ai gardé en tête les quatre ontologies qui m'ont guidées méthodologiquement. Grâce à ce cadre analytique, j'ai été amené à poser certaines questions, et notamment: «quelle est l'ontologie dominante chez les Q'eros»? Nous le découvrirons plus loin. J'estime toutefois qu'il ne s'agit pas là de la question la plus importante. Le point essentiel à retenir ici est que le schème ontologique de Descola est, sur le plan heuristique, un outil de travail important dans mon analyse de la représentation

---

87 À propos de la différence entre lui et Ingold, Descola affirme: «Ce n'est que depuis une trentaine d'années que des anthropologues comme Tim Ingold ou moi-même ont décidé de se passer complètement de l'idée que le monde peut être partagé aisément entre phénomènes naturels et phénomènes sociaux. Pour autant, nos conceptions de l'anthropologie diffèrent assez profondément. Lui aspire à construire une science unifiée de la vie, à établir des processus de constitution des humains comme des êtres en transformation permanente, dans la lignée d'une tradition dont Bateson est un pionnier. Quant à moi, je cherche à comprendre les compatibilités ou les incompatibilités entre des institutions qui existent et que décrivent des ethnographes ou des historiens» (Descola et Ingold 2014: 42-43).

du changement climatique des Q'eros. En plus d'offrir un cadre théorique pertinent, Descola fournit un outil méthodologique précieux. Dans la langue quechua, les mots environnement, nature et climat n'existent pas. Cette remarque linguistique illustre combien le dualisme nature-culture n'a pas sa place au sein des communautés de langue quechua.

J'aurai l'occasion de commenter les quatre ontologies proposées par Descola par la suite. Pour l'heure, le but principal de cette présentation est de distancier mon propos des ontologies naturalistes afin d'aborder la suite de l'analyse. En suivant ce raisonnement, un problème d'ordre épistémologique et étymologique apparaît. Comme je l'ai indiqué, la problématique de cette recherche est née du cadre de l'ontologie naturaliste. Jusqu'à présent, j'ai donc présenté le changement climatique à partir des sciences naturelles. Or, l'expression même de changement climatique est problématique. Dès lors, comment adapter une problématique conçue à partir du dualisme nature-culture pour analyser une ontologie qui va au-delà de cette dichotomie?

Descola (2011:56) soutient qu'un ethnographe peut difficilement s'empêcher d'opérer une distinction entre les connaissances météorologiques d'une population, fondées sur une longue série d'observations empiriques, et les rituels qui ont pour finalité de faire tomber la pluie. En effet, la prévision des changements météorologiques est considéré comme relevant d'un savoir positif, quoique parfois démenti. Le phénomène est censé être vrai pour l'observé et vérifiable pour l'observateur. Aussi, d'après Descola, une cérémonie pour faire tomber la pluie reposerait sur des croyances réputées vraies pour ceux qui l'entreprennent, mais objectivement fausses en ce qu'elles vont à l'encontre des attentes du sens commun et des acquis scientifiques. Lors d'une enquête ethnographique, le dualisme nature-culture, que l'ethnographe occidental garde à l'esprit, lui fait appréhender un système d'objectivation de la réalité qu'il est en train d'étudier comme une variante plus ou moins appauvrie de celui qui lui est familier. L'ethnographe doit tenter de se libérer du fardeau de la dichotomie nature-culture en conférant aux interprétations locales du changement climatique un statut identique au niveau épistémologique à celui qu'il accorde au discours scientifique occidental sur le changement climatique.

Une fois ce problème épistémologique résolu, il n'en demeure pas moins un problème d'ordre étymologique: fait-il encore sens de parler de changement climatique dans une ontologie qui n'est pas naturaliste? Il faudrait se limiter à parler d'une représentation d'un changement ou plutôt, en poussant la réflexion un peu plus loin, il faudrait parler d'un changement social, comme nous le verrons. Il convient toutefois de rappeler que je suis moi-même un chercheur issu d'une ontologie naturaliste et que, en définitive, l'une des tâches du travail anthropologique est d'assurer le passage de l'ontologie de l'Autre à celle de l'observateur et du lecteur. Aussi, afin de rendre la lecture plus fluide, je continuerai à utiliser les expressions de phénomène atmosphérique ou de changement climatique au lieu de systématiquement souligner la distinction ontologique par des formules telles que: 'ce que nous appelons en Occident changement climatique…'.

4.2 Perceptions du changement climatique des Q'eros

Après cet exposé théorique, il est temps de présenter les perceptions du changement climatique des Q'eros. Strauss et Orlove (2003: 8-11) distinguent trois intervalles de temps chronologiques à l'intérieur desquels les perceptions humaines varient face aux variations météorologiques et climatiques. Ils identifient le jour comme le premier intervalle qui est aussi le plus court. Les jours sont des unités temporelles que les individus utilisent souvent pour discuter des évènements météorologiques qui se sont manifestés dans l'immédiat. Les météorologues appellent cet intervalle le temps météorologique. L'année est la deuxième unité temporelle et correspond à ce que les scientifiques spécialistes de l'atmosphère désignent par le terme de climat. La troisième et dernière unité temporelle est celle de génération qui correspond à ce que les climatologues appellent la variabilité climatique ou le changement du climat. Elle désigne le fait que les températures, les pluies et d'autres événements et processus climatiques dans plusieurs régions du monde ont considérablement changé au cours des dernières décennies, voire des derniers siècles. J'estime que cette séparation temporelle des perceptions proposée par Strauss et Orlove est pertinente pour appréhender la perception des Q'eros. En effet, leurs réponses à mes questions mobilisaient en grande partie ces trois unités. Dans mon analyse, j'ai laissé partiellement de côté l'unité journalière pour me concentrer surtout sur la deuxième et la troisième unités, à savoir l'année et la génération.

Lorsque je suis arrivé à Q'ero, ma première préoccupation a été de comprendre si les Q'eros percevaient un changement dans les phénomènes atmosphériques et climatiques. Après avoir constaté qu'ils reconnaissaient un changement, j'ai voulu savoir quel type de changement ils percevaient. Mes interlocuteurs sur cette question vivaient au sein des cinq communautés qui composent la Nación Q'ero, mais les migrants que j'ai interviewés à Cuzco et dans d'autres localités partageaient la même perception de ce changement. Aussi, une distinction au niveau méthodologique entre la perception des habitants de Q'ero et celle des migrants n'est pas nécessaire. En outre, j'ai déjà souligné que dans la langue quechua, les expressions de climat, temps météorologique, environnement et nature n'existent pas. Pour cette raison, mes questions renvoyaient généralement à un évènement atmosphérique précis. Dans le cadre d'une conversation, je posais donc des questions du type : comment était la pluie dans le passé ? Quelle est la différence aujourd'hui ? Dans ce qui suit, j'expose les phénomènes perçus par les Q'eros en ordre d'importance. J'ajouterai à chaque fois un témoignage afin d'illustrer plus précisément leurs perceptions.

Avant d'entrer dans le détail de leurs réponses, il est intéressant de rappeler ce qu'écrivait en 1922 le propriétaire de l'*hacienda* Yabar Palacio sur le climat de Q'ero dans son célèbre article *El Ayllu de Qqueros – Paucartambo* qui avait tant intrigué l'anthropologue Nuñez del Prado. Dans cet article, l'auteur parle d'un froid très intense, du vent fréquent qui traîne une « mer de brouillard » très dense, et du gel qui se pose partout. La grêle, la neige, la pluie, le brouillard, le vent pendant la journée, écrit Yabar Palacio, sont suffisants pour « mortifier l'exotique visiteur ». L'autochtone, conclut l'auteur, ne prend pas trop en compte ces phénomènes car ils lui sont familiers. Face à cela, il souffre sans jamais se lamenter parce qu'il préfère la tyrannie de la nature à celle de l'homme blanc. Ces mots sont d'une grande importance ethnographique parce qu'ils illustrent combien le climat à Q'ero dans les années 1920 était déjà hostile. À propos des conditions climatiques à Q'ero, Oscar Nuñez del Prado (2005 : 79-80) écrivait après l'expédition de 1955 : « Selon les informations que les natifs nous ont fournies, nous savons que la pluie ne cesse de tomber à toute saison. La saison sèche est appelée ainsi uniquement en raison du fait qu'il pleuve moins (en quantité et en fréquence) que lors de la saison des pluies». Ces lignes, écrites il y a plus de 50 ans, nous montrent clairement que les précipitations étaient présentes sur toute la durée de l'année avec un changement d'intensité et de fréquence entre la saison sèche et la saison des pluies. Qu'en est-il aujourd'hui?

4.2.1 Les événements et les processus climatiques perçus

La pluie

La pluie est le phénomène atmosphérique qui a le plus fort impact à Q'ero. De l'avis unanime des paysans de Q'ero, il pleut beaucoup pendant la saison des pluies tandis qu'il ne pleut presque pas en saison sèche. Tout le monde sans exception affirme que le changement majeur perçu à Q'ero est le changement des précipitations par rapport aux années passées. Comme nous l'avons vu dans le témoignage de Nuñez del Prado, il y a une cinquantaine d'années, les précipitations étaient assez constantes pendant toute l'année malgré une légère différence entre les deux saisons.

Marcelo, un paysan de Hatun Q'ero, témoigne:

> Avant, ça n'était pas comme ça. À l'époque de nos grands-parents, la situation était bien meilleure. À cette saison [des pluies] il y a 20 ou 30 ans, il pleuvait beaucoup uniquement entre les mois de janvier et de mars. Aujourd'hui, à cette même période, il pleut nettement plus et avec une forte intensité, et ce jusqu'au mois de mai. En revanche, pendant la saison sèche, il ne pleut presque pas. Le soleil brille très fort et les pâturages sèchent passablement vite. Par conséquent, en août et en septembre nous n'avons presque plus de pâturages pour les animaux.

Le givre nocturne

Le deuxième phénomène évoqué en ordre d'importance par les Q'eros est le givre, lequel est normalement attendu au cours des nuits en saison sèche. À cette saison, il y a généralement peu de nuages pendant la nuit. Selon les lois de la thermodynamique, le merveilleux ciel étoilé que l'on peut observer à cette saison absorbe toute la chaleur emmagasinée pendant la journée ensoleillée, et le matin suivant, les Q'eros se réveillent avec le givre. L'impression générale des Q'eros est que le gel est de plus en plus tenace si bien que les sols sont toujours plus givrés.

En temps normal, le givre est attendu entre juin et septembre, mais aujourd'hui une nouvelle tendance semble s'imposer. Les Q'eros font le constat qu'il se forme également le reste de l'année. Angelino m'a raconté :

> Dans le passé, le givre était plus doux, aujourd'hui il est bien plus agressif. Il fait tellement froid pendant les nuits que l'on peut même laisser le *chuñu* et la *muraya* dehors plus en bas. Le givre se répand de plus en plus en bas. Auparavant, on observait ce phénomène uniquement par ici, dans les zones les plus élevées de la *puna*. De même, dans le passé, le gel n'apparaissait qu'à une seule saison. Aujourd'hui, il est présent pendant toute l'année. Chaque mois de l'année, on peut avoir au moins deux à trois jours de gel.

La neige

La neige est normalement attendue pendant la saison des pluies. Très souvent à cette période, les maisons des Q'eros sont entourées au petit matin d'une couche de neige. Leurs témoignages n'indiquent pas un changement substantiel des chutes de neige lors de la saison des pluies. En revanche, il semble qu'il y ait toujours plus de neige qui tombe, même de façon sporadique, pendant la saison sèche. En juillet 2011, une forte chute de neige inattendue a provoqué beaucoup de dégâts. Alipio, un paysan de Marcachea a partagé avec moi sa tristesse suite à l'évènement : « En juillet, il est tombé pratiquement 80 centimètres de neige. Cela a été terrible pour les alpagas, les lamas et les moutons. Nous avons perdu beaucoup d'animaux. »

La fonte des glaciers

L'unanimité des habitants de Q'ero perçoivent la fonte des glaciers. Samuel de Totorani me confiait que « la neige se retire peu à peu. On a toujours eu d'énormes glaciers, très profonds. Je crois qu'ils vont disparaître bientôt. Maintenant, ils sont très petits, n'est-ce-pas ? »

Le brouillard, la grêle et les tremblements de terre

Si presque tous les habitants de Q'ero que j'ai rencontrés ont abordé les phénomènes mentionnés ci-dessus, en revanche, ils étaient plus rares à évoquer d'autres phénomènes comme la grêle, le brouillard et les tremblements de terre. La grêle s'abat toujours plus et de manière plus violente; le brouillard a augmenté en densité; enfin, bien que les séismes n'entrent pas dans une catégorie de phénomènes liés directement au changement climatique, plusieurs Q'eros soutiennent que les tremblements de terre se manifestent à une fréquence plus élevée dans la région. Mariano de Japu affirme que :

> Cette année (2011), en janvier, février et mars il a plu tellement fort que la terre en a tremblé. En outre, le brouillard était tellement opaque que nous ne pouvions rien voir. Je ne parvenais plus à retrouver mes animaux. Or, si on ne les retrouve pas, ils sont attaqués et mangés par les pumas et les renards.

Les températures

Je terminerai cette liste des perceptions avec l'examen des températures et, plus précisément, la perception du froid et du chaud. De manière générale, les Q'eros constatent que les températures moyennes sont en train d'augmenter. Ce qui les frappe particulièrement est l'augmentation des variations des températures journalières. En d'autres termes, les températures maximales pendant la journée sont de plus en plus chaudes, tandis que les températures minimales pendant la nuit sont de plus en plus froides. Sebastiana de Quico affirmait à ce propos que « dans le passé, le froid et la chaleur étaient tous deux plus doux. Aujourd'hui, avec la puissance du soleil, il fait toujours plus chaud. En revanche, pendant la nuit, les températures chutent et il fait vraiment froid. Tout gèle à l'extérieur des maisons. » Ces grandes variations de températures sont surtout perçues au cours de la saison sèche. Les températures varient également pendant la saison des pluies mais leur écart est moins ressenti. En revanche, à cette même saison, les Q'eros perçoivent le froid plus intensément en raison de l'humidité causée par les fortes pluies.

4.2.2 Les principales manifestations

Jusqu'à présent, j'ai mis l'accent sur les phénomènes que les Q'eros eux-mêmes évoquent le plus fréquemment. Bien que ce soit la fonte des glaciers qui ait orienté initialement mes recherches dans les Andes péruviennes, le phénomène climatique que les Q'eros évoquent habituellement est sans aucun doute le changement des précipitations atmosphériques. Or, il est intéressant de comparer la perception des changements des pluies avec la perception de la fonte des glaciers. Les deux phénomènes semblent évidents aux yeux des Q'eros. Toutefois, lorsque je posais des questions spécifiques sur chaque sujet, je recevais des réponses précises à mes questions, mais lorsque je les laissais parler sans orienter leurs propos, je constatais que la fonte de glacier n'était pas une préoccupation aussi forte que les précipitations atmosphériques.

La fonte des glaciers est un processus lent mais constant dans le temps. Pour reprendre les catégories proposées par Strauss et Orlove (2003), elle s'inscrit dans les unités temporelles des années et des générations. Elle est donc observable par tous. Or, contrairement à d'autres phénomènes, la fonte des glaciers est perçue visuellement; elle n'est pas appréhendée comme un changement affectant directement la vie quotidienne. Comme l'a bien évoqué l'ingénieur Bustinza, elle aura un impact beaucoup plus important sur les communautés andines le jour où les glaciers disparaîtront. À l'heure actuelle, l'eau coule grâce à la fonte des glaciers mais elle se déverse surtout dans les rivières qui descendent vers la forêt, et les Q'eros ne disposent pas d'un système d'irrigation leur permettant d'en profiter pendant la saison sèche. En revanche, le givre et surtout la pluie ont un impact plus conséquent sur leur vie. Selon les catégories de Strauss et Orlove (2003), ces deux phénomènes se situent entre les unités temporelles des jours et des années. Pour cette raison, les Q'eros évoquent beaucoup plus souvent la pluie et le givre qui ont un impact direct sur leurs cultures et l'élevage de leurs bétails.

Les impacts sur les cultures

Les tubercules et le maïs cultivés par les Q'eros souffrent de ces changements. Les Q'eros soutiennent à l'unanimité que la production et la productivité des différents types de pommes de terre et du maïs ont drastiquement diminué. La qualité des pommes de terre a également baissé en raison des précipitations. Le changement du régime des pluies est responsable, selon eux, de la propagation de la *rancha*, un parasite de plus en plus répandu à Q'ero, qui dévaste une bonne partie de la production de pommes de terre.

Photo 11 : *Chuñu* en attente du givre nocturne, Marcachea, Août 2011.

Comme je l'ai souligné, les Q'eros profitent du gel qui apparaît pendant les nuits de juillet et août pour préparer le *chuñu* (Photo 11) et la *muraya*. Le gel est important à cette saison pour déshydrater ces types de pommes de terre mais, en d'autres saisons, les nuits gelées peuvent être fatales à leur culture enterrée. À ce propos, Luis de Hatun Q'ero me racontait son expérience :

Il est devenu de plus en plus difficile de cultiver ici à Q'ero. La culture de la pomme de terre est affectée par la *rancha*. Il pleut trop, il y a beaucoup de grêle et le givre n'aide pas. Pendant la récolte des pommes de terre, nombre d'entre elles sont déjà gâtées. Dans le passé, la production de la *papa nativa* était bien meilleure. Maintenant, la production de pommes de terre est à peine suffisante pour survivre. Autrefois, les pommes de terre étaient nombreuses, plus grandes et surtout plus farineuses. Aujourd'hui, il est devenu plus difficile de cultiver le *chuñu* et la *muraya* car le givre a changé et les pommes de terre s'abiment plus facilement. Même au goût, nos pommes de terre et notre maïs étaient meilleurs autrefois. Moi, je continue de cultiver le maïs dans la *ceja de selva*. Mais la production est vraiment faible. À cause de cela, certains Q'eros ont abandonné la culture du maïs. Cela ne vaut plus la peine de descendre jusqu'en bas si on obtient de si faibles résultats.

Les impacts sur les bétails

Les variations des précipitations atmosphériques sont un grand problème pour le bétail. Pendant la saison des pluies, les fortes et constantes précipitations peuvent être fatales aux alpagas et aux lamas. Les plus à risque sont les petits qui naissent généralement pendant la saison des pluies (Photo 12). En outre, les pâturages se dessèchent rapidement pendant la saison sèche et les animaux ne trouvent alors plus de quoi se nourrir. Vers les mois d'août et de septembre, les alpagas et les lamas se retrouvent donc très amaigris et certains meurent par manque de nourriture. Un jour d'août très ensoleillé, Marcelino de Hatun Q'ero me fit part de ses inquiétudes:

Il n'y a pas d'eau, le soleil brille très fort, le pâturage est trop sec et les animaux en meurent. Regarde comme ils sont tous maigres. Quand j'étais petit, il y avait nettement plus d'alpagas et de lamas et ils étaient bien plus gros. Dorénavant, ils trouvent moins de pâturages pour se nourrir correctement et suffisamment, et meurent donc plus facilement.

Lors d'une journée pluvieuse de février cette fois, Marcelino me dit encore: «cette pluie est en train de tuer les animaux. Surtout les petits alpagas. Nous savons que ce n'est plus comme autrefois. Il pleut trop, nous sommes vraiment préoccupés.»

Les données du PACC concernant les précipitations atmosphériques, la variation des températures et la fonte des glaciers corroborent la perception du changement climatique des Q'eros. Or, si celle-ci va dans le même sens que les mesures scientifiques faites par les spécialistes du climat, la question est beaucoup plus complexe lorsqu'il s'agit de confronter le discours scientifique sur le changement climatique aux points de vue des Q'eros.

Photo 12: Jeune lama enveloppé d'un sac en plastique, Hatun Q'ero, février 2012.

4.3 Les interprétations du changement climatique des Q'eros

Tous les Q'eros perçoivent un changement dans la fréquence et l'intensité des pluies et de la neige, ainsi que dans les variations de températures. Nous allons voir maintenant pourquoi, selon eux, ce changement survient. Avant tout, il est important de souligner qu'à l'exception de Nicolas, les réponses que j'ai obtenues des Q'eros et des migrants de Q'ero ne comportaient pas de différences substantielles. Ensuite, j'ai décidé de diviser les réponses que j'ai reçues en trois groupes.

Le premier groupe se compose d'un nombre très limité de Q'eros qui pensent que ce changement est dû à la fin imminente du monde. La conception du temps dans les Andes n'est pas linéaire comme en Occident. Le discours des Églises évangéliques a ainsi récupéré à profit le concept de *pachakuti* sur la fin du monde. Nombre de prédicateurs locaux ont évoqué cette perspective à Q'ero, en particulier dans les années 1990. Il n'est donc pas surprenant de recueillir une telle réponse. Gilles Rivière (2007: 2) décrit une situation semblable dans les sociétés aymaras de l'Altiplano bolivien où l'arrivée de nombreux groupes pentecôtistes au cours des dernières décennies a bouleversé le scénario religieux local en contribuant à sa diversification et à son atomisation. Or, l'identité de ces groupes se renforce autour d'une certitude partagée, celle d'une imminente fin du temps (Rivière 2007: 8-9). Dans les communautés aymaras, tout comme dans les communautés quechuas, ce jugement marque la fin d'un cycle et le début d'un nouveau. Le concept de *pachakuti* possède en effet beaucoup de similitudes avec le modèle de l'eschatologie pentecôtiste, laquelle accorde une grande importance au millénarisme et à l'attente messianique. Les prêtres pentecôtistes, souligne Rivière, commentent constamment les versets de la Bible mentionnant les signes annonçant la fin du monde; des signes que chaque paysan peut observer quotidiennement, tels que les tremblements de terre, les mauvaises récoltes, etc.

Le deuxième groupe se compose des Q'eros qui ont utilisé des termes scientifiques pour répondre à mes questions sur le changement du climat. Seules deux personnes, un migrant et un résident de Q'ero, ont fait référence à la couche d'ozone. Dans les deux cas, ils m'ont avoué avoir entendu ces termes à Cuzco. En revanche, l'expression de changement climatique est apparue plus fréquemment au cours de mes entretiens. Je me suis aperçu qu'elle circulait beaucoup, que ce soit dans les groupes de travail organisés par les ONG et le gouvernement ou parmi les touristes en contact avec les Q'eros. Par exemple, l'enseignante de Munay T'ika, originaire de Cuzco, employa cette expression. Moi-même, j'ai plusieurs fois commis l'erreur d'en faire l'usage de manière inopinée lors de certains entretiens. Le mot pollution a parfois été utilisé, notamment par l'enseignante. En revanche, les expressions 'perte de biodiversité' et 'réchauffement climatique' n'ont été mentionnées par aucun de mes interlocuteurs. Bien que la reproduction de ces termes scientifiques illustre une certaine ouverture des Q'eros sur le monde occidental et son ontologie naturaliste, je soutiens que leur interprétation actuelle du changement des pluies, des températures, etc., ne reproduit pas l'interprétation occidentale du phénomène. Trois Q'eros m'ont dit que la cause de la fonte des glaciers était due à la pollution créée par la quantité de sacs en plastique déversés dans le village. Sans émettre de jugement de valeur sur ces interprétations, ces trois cas semblent trouver leur origine dans un discours exogène à la Nación Q'ero. Ces interprétations sont néanmoins relativement marginales comparées aux autres.

Le troisième et dernier groupe est de loin le plus nombreux mais également le plus hétérogène et complexe à étudier. Les personnes qui le composent ont cependant en commun de partager une même préoccupation concernant, de manière schématique, la dégradation des relations entre les nouvelles générations de Q'ero et leurs divinités. Je reviendrai plus longuement sur l'examen des deux premiers groupes dans le chapitre final. Pour l'heure, j'aimerais m'attarder sur l'analyse des discours du troisième groupe à partir de certains récits et d'informations que les Q'eros ont partagés avec moi. Je commence avec un récit de Toribio, un Q'ero de Marcachea âgé de plus de 90 ans, qui m'a parlé du rôle d'un personnage clé par le passé: l'*arariwa*.

> Autrefois, quand nous avions besoin d'une nuit de gel pour préparer la *muraya* ou quand nous avions besoin qu'il pleuve davantage, il y avait une personne qui se chargeait d'influencer et d'appeler le gel ou la pluie. Cette personne était appelée *arariwa*. L'*arariwa* était un *paqu* nommé par les personnes les plus âgées et il avait le devoir de consulter les *Apu* et la *Pachamama* quant au temps [météorologique]. L'*arariwa* avait pour tâche d'observer les étoiles, la pluie, la neige et le gel parmi d'autres phénomènes, et de se tenir prêt à tout changement inattendu de ces phénomènes. Aussi, c'était à l'*arariwa* qu'incombait le devoir de faire tomber la pluie quand elle devait tomber ou de faire venir le gel quand il était nécessaire. L'*arariwa* était normalement aidé par d'autres *altumisayuq* et *pampamisayuq*. Mais aujourd'hui, nous n'avons plus d'*arariwa*. Personne ne s'intéresse plus à ça. Je crois que c'est aussi à cause de la fin du système de l'*hacendado*. En effet, dans le passé nous devions fournir au patron de l'*hacienda* une grande quantité de pommes de terre, de *muraya*, mais des *muraya* vraiment bien faites. Si nous n'arrivions pas à la quantité et à la qualité exigées par le patron de l'*hacienda*, nous étions punis. L'*arariwa* jouait donc un rôle clé pour éviter la punition.

Le récit de Toribio, qui a vécu une grande partie de sa vie sous le système de l'*hacienda*, décrit une figure centrale dans la relation entre les Q'eros et les autres phénomènes atmosphériques. L'*arariwa* était une sorte de médiateur entre les divinités, les phénomènes atmosphériques et les Q'eros. Un point important, il était nommé par les plus sages de la communauté et était assisté par d'autres *paqu*. Il représentait ainsi la volonté collective des Q'eros face aux divinités et aux phénomènes atmosphériques. Autrement dit, il faisait tomber la pluie lorsque la communauté en avait besoin pour cultiver la terre et non parce qu'il l'aurait décidé de lui-même. L'*arariwa* était aussi considéré comme une sorte de météorologue[88]. En outre, Toribio suggère que la disparition de l'*arariwa* était une possible conséquence de la fin du système de l'*hacienda*. Son récit nous amène à considérer le sujet que les Q'eros abordent le plus fréquemment, c'est-à-dire la différence entre les cérémonies exécutées dans le passé par les *machula* – les ancêtres – et celles accomplies par les Q'eros d'aujourd'hui. Ces trois extraits d'entretien illustrent bien le discours dominant :

> Nos ancêtres procédaient à beaucoup de cérémonies pour les *Apu* et la *Pachamama*. Aujourd'hui, nous en faisons beaucoup moins. Les générations passées savaient comment préparer les cérémonies et comment remercier nos *Apu*. En échange, les *Apu* nous permettaient de cultiver et d'élever nos animaux sans difficulté aucune. Certains d'entre nous ont essayé de faire perdurer cette coutume, mais malheureusement nous n'y sommes pas parvenus. Nos ancêtres étaient capables

---

[88] J'ai constaté que les Q'eros pratiquaient une forme empirique d'observation météorologique qui a été décrite par Orlove et ses collaborateurs (2000 : 68 ; 2002 : 431) dans de nombreuses communautés andines. Il s'agit de l'observation de la luminosité des Pléiades à la période du solstice d'hiver qui permet d'établir la variation des précipitations et de fixer la date de semence des pommes de terre. Les auteurs notent que les Pléiades sont moins visibles à cette période pendant les années où *El Niño* se manifeste. Ils suggèrent donc que cette méthode séculaire de prévision météorologique aurait constitué le premier indicateur de la variabilité du phénomène *El Niño*. En effet, leurs recherches montrent une corrélation importante entre la variabilité climatique et la récolte de pommes de terre, laquelle est moindre les années où se manifeste *El Niño*. Par conséquent, lorsque les étoiles brillent clairement dans le ciel, les paysans plantent les pommes de terre à l'époque prévue. En revanche, quand les Pléiades sont sombres, les paysans s'attendent à une sécheresse causée par *El Niño* qui fera souffrir les pommes de terre. Dans ce cas, ils sèment les tubercules plus tard pour limiter les dégâts.

d'appeler ceux qu'ils voulaient, mais aujourd'hui nous n'en sommes plus capables. Par le passé, appeler la pluie ou le gel revenait à appeler n'importe quelle personne. Or aujourd'hui nous n'exécutons plus les cérémonies de la manière correcte. Les plus jeunes sont davantage préoccupés par l'idée de migrer à Cuzco et de travailler dans la construction et d'épargner assez d'argent pour s'acheter un téléphone portable. Beaucoup font des cérémonies juste pour en faire, mais ils ne savent même pas ce qu'ils sont véritablement en train de faire. Nos parents et nos grands-parents par contre, mettaient beaucoup plus de force et d'énergie pendant leurs cérémonies et les *Apu* et la *Pachamama* leur en étaient reconnaissants. Par ailleurs, dans le passé on ne mangeait pas de pâtes, de sucre et d'autres aliments que nous avons pris l'habitude de consommer aujourd'hui. C'est pour cela que nous sommes en train de perdre beaucoup d'énergie. Les aliments trop sucrés gâtent tous les flux énergétiques. Plusieurs Q'eros ont acheté des radios de même que des vêtements de la marque North Face, soit des vêtements synthétiques qui ont pour conséquence de leur ôter leur d'énergie (Basilio, communauté de Q'ero Totorani).

C'est à cause des péchés que nous avons commis que tout a changé. Nous faisons beaucoup de mauvaises choses. Nos grands-parents étaient plus sages, étaient sûr d'eux-mêmes mais surtout ils ne formaient qu'une seule personne. À cette époque, tous les *paqu* se réunissaient et organisaient de grandes cérémonies pour toute la communauté dans le but d'avoir à manger et de permettre à tous de bien vivre. Il y avait différentes cérémonies collectives comme le *llaqta hampiy* (guérir le village), *papa hampiy* (guérir la pomme de terre), *sara hampiy* (guérir le maïs). Aujourd'hui, c'est chacun pour soi. Tout le monde pense seulement à gagner de l'argent. Nos yeux sont obnubilés par l'argent. L'argent nous a changés. C'est de notre faute si nous avons perdu nos croyances et si chacun ne pense désormais qu'à soi. Tous les Q'eros que tu vois à Cuzco – tu as déjà rencontré beaucoup de Q'eros à Cuzco, n'est-ce pas ? – Bref, tous ces Q'eros qui se vendent comme de vrais *pampamisayuq* sont des menteurs. Ils n'ont aucun pouvoir. Il y a sûrement encore des Q'eros possédant des pouvoirs effectifs, mais pour la plupart, c'est devenu une question d'argent avant tout (Humberto, communauté de Marcachea).

Dans le passé nos ancêtres étaient de vrais savants. Les *altumisayuq* pouvaient appeler les *Apu*. Aujourd'hui, les bons *altumisayuq* sont morts. Ils n'étaient pas nombreux mais ils possédaient des pouvoirs incroyables. Autrefois, pour devenir *paqu*, il fallait suivre des règles très dures et strictes. Des années et des années de pratique avec les *altumisayuq* les plus puissants s'avéraient nécessaires. Chaque aspirant chamane devait payer son maître avec beaucoup d'animaux afin de pouvoir entreprendre les *Hatun Karpay*, les grandes initiations. Aujourd'hui, ce n'est plus ainsi. Aujourd'hui, après deux ou trois ans de pratique seulement, un jeune se fait déjà appeler *pampamisayuq*. Ces chamanes présumés sont devenus des commerçants. Ils ne savent rien et passent leur temps à tromper les habitants de Cuzco et les touristes pour gagner de l'argent facilement. Il y a heureusement encore des chamanes sérieux qui travaillent avec le cœur, mais la plupart le font seulement pour l'argent.

> Tout a changé et le tout est devenu une grande mascarade (Eliseo, communauté de Hatun Q'ero).

Ces trois extraits révèlent l'une des inquiétudes les plus répandues parmi les Q'eros, à savoir le quasi-abandon des cérémonies collectives emblématiques de leurs ancêtres. Comme je l'ai mentionné, il y avait autrefois différentes cérémonies : pour la pluie, pour les animaux, pour le maïs, pour la pomme de terre, etc. D'après les anciens, la nouvelle génération ne penserait qu'à l'argent et la plupart des Q'eros ne seraient plus capables d'effectuer des cérémonies efficaces comme par le passé. D'une part, certains Q'eros ne semblent pas intéressés par les cérémonies et se rendent à Cuzco à la recherche d'un travail, en particulier dans le domaine de la construction, et d'autre part, certains Q'eros font du chamanisme leur profession. Il est intéressant de relever que les personnes interviewées emploient fréquemment la notion de personne collective : nos ancêtres étaient une seule personne, tandis qu'aujourd'hui chacun fait les choses individuellement, ou éventuellement pour sa famille. À ce propos, j'ai recueilli à Hatun Q'ero un autre récit qui souligne l'unité antérieure des *comuneros* avec la pluie :

> Nous sommes les fils de la pluie. Nous avons été élevés par la pluie. On a toujours vécu en étroite relation avec elle. La pluie fait partie de notre famille. Mais aujourd'hui la pluie est en train de nous rendre la vie difficile. Lorsque nous faisons un *despacho* pour demander à la pluie de s'arrêter ou au contraire de tomber plus intensément, parfois elle ne nous écoute pas ; ainsi, il arrive qu'il ne pleuve pas beaucoup pendant deux semaines ou alors il se met à pleuvoir très peu.

La conception des ancêtres comme formant une seule personne se retrouve également dans le récit suivant entendu à Q'ero Totorani. J'ai choisi de présenter cet extrait notamment parce qu'il introduit un autre facteur important, la présence des Églises évangéliques et notamment les Maranata :

> Nous avons changé. Auparavant, nous étions une seule et même personne, aujourd'hui nous sommes deux, trois, jusqu'à douze personnes différentes. Aujourd'hui, nous sommes voleurs, menteurs, évangéliques, etc. Aussi, pour cette raison les *Apu* et la *Pachamama* sont en train de nous punir par des changements de pluie, du gel, de la neige et j'en passe. Nous sommes en train de perdre nos pouvoirs. Q'ero va se perdre. Quelqu'un se souviendra de nous mais plutôt en termes culturels et de façon superficielle. Mais les *Apu* ne nous écoutent plus. Ils sont fâchés avec nous car nous avons beaucoup de Maranata, beaucoup de monde qui ne pense qu'à se

faire de l'argent. Nous sommes peu nombreux à continuer ces cérémonies. Mais ils n'écoutent plus. La plupart ont arrêté d'accomplir des cérémonies et donc la pluie tue nos animaux. Avant, ce n'était pas comme ça.

Aussi bien les migrants que les habitants des cinq communautés ont mentionné à plusieurs reprises l'incidence de l'Église Maranata. Cette question est d'autant plus sensible à Yanaruma, le secteur de Japu qui résiste à l'avancée de la religion évangélique :

> Les prières se sont divisées en deux courants lorsque les Maranata sont arrivés. Aujourd'hui, ceux qui suivent les sacrements de cette Église n'ont aucun pouvoir. Même plus de mille prières de ce genre n'auraient pas le même effet qu'une offrande faite aux *Apu*. Je crois que nous sommes en train de perdre nos coutumes et nos traditions. Aujourd'hui, beaucoup de jeunes changent de religion. Ils deviennent des fidèles de l'Église Maranata ou d'autres Églises puis, après quelques années, ils recommencent à faire des *pago* aux esprits des montagnes et cela est une mauvaise chose. À l'époque de nos parents et de nos grands-parents, la pluie et la neige étaient très différentes. Nos parents étaient très unis et tout le monde s'entraidait dans le travail de tous les jours. Ils savaient quand il fallait semer les pommes de terre, s'il fallait semer une petite ou une grande parcelle. Ils savaient beaucoup de choses. Cependant, la chose la plus importante est qu'ils avaient alors un immense respect pour les montagnes et la *Pachamama*. Pourquoi tout cela a changé ? Parce que différentes religions sont arrivées et se sont implantées, notamment la religion Maranata. Pour cette raison, la plupart d'entre nous sommes en train de perdre nos traditions. C'est la faute de ces religions et cela n'est pas bien. Désormais tout a changé, nous avons cessé de vivre à l'image de nos ancêtres aussi, nous n'avons plus de sécurité en rien.

Comme ce dernier récit le montre, certains Q'eros rejettent également la responsabilité du changement des phénomènes climatiques sur les Q'eros convertis, même lorsque ces derniers entreprennent des cérémonies en l'honneur de la *Pachamama* et des *Apu*. Ces interlocuteurs remarquent que certains Maranata effectuent toujours des cérémonies en secret tandis que d'autres sont de véritables commerçants qui organisent des cérémonies chamaniques pour les habitants et les touristes de Cuzco.

4.4 Être un *paqu* à Q'ero

J'ai visité les *paqu* les plus puissants de la communauté en compagnie de Nicolas. Il n'y a pas d'unanimité sur la présence d'*altumisayuq* à Q'ero. Lors de mon premier séjour, Guillermo m'avait raconté que Q'ero n'en comptait plus parmi sa population et que les seuls spécialistes rituels étaient donc des *pampamisayuq*. Cependant, la plupart des Q'eros que j'ai rencontrés par la suite m'ont indiqué la présence de deux *altumisayuq* dont j'ai pu faire la connaissance. Les prochains paragraphes résument mes entretiens les plus pertinents avec ces spécialistes rituels. À ces rencontres s'ajoute celle d'un célèbre *pampamisayuq* à Cuzco. Un dénominateur commun lie ces trois personnages : ils habitent tous à Cuzco, et non à Q'ero, et il est difficile de les rencontrer car ils sont fréquemment en déplacement. En effet, ils sont à l'étranger une bonne partie de l'année, sollicités par des voyageurs étrangers ou des agences touristiques afin d'accomplir des cérémonies et de lire les feuilles de coca.

Angelino

J'ai rencontré Angelino dans sa maison à Santa Rosa. Je venais juste de rentrer d'un séjour à Q'ero et je ne pouvais alors que noter le contraste entre sa maison de Q'ero, dans laquelle j'avais interviewé l'un de ces cinq fils, et celle de Cuzco d'où on pouvait observer un va-et-vient continu d'avions. Ceux-ci faisaient désormais partie de la vie d'Angelino compte tenu des nombreux voyages qu'il effectuait avec son épouse en direction des États-Unis et de l'Europe. À l'occasion de cette visite, j'ai eu entre les mains l'itinéraire de l'une de ces dernières tournées : États-Unis, Allemagne, Italie, parmi d'autres pays. Il a été le sujet d'un certain nombre de documentaires et son nom apparaît dans plusieurs ouvrages sur les Q'eros. Angelino vit à Cuzco depuis 2003. Je ne lui ai pas demandé son âge mais j'estime qu'il avait entre 60 et 70 ans lorsque nous nous sommes rencontrés.

J'ai lui ai demandé pour quelle raison il n'était pas un *altumisayuq*. Il m'a répondu de la manière suivante :

> Si j'étais *altumisayuq*, je pourrais parler avec les pierres, les montagnes, mais moi je ne fais pas cela. Beaucoup de Q'eros soutiennent qu'ils sont en mesure de parler avec elles, mais ce sont des menteurs. Peut-être que quelqu'un peut encore parler avec elles, mais à mon avis seuls nos parents avaient ce pouvoir. Par ailleurs, si j'étais un *altumisayuq*, je ne serais pas ici. Je serais mort. La majorité des *altumisayuq* sont morts aujourd'hui. Pour cette raison, je ne veux pas être un *altumisayuq*. Ce n'est pas un jeu. Je suis un *hatun pampamisayuq*, je peux faire danser les choses mais je ne fais parler ni les montagnes, ni la *Pachamama*. Je te dis la vérité. Autrefois, quand il pleuvait beaucoup, il y avait un *despacho* pour faire arrêter la pluie. Quand quelqu'un était malade, il y avait un *despacho* pour le soigner. On était très unis et on possédait des *despachos* pour tout soigner. Tout est désormais en train de changer. Les Incas sont tous morts, mais leurs esprits subsistent et, tôt ou tard, ils reviendront. Les glaciers de nos montagnes sont en train de disparaître et peut-être les Incas reviendront un jour.

Le discours d'Angelino reprend dans les grandes lignes ce que j'ai évoqué précédemment, à savoir la perte de capacité ou de pouvoirs des nouvelles générations par rapport aux ancêtres. Ses propos témoignent également d'une certaine colère contre ceux qui prétendent être *altumisayuq* mais qui ne le sont pas. Angelino clame son honnêteté avec orgueil en se présentant seulement comme l'un des plus puissants *pampamisayuq*. En outre, il évoque la mort qui guette les *altumisayuq*. Selon lui, ces spécialistes rituels doivent manier beaucoup d'énergie, ce qui peut les épuiser et les tuer à terme. Pour cette raison, la plupart des *altumisayuq* meurent jeunes. Enfin, son discours puise dans la vision cyclique et millénariste du retour de l'Inca, répandue dans les Andes. D'après lui, la fonte de glaciers est le signe de la fin d'un cycle.

Rolando

Au cours de la semaine qui a suivi ma rencontre avec Angelino, j'ai rencontré le premier *altumisayuq* de Q'ero. Je l'ai croisé à Q'eropata, un petit village à côté d'Ocongate habité seulement par des Q'eros migrants. Rolando, âgé probablement entre 60 et 70 ans, a un appartement à Cuzco et voyage beaucoup. Sa femme, qui est malade, habite à Q'eropata si bien que Rolando passe beaucoup de temps avec elle. Nous étions le 30 juillet 2011 et j'avais décidé de monter au pied du glacier de l'Ausangate avec Nicolas pour y faire une cérémonie aux *Apu* et à la

Pachamama le lendemain. Sur le chemin qui mène d'Ocongate à Q'eropata, Nicolas m'a averti que Rolando ne voudrait probablement pas répondre aux questions que je souhaitais lui poser. Il me proposa donc un stratagème: «Tu ne vas pas simplement interviewer l'*altumisayuq*. Profite de ses pouvoirs pour interviewer directement les feuilles de coca». Au premier abord l'idée m'a semblé saugrenue, mais en y réfléchissant, il m'a semblé particulièrement instructif d'interviewer, non pas un être humain, mais un être végétal à travers un *altumisayuq*.

Une fois reçu dans la maison où logeait Rolando à Q'eropata, et après avoir bu un *mate de coca*, je posais la première question aux feuilles de coca: «En voyageant à Q'ero, les *comuneros* m'ont confié que la vie est plus difficile aujourd'hui. J'aimerais savoir si les feuilles de coca en connaissent la raison.» Après avoir choisi soigneusement dix feuilles de coca et écouté ma question, Rolando jeta celles-ci en séquence sur un tissu en laine d'alpaga:

> Les feuilles disent que les *Apu* sont fâchés contre nous. Les gens de Q'ero tergiversent, ils changent trop souvent d'avis. Ils changent même de religion en laissant derrière la leur. Dans ma terre, ils trichent pour l'argent et ce n'est pas bien. Bien sûr, il y a encore des Q'eros qui font de bons *despachos* pour les *Apu* et la *Pachamama*, mais pour la plupart, ils ne savent même pas ce qu'ils font lorsqu'ils accomplissent une cérémonie. Pour toutes ces raisons, nous ne vivons plus en sécurité et tout est ainsi plus difficile. Certains vieux ont même décidé de changer de religion et ils suivent aveuglément les promesses des Églises. C'est surtout cela qui est à l'origine de la rupture entre les *Apu* et les hommes.

> GC: Pourrais-tu demander aux feuilles de coca si ce changement est bien un signe que la *Pachamama* et l'*Apu* donnent aux hommes?

Rolando jeta les dix feuilles de coca et l'une d'elle se dirigea alors vers moi. L'*altumisayuq* éclata soudainement de rire et dit à Nicolas: «D'après les feuilles, ce jeune homme croit désormais plus aux *Apu* que nous.» Après avoir retrouvé son sérieux, il répondit: «Oui, bien sûr, c'est de notre faute si les *Apu* et la *Pachamama* sont en colère.» Après cet échange, il me regarda sans plus se concentrer sur les feuilles de coca et me raconta l'histoire suivante:

> Une fois, j'ai voyagé à Lima pour soigner un monsieur qui travaillait avec des pierres. Cet homme était un artiste, il travaillait les pierres, il changeait leur forme,

il leur faisait des trous. Mais un jour, il s'est blessé très gravement avec l'une de ces pierres alors qu'il était en train de la travailler. Il a été souffrant trois ans durant et les médecins ne savaient plus comment l'aider. Quelqu'un lui a alors parlé de moi et il m'a aussitôt appelé. Il m'a vu et a cru en moi. Je l'ai guéri mais je lui ai fait comprendre une chose qu'il n'avait pas encore comprise. Je lui ai expliqué que toutes les choses sont vivantes. Lui, travaillait la pierre comme un objet sans esprit. Les pierres se sont donc révoltées contre lui et ont provoqué sa blessure. Je lui ai expliqué qu'une fois qu'il aura accepté l'existence des esprits des pierres, il pourra continuer à les travailler. Les *Apu* et la *Pachamama* sont en train de nous envoyer le même message. Beaucoup de gens, pas seulement à Q'ero, ne croient plus à ces esprits. Les *Apu* et la *Pachamama*, à travers ce changement, sont en train de nous montrer leur présence.

Rolando avait cessé de faire l'intermédiaire entre moi et les feuilles de coca, et la conversation s'était transformée en un dialogue entre lui et moi :

GC : Et que pensez-vous qu'il adviendra dans le futur ?

Rolando : Je crois que nous ne récupérerons pas la relation que nous entretenions autrefois avec nos *Apu*. Il est trop tard désormais. Nous les avons déjà bien trop mis en colère. D'autre part, de plus en plus de Q'eros se convertiront dans le futur aux religions professées par les nouvelles Églises, et ce uniquement pour une question d'argent. Aussi, les Q'eros n'existeront bientôt plus tels qu'ils sont aujourd'hui. Même mon fils s'est converti à l'Église Maranata. Qu'est-ce que je peux bien faire si après tout ce que je lui ai enseigné, mon fils fait un pas en avant, puis deux pas en arrière ? Le but des Maranata est de nous discréditer et aujourd'hui, chaque famille compte au moins un *hermano* parmi ses membres. Si nous préparons un *despacho* à la *Pachamama*, ils disent que nous sommes des alcooliques. Ma femme est malade depuis deux ans. Je ne parviens pas à la soigner. Je suis désespéré. C'est la première fois que cela m'arrive. C'est sûrement dû au fait que notre fils s'est converti à cette Église.

Je lui ai donc posé une question quasi irrespectueuse qui portait un jugement de valeur assez explicite :

GC : Mais vous ne pensez pas que les Q'eros auraient justement besoin de la présence d'un *altumisayuq* comme vous là-bas ?

Rolando : Oui, bien sûr, mais je suis vieux et j'ai mal aux genoux et au dos. Je ne pourrai plus vivre à Q'ero dans ces conditions.

GC : Existera-t-il d'autres *altumisayuq* dans le futur ?

Rolando : Non certainement pas, nous sommes les deux derniers. Les jeunes d'aujourd'hui n'y attachent plus la valeur nécessaire. Le dernier qui a voulu devenir *altumisayuq* a été tué par un coup de foudre. Devenir *altumisayuq* requiert beaucoup de patience et nécessite que l'on accomplisse les épreuves requises.

GC : Est-ce que certains ont peur de devenir *altumisayuq* ?

Rolando : Oui, certains ont très peur. Ils ont peur de rester seuls au milieu d'un glacier. Et comme je l'ai dit pour ce jeune, la plupart des derniers aspirants ont tous été tués par un coup de foudre. La foudre s'est abattue sur moi trois fois, mais je suis encore en vie pour le raconter. Ceux qui ne meurent pas à la suite d'un coup de foudre restent en vie longtemps pour raconter cet épisode.

L'explication de Rolando à propos de son incapacité à soigner sa femme est très éloquente : il en incombe la responsabilité à son fils qui est devenu Maranata. Un autre point important, déjà évoqué par Angelino, est le danger mortel qui guette les *altumisayuq*. Rolando fait allusion au nombre important d'apprentis décédés, frappés à mort par la foudre à cause de leur manque de croyance. C'est également pour cette raison que, d'après Rolando, il n'y aura plus d'*altumisayuq* à Q'ero à l'avenir. Enfin, l'épisode du sculpteur offre une excellente analogie qui illustre la perte de conscience de la part des Q'eros des esprits qui habitent le monde. Rolando a beaucoup voyagé à la différence d'autres Q'eros. Il a donc constaté cette perte de conscience bien au delà de sa communauté.

Manuela

J'ai rencontré Manuela dans sa maison de Santa Rosa en juin 2012, un an après Rolando. Je l'avais beaucoup recherchée au cours de mes deux voyages précédents, mais je n'étais alors pas parvenu à la trouver. Je me suis longtemps demandé où se cachait cette petite femme de plus de 80 ans. Avant d'aller à sa rencontre, Nicolas m'a proposé d'effectuer avec elle une véritable cérémonie au cours de laquelle elle appellerait ses esprits auxiliaires. Je n'avais pas eu l'opportunité de réaliser un tel rituel avec Rolando. Enfin, comme dans le cas précédent, Nicolas me conseilla de ne pas lui poser directement mes questions mais plutôt de m'adresser aux esprits. Je m'apprêtais donc à interviewer les *Apu* sollicités par Manuela.

Il n'était que 17 heures lorsque nous sommes arrivés et il fallait attendre la tombée de la nuit pour commencer la cérémonie. Manuela me demanda de rester avec Nicolas et ses petits-fils dans une chambre sombre où les enfants regardaient la télévision. Ils connaissaient par cœur la cassette qui tournait dans le magnétoscope, le *Jésus de Nazareth* sous-titré en quechua. Je me retrouvais donc dans la maison d'une puissante *paqu* à regarder un film chrétien sous-titré en quechua. Pendant l'attente, Nicolas me raconta l'histoire de cet *altumisayuq* :

> Manuela a souffert d'une maladie peu connue lorsqu'elle était petite. Son père a donc demandé à un *altumisayuq* de l'aider. Mais l'*altumisayuq* ne possédait pas les capacités nécessaires pour la soigner. La seule possibilité, selon l'*altumisayuq*, était qu'elle devienne elle-même un *altumisayuq* pour pouvoir se soigner elle-même. Elle était très malade et pouvait à peine marcher quand son père se décida finalement à l'emmener devant le glacier du *Quyllur rit'i* pour lui donner une initiation. L'initiation fonctionna, elle devînt *altumisayuq* et guérit de sa maladie. Ensuite, elle s'est mariée, mais son mari décéda bientôt et il en fut de même pour ses maris suivants. Aussi, elle se mit à pratiquer toute seule.

Manuela nous appela vers 19 heures. Nous nous sommes installés dans une autre maison et nous avons commencé à mâcher des feuilles de coca en buvant des bières. J'ai disposé sur un tissu sacré une bonne quantité de feuilles de coca, ainsi que 150 soles. Manuela plia le tissu en laissant à l'intérieur les feuilles et l'argent. Lorsque la lumière disparut complètement à l'extérieur, Manuela éteignit la bougie et nous demanda de nous couvrir avec une couverture faite de laine d'alpaga. Je ne vis plus rien à partir de cet instant et me concentrai uniquement sur les sons que je pouvais percevoir. Manuela commença la cérémonie en appelant les *Apu*. Elle battait le tissu plusieurs fois par terre lorsque l'*Apu* Carwajal arriva et parla à travers le corps de Manuela. À ce premier *Apu*, je demandai pourquoi la pluie avait changé à Q'ero. Carwajal, me répondit :

> C'est parce que la Terre a été blessée que beaucoup de monde cherche désormais de nouveaux dieux et oublient les *Apu* et la Terre. Ils oublient qu'ils continuent précisément à recevoir de l'eau et de la nourriture grâce à la Terre. Les Q'eros se divisent en mille fragments. Les personnes oublient qu'ils sont les fils de la Terre et qu'ils ont été élevés par elle. Beaucoup de Q'eros oublient de perpétuer la relation d'*ayni* avec la *Pachamama* et les *Apu*. Pour cette raison, il y a un déséquilibre.

Lorsque Carwajal termina de parler, sa *ñusta,* c'est-à-dire un *Apu* féminin, arriva. Elle suggéra des solutions pour rétablir l'équilibre: «Il faut simplement que les Q'eros se rendent compte de ça. Cette prise de conscience est fondamentale. Les Q'eros ont été élevés par la Terre; comme des plantes dans la terre. C'est une chose qu'il ne faut pas oublier.» Une fois les *Apu* partis, nous nous sommes défaits de nos couvertures et sommes restés un moment à discuter avec Manuela avant de rentrer chez nous.

5. Par-delà culture, nature et surnature

> C'est l'incroyant qui croit que le croyant croit.
>
> Jean Pouillon (1979 : 46)

5.1 Culture, nature et surnature

Les récits des Q'eros démontrent bien l'importance des entités surnaturelles, comme les *Apu* et la *Pachamama*, dans leur interprétation du changement climatique. Jusqu'à présent, j'ai indiqué les ressemblances et les dissemblances entre, d'un côté, les humains et, de l'autre, les plantes, les animaux et les phénomènes météorologiques. Or, j'ai établi précédemment que la dichotomie nature-culture était inappropriée à l'étude d'une cosmologie non naturaliste. Je propose donc à présent d'approfondir l'analyse des relations que les êtres humains établissent avec les entités surnaturelles telles que les divinités et les esprits des ancêtres. Mais avant d'entrer dans le cœur de l'étude de la représentation du changement climatique des Q'eros, il convient d'approfondir l'influence de la tradition judéo-chrétienne dans l'élaboration du dualisme nature-culture afin de mieux saisir le concept de surnature.

Le dualisme nature-culture s'est imposé dans la tradition occidentale il y a un peu plus d'un siècle, lorsque l'homme a pris conscience de son droit à gouverner la planète, s'en faisant une mission reposant sur la conception de la Création dont l'origine est transcendante et surnaturelle. Cet acte fondateur a également influencé la division entre les sciences naturelles et les sciences de l'homme. Ainsi, le changement climatique trouve aujourd'hui sa principale explication dans les sciences naturelles. Autrement dit, un climatologue décrivant la fonte des glaciers ne mobilisera pas d'éléments ou d'arguments associés à la sphère du surnaturel. Dans une ontologie naturaliste basée sur le dualisme nature-culture, le surnaturel est exclu de l'analyse scientifique par un simple syllogisme. Ce double constat induit une question: où le surnaturel se termine-t-il dans ce passage de l'interprétation chrétienne de la Création au développement des sciences naturelles? Émile Durkheim (1960 [1912]: 36) soutient:

> Pour qu'on pût dire de certains faits qu'ils sont surnaturels, il fallait avoir déjà le sentiment qu'il existe un *ordre naturel des choses*, c'est-à-dire que les phénomènes de l'univers sont liés entre eux suivant des rapports nécessaires, appelés lois. Une fois ce principe acquis, tout ce qui déroge à ces lois devait nécessairement apparaître comme en dehors de la nature et par suite, de la raison: car ce qui est naturel en ce sens est aussi rationnel, ces relations nécessaires ne faisant qu'exprimer la manière dont les choses s'enchaînent logiquement. Mais cette notion du déterminisme universel est d'origine récente; même les plus grands penseurs de l'antiquité classique n'avaient pas réussi à en prendre pleinement conscience. C'est une conquête des sciences positives; c'est le postulat sur lequel elles reposent et qu'elles ont démontré par leur progrès.

Durkheim suggère ainsi que le surnaturel est une invention du naturalisme. Dans le même ordre d'idées, Jean Pouillon (1979: 43-44) affirme que la distinction entre un monde naturel et un monde surnaturel n'est pas universelle. C'est cette distinction entre les deux mondes qui entraîne une différence substantielle entre deux manières d'appréhender ce qui est perception et savoir, d'un côté, et croyance, de l'autre. Suivant cette perspective, l'existence d'entités surnaturelles ne peut plus être alors qu'un objet de croyance. C'est là où cette distinction se situe que la croyance, comme affirmation d'existence, offre un caractère ambigu entre le certain et le douteux. Le problème, continue Pouillon (1979: 46), n'est pas simplement d'appliquer indûment une catégorie qui n'a probablement de sens que dans notre propre culture, il tient également à un paradoxe autour du verbe croire qui sous-entend que l'anthropologue qui étudie les croyances d'une société donnée serait un «incroyant qui croit que le croyant croit». Pouillon souligne que si un anthropologue affirme qu'une société croit à l'existence d'une entité surnaturelle, c'est parce que lui précisément n'y croit pas. Ainsi, n'y croyant pas, l'anthropologue pense que les membres de cette société ne peuvent qu'y croire à la manière dont lui imagine qu'ils pourraient le faire. Ce n'est pas tellement le croyant qui affirme sa croyance comme telle, mais plutôt l'incroyant qui réduit à une simple croyance ce qui, pour le croyant, est considéré comme un savoir vrai et propre. Cette situation procède de la distinction de deux mondes: celui de Dieu et ce monde-ci.

Dans notre culture une telle distinction semble si caractéristique de la religion, à ceux qui la rejettent autant qu'à ceux qui l'acceptent, qu'on définit couramment la religion en général et les religions dites primitives en particulier par la croyance à des puissances surnaturelles et par le culte qui leur est rendu (Pouillon 1979 : 49).

C'est pour cette raison que nous aurons tendance à penser que la portée du monde surnaturel est beaucoup plus importante pour les peuples dits primitifs que pour les modernes, ou que la surnature ne relève pas seulement du domaine divin mais aussi de celui où s'exerce le pouvoir du magicien ou du chamane. Ainsi donc, il y a là un malentendu significatif :

Parce que nous avons construit le concept de loi naturelle, nous sommes prêts à admettre le surnaturel – soit comme illusion, soit comme réalité autre, peu importe – afin d'y ranger ce qui contrevient à la loi ou paraît y contrevenir ; mais cette notion est nôtre, que nous la jugions fondée ou pas, et non celle des gens à qui nous la prêtons abusivement (Pouillon 1979 : 49).

Les Q'eros croient en l'existence d'entités surnaturelles, tout comme ils croient en leur propre existence ou à celle des alpagas, des pommes de terre et des phénomènes atmosphériques. Ou plutôt, comme l'affirme Pouillon, ils n'y croient pas. Leur existence est en réalité un fait d'expérience. Si les Q'eros n'ont pas besoin du verbe croire, c'est en raison de leur monisme, lequel s'oppose à une conception dualiste du monde. Ici, je souhaiterais revenir à la question que j'ai posée au début de ce chapitre : où le surnaturel se termine-t-il dans le passage de l'interprétation chrétienne de la Création au développement des sciences naturelles ? Pouillon nous offre le début d'une réponse. Même au sein d'une société hypothétiquement moderne, laïque et sécularisée, les individus seront des incroyants qui croient que les croyants croient[89]. Autrement dit, même dans une société purement naturaliste fondée sur la dichotomie nature-culture qui exclurait toute explication d'ordre surnaturel, il existera toujours une dimension surnaturelle, que ses membres y croient ou pas. En effet, lorsque l'incroyant affirme qu'il ne croit pas à l'existence du surnaturel, il affirme

---

89 Selon Lynn White Jr. (1967), bien que certains auteurs affirment que nous vivons dans une ère sécularisée ou dans une ère postchrétienne car plusieurs formes de langage et de pensés courantes ont cessé de faire référence aux racines d'un vocable chrétien, nous évoluons encore aujourd'hui dans un contexte marqué par des axiomes chrétiens.

indirectement l'existence du surnaturel comme catégorie. C'est à partir de cette réflexion que je soutiens qu'au travers d'un simple syllogisme, le dualisme nature-culture entraîne inéluctablement un autre dualisme: celui entre ce monde-ci, dans lequel se déploie le dualisme classique entre nature-culture, et un monde surnaturel. Je propose donc de définir la dichotomie nature-culture comme un dualisme horizontal et la dichotomie entre ce monde-ci et le monde surnaturel comme un dualisme vertical.

Nous pourrions objecter qu'il existe dans les Andes des concepts de mondes autres comme ceux de *hanaqpacha* (le monde d'en haut) et de *ukhupacha* (le monde d'en bas), lesquels s'opposent au *kaypacha* (ce monde-ci). Oscar Nuñez del Prado (2005: 85-87) relève qu'après la mort, l'esprit du défunt va vers l'*hanaqpacha*. À Q'ero, l'esprit d'un mort ne rejoint pas tout de suite l'*hanaqpacha* mais reste une année sur terre pour protéger sa famille et l'aider dans le travail agricole. À la fin de ce cycle, l'esprit quitte définitivement le *kaypacha* pour s'envoler vers l'*hanaqpacha*. En revanche, selon Bernabé Condori et Rosalind Gow (1982: 6-7), le *hanaqpacha* tout comme le *ukhupacha* sont des concepts vides de signifiés dans le monde andin. Autrement dit, il n'existe pas un monde souterrain ou un monde des morts distincts de ce monde-ci (*kaypacha*). Selon eux, le pouvoir de la terre est infini, il englobe tout et ce qui n'appartient pas à la terre n'est pas consistant. Il serait donc erroné de représenter la cosmologie du monde andin en utilisant les termes *hanaqpacha, kaypacha et ukhupacha* ou d'autres termes comme le ciel, la terre et l'enfer. Selon Condori et Gow, les esprits bons ou méchants des *antepasados* (ancêtres) et des *machula* vivent eux aussi dans le *kaypacha* (ce monde-ci). À leurs yeux, ces morts vivent et c'est bien pour cela qu'il faut prendre soin de l'esprit d'un homme mort comme si ce dernier était vivant[90]. Il faut ainsi se souvenir d'eux au travers de la réalisation de cérémonies lors desquelles

---

90 À propos de la vitalité des esprits des morts dans les Andes, Valérie Robin Azevedo (2008: 271) affirme que «le passage de la vie à la mort ne constitue pas tant une rupture brusque qu'une transition progressive. Avant même le décès, l'âme-force vitale (*animu*), constitutive de l'identité humaine, est déjà en partance vers l'au-delà: elle quitte le corps, parcourt les lieux qui furent ceux de la vie et rassemble les traces de celle-ci, à emporter dans la mort. De plus, un défunt reste animé d'une certaine vitalité: son âme-force vitale demeure, encore un temps, au sein du monde des vivants».

on leur offre leurs aliments et boissons préférés, afin d'éviter qu'ils ne se fâchent et afin de préserver paix et harmonie au sein de la communauté.

Müller et Müller (1984*a*:165-166) partagent le même avis. Selon eux, le concept de *kaypacha* est un terme polysémique car il indique le temps présent et le monde dans lequel on vit. Il signifie ici et maintenant. C'est uniquement dans le *kaypacha* que les hommes, les divinités et toutes les autres entités vivent. Ils soutiennent que le christianisme a introduit les concepts de *hanaqpacha* et *ukhupacha* et observent que les Q'eros n'accordent pas d'importance véritable à cette division[91]. Je partage le même avis et il me semble justifié de reconnaître le *kaypacha* comme le seul monde qui englobe toutes les entités existantes.

Pour pouvoir analyser la vision du monde des Q'eros, il est donc indispensable de mettre de côté ces deux dualismes: le premier, le dualisme horizontal entre nature et culture typique des ontologies naturalistes, et le deuxième, le dualisme vertical entre monde-ci et monde surnaturel que l'on a tendance à projeter sur des ontologies non naturalistes. En effet, pour les Q'eros, les rapports entre nature, culture et surnature ne sont pas pensés en termes de rupture, mais de continuité. Ainsi, dans l'analyse des représentations du changement climatique d'une ontologie analogique, totémique ou animique nous devons cesser de projeter sur la société étudiée notre distinction entre nature, culture et surnature[92]. Enfin, cette démarche s'applique également à la définition du chamanisme andin. J'ai mentionné dans le troisième chapitre que Hamayon (1990), par exemple, établit une dualité entre un monde surnaturel censé gouverner un monde naturel. Perrin (1995), pour sa part, propose une distinction plus neutre entre un monde-ci et monde-autre. À mon sens, cette définition du monde-autre pose problème puisque le terme présuppose une transcendance qui n'existe pas dans la cosmologie des Q'eros. Ricard Lanata (2007: 345), lui aussi, sépare conceptuellement le monde-ci du monde surnaturel. Il définit cependant la présence des *Apu* dans la vie des bergers des hautes terres comme une religion de l'immanence. Certes,

---

91   Juan Carlos Estenssoro Fuchs (2003: 100-114) a également démontré l'origine coloniale de la division tripartite du monde.

92   Cette démarche ne présume pas que les Q'eros n'utilisent pas d'oppositions binaires qui sont présentes dans d'autres sphères.

en termes conceptuels, le dualisme entre monde-ci et monde-autre peut s'avérer utile afin de répertorier des entités qui ne sont pas classifiables sous l'étiquette d'entités humaines, végétales ou animales. Néanmoins, je tiens à souligner une subtilité : nier l'existence d'un monde surnaturel ne signifie pas nier l'existence d'entités comme les *Apu* et la *Pachamama*. Ces entités appartiennent en fait à un seul monde, et non à un monde-autre ou à un monde surnaturel. Si la définition d'une religion de l'immanence, proposée par Ricard Lanata, reflète plus justement cette subtilité, le terme d'immanence s'oppose néanmoins à la transcendance. Or, le dualisme transcendance-immanence est dénué de sens dans le système de représentations des Q'eros, tout comme l'est, par ailleurs, le terme de religion.

5.2 Le *Phallchay*, le *Quyllur rit'i* et les cérémonies du 1er Août

Après avoir montré la nécessité d'aller au-delà des deux dualismes pour comprendre la cosmologie des Q'eros, je propose de présenter trois fêtes parmi les plus importantes du calendrier des Q'eros : le *Phallchay*, qui se déroule dans le cadre du Carnaval, le *Quyllur rit'i* et les cérémonies du 1er Août.

Le Phallchay

Pendant les célébrations du Carnaval de l'année 2012, j'ai passé presque tout mon temps dans la communauté de Hatun Q'ero en compagnie de Guillermo et de Santos, dans leurs maisons en bas de Irwaconca. Pendant la saison des pluies, ils emmènent paître les alpagas plus bas dans la vallée. J'ai pu ainsi constater la grande différence qui existe entre les deux saisons. L'atmosphère était morose et triste car le frère de Guillermo avait perdu son enfant, décédé alors qu'il n'était âgé que de quelques mois. À cette période, la vie est difficile en raison des fortes pluies et de l'humidité.

Pendant le *Phallchay* à Q'ero, tout le monde, jeunes et adultes, revêt de nouveaux habits. Seuls ceux qui ont perdu un membre de leur famille au cours de l'année précédente n'observent pas cet usage. Dans le cas de

Santos, la situation était différente. Guillermo m'informa que, puisqu'il s'agissait de la disparition d'un bébé et que la mortalité infantile était élevée, ce décès était considéré différemment de celui d'un membre adulte de la famille. Incidemment, il ajouta que l'*alcalde varayuq* se heurtera sans doute au mécontentement car la cérémonie qu'il devait accomplir dans le cadre du *Chayampuy* aurait dû protéger les Q'eros[93].

La nuit du samedi qui précéda le Carnaval, Guillermo et Santos ont commencé à préparer la *chicha* pour le lundi du *Phallchay*. Le terme *Phallchay* provient du nom d'une gentiane, une fleur bleue qui éclot au début du mois de février. Les rituels familiaux du *Phallchay* et de l'*Ahata uhuchichis* – appelé ainsi car les Q'eros font boire de la *chicha* aux lamas *machos* (mâles) – marquent les moments les plus importants du cycle d'élevage et du cycle agricole (Webster 2005*b*: 148)[94]. Le *Phallchay* a lieu juste avant la première récolte de pommes de terre cultivées dans la *qhiswa*, la zone intermédiaire, mais il célèbre surtout la fertilité des alpagas et des lamas.

Le samedi ou le dimanche qui précède le *Phallchay*, presque chaque famille sacrifie un lama ou un alpaga. À cette occasion, j'ai dormi avec douze personnes dans une petite maison. Les femmes n'ont presque pas dormi de la nuit pour terminer le tissage des nouveaux habits. Le lendemain, le frère de Guillermo a préparé quatre drapeaux blancs, fixés à quatre poteaux, qu'il installa à l'extérieur de la maison pour annoncer le début du *Phallchay*. Deux *regidores* nous ont rendu visite dans la matinée, chacun d'eux étant accompagné de deux autres personnes. Les autres cinq *regidores* sont allés visiter leurs propres *anexos*: deux à Ccolpacocho, deux à Cochamocco, deux à Challmachimpana et un à Hatunrumiyoq, personne à Choa Choa. Guillermo prépara deux morceaux de pâturage (*wallachampa*) dans l'enceinte de la propriété et les déposa au lever du soleil pour honorer les alpagas et les lamas. Toutes les personnes qui entraient dans la maison ce jour-là devaient faire une prière devant ces morceaux de gazon et, si quelqu'un buvait à cet instant, il lui fallait verser un peu de sa boisson dessus.

---

93   Le *Chayampuy* signifie l'arrivée de la grande fête de l'année qui se déroule le premier dimanche du mois du Carnaval.
94   L'*Ahata uhuchichis* célèbre la récolte du maïs et la fertilité des animaux.

Photo 13 : Célébration du *Phallchay*. Hatun Q'ero, février 2012.

Au cours du *Phallchay* (Photos 13 et 14), les Q'eros rendent hommage aux *Apu* et la *Pachamama* et leur demandent que le bétail soit fécond à travers différents types d'offrandes. La première cérémonie de la journée est le *mama tarpay*, destiné aux *machos*, au cours duquel les femmes chantent, accompagnées à la *quena* par les hommes qui mâchent la coca et boivent de l'alcool fort (*cañazo*). Cette performance est destinée à favoriser la reproduction des animaux et à assurer leur protection[95]. À la suite de ces chants, les femmes réprimandent les hommes et tout le monde se met alors à sangloter. Pour Guillermo, les Q'eros pleurent à cet instant pour oublier les difficultés de la vie. D'autres chants sont récités pendant le *Phallchay* afin de célébrer les animaux. Le *Phallchay* dure toute la journée et, à la fin de la cérémonie avec les animaux, les Q'eros rendent visite à leurs amis dans les autres maisons.

---

95   Pour une étude plus détaillée de ces chants, voir Santisteban et Cometti (2014 : 318-323).

Photo 14 : Célébration du *Phallchay*. Hatun Q'ero, février 2012.

Le mardi, tout le monde descend à nouveau à Hatun Q'ero avant la grande fête du mercredi des Cendres. L'année de mon séjour, toutes les familles étaient réunies à Hatun Q'ero pour célébrer le Carnaval. Enfin, le *tinkuy* (se rencontrer) se célèbre du vendredi au mardi suivant sur les cols des montagnes aux frontières qui séparent les cinq communautés. L'objectif principal de cet évènement est de permettre aux jeunes de trouver un conjoint.

Le *Quyllur rit'i*

J'ai participé au *Quyllur rit'i* en 2011. Cette manifestation se déroule à une vingtaine de kilomètres d'Ocongate, non loin du territoire des Q'eros. Chaque année, plus de 10 000 pèlerins venus de toute la région de Cuzco montent jusqu'au pied du glacier de la montagne Sinakara où se trouvent un sanctuaire et une église catholique. Le *Quyllur rit'i* se célèbre en mai ou juin, à l'occasion de la pleine lune, une semaine avant la fête mobile du

Corpus Christi. Il commémore l'apparition miraculeuse du Seigneur à un jeune pasteur[96].

Gow (1974: 56) affirme que la zone dans laquelle se déroule le légende de l'apparition du *Señor de Quyllur rit'i* était sacrée bien avant que le miracle ne s'y produise. Par ailleurs, Randall (1982: 40-41) signale qu'il n'est pas surprenant que le prodige ait eu lieu en 1780, l'année de la rébellion de Tupac Amaru II. Il voit dans la fête de *Quyllur rit'i* la ritualisation de la figure mythologique d'Inkarrí qui incarnerait dans cette fête la figure du futur roi des Andes, fusionnant les images de l'Inca et de Viracocha (Randall 1982: 68)[97].

---

96 La légende raconte l'apparition miraculeuse du Seigneur dans la montagne de Sinakara au jeune pasteur Mariano, alors que celui-ci faisait paître les alpagas de son père. Il y rencontre Manuel, un jeune métis, qui partage sa nourriture avec lui. Tous deux passent la journée ensemble à jouer. Le père de Mariano, inquiet de ne pas le voir revenir à la maison, décide de le rejoindre. Il découvre une belle surprise: le nombre de ses alpagas a considérablement augmenté. Convaincu que son fils est l'instigateur de cette reproduction, il lui offre un nouveau vêtement. Mariano demande alors à son père d'en avoir un aussi pour son nouvel ami. Le père prend donc un bout du tissu du vêtement de Manuel pour chercher un matériel semblable à Cuzco. Lorsqu'il arrive à Cuzco, sa surprise est très grande lorsqu'il découvre que le tissu est fait du même matériel utilisé pour habiller les images des Saints. L'archevêque de Cuzco, apprenant l'histoire, envoie ses adjoints sur les lieux. Lorsqu'ils arrivent à Sinakara, une forte lumière les éblouit et les rendent presque aveugles. En avançant à tâtons, les hommes parviennent à voir dans la lumière un enfant avec une tunique blanche qui joue. Un des hommes essaye d'attraper Manuel mais au lieu de mettre la main sur l'enfant, il arrive seulement à saisir un crucifix. Mariano, pensant que ces hommes ont tué son ami, meurt de tristesse. Les autorités religieuses ramènent le crucifix à Ocongate mais le jour suivant, le crucifix disparaît pour être retrouvé à nouveau à Sinakara. Ils le ramènent donc encore une fois à Ocongate, mais l'histoire se répète. Jusqu'au jour où le prêtre d'Ocongate décide de laisser finalement le crucifix à Sinakara (Gow et Gow 1975: 145-146).

97 Après la conquête espagnole, les fêtes catholiques ont servi de prétexte à une expression religieuse riche et variée. Certaines coïncidaient à merveille avec les dates du calendrier cérémoniel Inca, ce qui ne manqua pas de conférer à certaines fêtes mineures une importance considérable (Métraux 1983: 168-170). Dans les Andes, l'Église catholique n'a pas réussi à supplanter les images autochtones qui ont été déplacées et assimilées aux symboles catholiques selon les nécessités (Gow 1974: 64). Le *Phallchay*, l'un des plus importants rituels des Q'eros pour leurs animaux, a été incorporé au Carnaval, comme c'est le cas d'autres célébrations andines à l'intérieur du calendrier liturgique catholique (Wissler 2005: 392). Marzal (1969: 108) affirme que la question centrale pour un anthropologue qui étudie le Carnaval dans

Pendant la fête de *Quyllur rit'i*, les Q'eros dansent le *wayri ch'unchu* qui représente un homme d'Amazonie. En outre, les Q'eros conservent un culte original au *Quyllur rit'i* (Wissler 2005: 387). Le mardi pendant la fête, un *paqu* de la communauté réalise une offrande de *despacho* pour l'*Apu* dans le glacier qui domine la vallée. Les Q'eros arrivent un jour après les autres pèlerins et restent un jour de plus. Depuis 1996, certains d'entre eux, notamment les plus jeunes, envoient à *Quyllur rit'i* un figurant de *qhapaq qulla* qui représente les commerçants et les pasteurs de lamas de l'altiplano (Wissler 2010: 107). Les plus anciens, eux, continuent à danser le *wayri ch'unchu*. Les plus jeunes ont choisi d'adopter la figure du *qhapaq qulla* afin d'exprimer leur envie de se rapprocher des *misti* (Wissler 2010: 110-111). La tradition veut que beaucoup de pèlerins montent jusqu'au glacier pour prendre un peu de neige sacrée, mais depuis quelques années, le gouvernement régional a interdit cette pratique à cause de la fonte rapide du glacier.

Le 1er août

Si le *Phallchay* est une fête principalement dédiée à la fertilité des animaux, les cérémonies du 1er Août sont dédiées à l'agriculture. En effet, la tradition veut que la *Pachamama* se réveille à cette date, ce qui est l'occasion de lui faire des offrandes. Ce jour-là marque donc le début d'une intense activité sacrée impliquant plusieurs types d'offrandes à la *Pachamama* mais aussi aux *Apu*. Pour cette raison, le 1er août est également considéré comme le début du nouvel an puisqu'il initie un nouveau cycle agricole.

---

les Andes ou le *Quyllur rit'i* est de déterminer si ces cérémonies représentent un syncrétisme des contenus, ou si elles ne sont qu'un métissage de formes. Pour Gow (1974: 87-88), le *Quyllur rit'i* est indubitablement un métissage de formes dans la mesure où la plupart des rituels associés à cette fête s'inscrivent dans une continuité qui trouve ses racines dans l'ère précédant la conquête espagnole. Pour Ricard Lanata (2007: 245), même si la célébration du *Señor de Quyllur rit'i* se déroule dans le cadre d'un rituel catholique, elle est beaucoup plus proche d'une tradition religieuse propre aux sociétés andines. Randall (1982: 38), enfin, affirme que l'élément le plus impressionnant de cette fête est son atmosphère totalement païenne, malgré l'encombrante présence de l'Eglise catholique. Bien que, pendant cinq siècles de coexistence, la religion catholique ait prêté des traits à la religion andine et inversement, il ne serait toutefois pas correct de parler de syncrétisme. Sur ces questions, voir également Ortiz (1995 [1940]) et Gruzinski (2012).

À cette période, la *Pachamama* et les *Apu* sont particulièrement actifs et attendent que les Q'eros leur offrent des *despachos*. Or, le 1er août est le jour le plus important pour établir la relation entre les êtres humains, la *Pachamama* et les *Apu* puisque les offrandes faites à cette date témoignent de la confiance des humains vis-à-vis de leurs esprits tutélaires (Müller et Müller 1984*a*: 172-173).

À travers les *despachos*, les Q'eros s'adressent donc à deux entités vers le haut, en direction des *Apu* et des *machula*, et vers le bas en direction de la *Pachamama*. Pendant les cérémonies, les *paqu* de Q'ero se servent de deux petites amphores ou de deux vases, l'un contenant de l'alcool transparent, traditionnellement du pisco, et l'autre un alcool de couleur rouge, soit du vin, soit du porto. Pendant la cérémonie, les *paqu* invitent les esprits à boire avec eux. Ils versent le liquide rouge à l'intention de la *Pachamama* et lancent le liquide transparent en direction des *Apu*. Parfois, les *paqu* prennent un peu de terre, la mélangent avec le vin et boivent une partie de ce breuvage. Ce geste symbolise l'intériorisation du lieu et donc de la *Pachamama* et de l'*Apu*. S'il y a d'autres participants à la cérémonie, les *paqu* les invitent également à boire.

C'est généralement à la date du 1er d'août que naît un nouvel *altumisayuq*. Nicolas affirme que cet évènement ne peut avoir lieu un autre jour de l'année. En outre, les *paqu* choisissent à cette date des pierres appelées *inqaychu* qui feront partie de leur *mesa* et qui leur permettront d'augmenter leur pouvoir de guérison. La pierre symbolise le lieu et donc, par extension, un *Apu*. Les *inqaychu* jouent un rôle fondamental pendant le *Phallchay* et les cérémonies consacrées à la fécondité des animaux (Gow et Gow 1975: 146-147).

J'ai participé à trois cérémonies du 1er août, en 2011, 2012 et 2013. À chaque occasion, je suis monté avec Nicolas et quelques autres Q'eros jusqu'à une lagune située au pied du glacier de l'Ausangate. Nicolas me fit remarquer que nous étions le seul groupe présent les trois années de suite. D'après lui, tous les *paqu* de la région, y compris les Q'eros, devraient être devant l'*Apu* le plus important le 1er août:

> Les Q'eros ont cessé de venir ici à cette date pour remercier l'Ausangate. Cependant, si tu te rends aujourd'hui à Cuzco, ou même pendant tout le reste du mois, tu y trouveras des dizaines de chamanes. Au lieu d'être ici ou à Q'ero, ils préfèrent se faire de l'argent avec des touristes et des citadins à Cuzco.

5.3 La cosmologie des Q'eros

5.3.1 Dialogue avec Nicolas (première partie)

Jusqu'à présent, entre des parties théoriques et méthodologiques, j'ai évoqué les points les plus importants que mon travail de terrain a révélés. Dans ce chapitre, j'ai mis l'accent sur les relations que les Q'eros établissent avec leurs divinités, les *Apu* et la *Pachamama* à travers la description de quelques pratiques chamaniques, et un aperçu des célébrations du *Phallchay*, du *Quyllur rit'i* et du 1er août. Dans les paragraphes qui suivent, je résume sous la forme d'un dialogue avec Nicolas les principaux échanges que nous avons eus pendant les quatre années de mes recherches. J'entrecouperai ces dialogues de commentaires théoriques. L'objectif de cette partie est d'analyser la représentation du changement climatique des Q'eros en débutant par l'étude approfondie de leur cosmologie.

> GC: Au cours d'une de nos visites à Q'ero, tu m'as parlé de quelques concepts qui sont non seulement chers aux Q'eros mais aussi à d'autres communautés andines. Je pense notamment à l'*ayni*.
>
> Nicolas: En effet, comme tu le dis, il y a des mots qui constituent des concepts. Ici, dans les Andes, le plus important de tous est l'*ayni*, la réciprocité. L'*ayni* est le complément de la vie parmi toutes les choses. Autrement dit, c'est la relation entre les Q'eros avec toutes les entités qui peuplent le monde, y compris la *Pachamama* et les *Apu*. Par exemple, les Q'eros font un *ayni* avec la *Pachamama* au moyen d'une cérémonie, mais avant de pouvoir créer cette relation, nous devons reconnaître la *Pachamama* comme une entité vivante. Dans ce cas, l'*ayni* représente la communication entre la terre et les hommes. C'est un complément réciproque entre la terre et les hommes. Nous remercions les *Apu* et la *Pachamama* au travers d'un *despacho*. Nous lui disons : « Servez-vous, cela est ce que j'ai pu produire cette année ». Mais comme je l'ai dit, l'*ayni* n'est pas uniquement une forme de réciprocité entre nous, les *Apu* et la *Pachamama*, elle existe entre tous les êtres vivants. Par exemple, dans l'activité agricole, les Q'eros appliquent l'*ayni* dans les champs. À cela s'ajoute aussi le concept d'*aynillapaq* qui désigne une situation où une personne ne possède plus rien et tout le monde lui donne alors quelque chose, sans rien attendre en contrepartie, car nous partons du fait que d'une manière ou d'une autre, on recevra tôt ou tard quelque chose en retour, probablement d'une troisième personne. Pourtant, aujourd'hui nous sommes en train de perdre ces traditions.

GC: Donc les Q'eros entretiennent une relation de réciprocité aussi avec les pommes de terre, par exemple?

Nicolas: Oui bien sûr. Comme tu l'as vu, il faut suivre certaines règles pour les cultiver et les cuisiner. En échange, elles se laissent produire et manger. C'est la même chose avec les alpagas et les lamas. Par exemple, avant le *Phallchay*, lorsqu'on décide de tuer un lama ou un alpaga, nous pratiquons l'*ayni* avec l'animal en compagnie du *munay*. *Munay* pourrait se traduire par le terme 'amour'. Nous choisissons le meilleur lama ou alpaga et on le tue. Avant de manger sa viande, nous dansons avec sa peau. C'est à ce moment-là que nous nous sentons comme un alpaga ou un lama. Danser avec sa peau encore pleine de sang nous permet de comprendre la souffrance des lamas et des alpagas. Nous entrons en communication avec eux et nous établissons certaines règles à partir de la manière dont ils veulent être traités. C'est notre seule forme de communication avec eux. C'est un langage spécial entre nous et les animaux. C'est grâce à ces cérémonies que nous avons arrêté de leur lancer des pierres lorsqu'ils n'obéissaient pas et que nous avons appris qu'il existait un langage spécial pour réunir les troupeaux le soir avant de rentrer. C'est grâce à cela aussi, que nous savons qu'il ne faut pas les attacher avec des cordes qui ne soient pas faites de laine d'alpaga ou de lama, ou encore, que nous ne devons pas couper la laine des lamas mâles dans la zone du dos. C'est grâce à cela que nous savons que les lamas peuvent charger sur le dos seulement des produits agricoles et rien d'autre. Sur la base de ces sacrifices, nous établissons beaucoup de règles de cohabitation. Sais-tu pourquoi nous avons décidé de rester vivre dans la *puna* plutôt que de vivre plus en bas, malgré toutes les difficultés que ce choix implique?

GC: J'imagine que l'élevage des alpagas en est la raison. Ils ne peuvent pas vivre trop bas en altitude.

Nicolas: Oui, mais nous aurions pu laisser les alpagas et aller vivre plus en bas avec des moutons, des poules ou des vaches. Nous vivons pour eux entre 4200 et 4600 mètres la plupart de l'année. S'ils vivaient plus en bas, ils risqueraient d'être piqués par des insectes et pourraient en mourir. Nous restons avec eux parce qu'ils sont la bénédiction des *Apu*. C'est grâce au rapport spécial que nous avons développé avec eux que nous restons auprès d'eux. Quand nous nous sommes séparés des Q'eros de la forêt et que nous sommes montés vers les montagnes, c'est eux qui nous ont sauvés. On pouvait les chasser plus facilement que les autres animaux présents dans la forêt. Après, nous nous sommes rendus compte que l'on pouvait développer une autre forme de relation avec eux et depuis cet instant, nous vivons en harmonie avec eux. On les laisse paître dans les lieux qu'ils préfèrent et on les protège des prédateurs. En contrepartie, ils nous fournissent de la laine pour confectionner nos tissus, leurs excréments constituent de bons combustibles pour le feu, de même qu'un engrais pour fertiliser la terre avant de la cultiver. Les lamas et les alpagas sont envoutés par les Q'eros. Quand nous devons descendre dans le *ceja de selva* pour y recueillir le maïs, c'est à dos de lama que nous transportons la récolte. C'est pour cela que lorsque nous préparons la *chicha*, nous faisons boire un peu de cette boisson à nos lamas. C'est une façon de les remercier. Ils se laissent ainsi sacrifier pour consolider notre relation et pour nous remercier de rester vivre avec eux dans la *puna*.

GC : Donc en tuant l'alpaga, vous entrez en contact avec son esprit ?

Nicolas : Pas vraiment. En tuant l'alpaga, nous entrons en contact avec l'esprit de tous les alpagas. De même, pendant une cérémonie sacrificielle, nous entrons en contact avec tous les alpagas de Q'ero. C'est comme si chaque type de plante ou chaque type d'animal avait un esprit unique. On pourrait parler d'un esprit collectif de cet animal ou de cette plante. Quand tu communiques avec un lama, tu ne communiques pas avec l'animal même mais avec l'esprit collectif des lamas. Laisse-moi te raconter une histoire : un jour un vaste groupe d'animaux appelés *chayllu* et ressemblant à de petits cochons, sont arrivés dans la région de Q'ero. Il y en avait des centaines. Ils se sont installés dans la *ceja de selva* et ont commencé à manger tout le maïs produit par les Q'eros. Pour cette raison, les *altumisayuq* de Q'ero ont organisé une cérémonie pour se connecter avec l'esprit de ces animaux. Ils ont essayé plusieurs fois mais ils n'y sont jamais parvenus. Aussi pour cette raison, ils décidèrent de faire appel à l'*Apu* qui prend soin de ces animaux. L'*Apu* leur dit que les *chayllu* désiraient se rendre vers l'Ausangate mais qu'ils en étaient entravés par une rivière qui se trouvait sur le territoire de Q'ero. L'*Apu* a donc conseillé aux *altumisayuq* de construire un pont pour faire passer les animaux. Mon père, qui m'a raconté cette histoire, a donné un coup de main dans la construction et, le lendemain, les animaux avaient disparu de la région de Q'ero. Donc, si l'*altumisayuq* ne peut pas parler directement avec l'esprit unique des animaux, il s'en remet à un *Apu* spécifique. C'est comme cela que nous gérons les choses.

GC : Mais comment les alpagas se voient-ils ? Se considèrent-ils comme des êtres humains ? Et comment perçoivent-ils les Q'eros ?

Nicolas : Les alpagas se voient comme des alpagas et ils nous voient comme des êtres humains.

GC : Mais cette relation d'*ayni* est-elle toujours anthropocentrique ? Ou y a-t-il aussi *ayni* entre les animaux et les plantes, ou entre les animaux et les *Apu* ?

Nicolas : Non. Les animaux et les plantes entretiennent aussi une relation de réciprocité entre eux. Un mois de janvier, lorsque j'étais encore enfant, la pluie ne voulait pas tomber. Les anciens du village nous ont donc ordonné à nous les enfants de descendre dans les vallées pour y prendre des grenouilles et des crapauds dans les rivières et les lagunes. Nous y sommes allés et avons recueilli le plus possible de ces amphibiens. Le lendemain, il pleuvait enfin.

GC: Pourquoi des grenouilles et des crapauds?

Nicolas: Parce qu'ils vivent dans l'eau, donc ils ont une relation de réciprocité très étroite avec la pluie. Ils savent comment appeler l'eau. Nous les avons posés sur les pentes d'une montagne sèche alors que, pour survivre, ils ont besoin d'eau. C'est pour cela qu'il s'est finalement mis à pleuvoir.

GC: Et quelle type de réciprocité avez-vous avec les autres animaux?

Nicolas: Il existe une hiérarchie. Les moutons, les vaches, les chevaux, et les autres animaux n'occupent pas la place qui est réservée aux alpagas et aux lamas. Nous n'accomplissons pas de cérémonies pour eux. Dans certaines circonstances, les lamas ou les alpagas sont des entités supérieures à nous. Au cours de cérémonies comme celle du sacrifice nous les vénérons comme des *Apu* ou la *Pachamama*. En revanche, ils nous sont inférieurs lorsque c'est nous qui devons les soigner et les protéger des prédateurs. Soit ils nous protègent pendant les cérémonies, soit au contraire, c'est nous qui nous en occupons quotidiennement. La hiérarchie change en fonction des circonstances.

GC: Mais un Q'ero, après sa mort, peut-il devenir un alpaga ou inversement?

Nicolas: Non jamais. Les esprits des ancêtres ou *machula*, ne disparaissent jamais. Les villages sont pleins d'esprits des ancêtres. C'est pour cela que lorsque tu te rends dans une ville, il y a beaucoup d'énergie. C'est le *sami* des *machula*.

GC: Quelle est la différence entre l'âme, le *sami*, l'*espíritu* et l'*animu*?

Nicolas: L'âme relève plutôt d'une conception catholique. L'âme meurt avec la mort de l'individu. L'*animu*, non. Pour nous, l'*animu* et l'*espíritu* sont synonymes. Ils constituent en quelque sorte la traduction espagnole de *sami*. *Sami* est la force qui fait bouger toutes les choses. Autrement dit, le *sami* pourrait se définir comme un flux d'énergie ou un partage d'énergie. *Kallpa* est l'intensité avec laquelle nous arrivons à partager de l'énergie. *Sami* renvoie au transfert d'énergie. Tous les êtres tiennent du *sami*. Par exemple, un malade souffre d'un manque de *sami*. Les plantes, les feuilles de coca et même le chamane transfèrent de l'énergie au malade au travers d'une cérémonie du *sami* afin de le guérir. *Sami* est une sorte d'énergie que nous partageons avec tous les êtres. Tous les êtres ont du *sami* mais en quantité différente. Les *Apu* en ont plus que les hommes et les hommes en possèdent plus que les animaux, les plantes et les pierres.

GC: Tous les êtres possèdent donc du *sami* ou un *animu*; existe-t-il des exceptions?

Nicolas: Oui, tous, les êtres humains, les pierres, le brouillard, les rivières. J'ai vu des *altumisayuq* souffler en direction du brouillard et celui-ci disparaissait. La pluie a un *animu* et c'est au travers de cet *animu* que les *altumisayuq* se connectent avec elle.

GC : Y a-t-il une différence entre une pierre et une pomme de terre ? Entre ce qui, dans la cosmologie occidentale, est considéré comme un être vivant et un être non vivant ?

Nicolas : Elles sont toutes les deux vivantes.

GC : Quand un *altumisayuq* parle avec le brouillard, il lui parle à travers un *Apu* ou directement avec lui ?

Nicolas : Il parle directement avec le brouillard. Un *altumisayuq* peut parler avec tous les êtres. En revanche, le *pampamisayuq* doit recourir à la lecture des feuilles de coca. Le *kintu* (offrande de trois feuilles de coca) est le seul moyen pour un *pampamisayuq* de se connecter avec les êtres non humains. En lisant les feuilles de coca, il sollicite également l'aide des *Apu* pour les interpréter. C'est donc une sorte de dialogue avec les *Apu* et les feuilles de coca.

GC : Les *animu* des pierres et des *Apu* étaient-ils auparavant des *animu* humains ?

Nicolas : Les pierres et les *Apu* possèdent leurs propres *animu*. Cependant, quand un *altumisayuq* ou un *pampamisayuq* fait son *Hatun Karpay* proche de son futur *Apu* et qu'il choisit ses pierres (*misa rumi*), ce lieu et ces pierres se connectent à lui. Quand le *paqu* meurt, son *animu* reste connecté à ses *Apu* ainsi qu'à ses pierres. Si un autre *paqu* entre en possession de l'une de ces pierres, il peut alors convoquer son *animu* à travers elle pendant une cérémonie. Cela ne veut pas dire cependant que le *paqu* est devenu une pierre. La pierre n'est que la connexion pour parvenir à son *animu*.

GC : Les pierres ont toujours un *sami* ou cela dépend-il des circonstances ?

Nicolas : Toujours. La circonstance renvoie plutôt au moment où il y a un échange de *sami*. Pendant une cérémonie, on échange du *sami*. Quand nous sifflons des feuilles de coca, on transfert nos *sami*. Pendant une cérémonie, nous transférons nos *sami* aux *Apu* et à la *Pachamama*. Ou quand nous devons soigner un malade, nous lui transférons du *sami*. Si tu échanges du *sami*, tu acquiers la capacité de comprendre l'autre. Ce qui change est le *kallpa* qui est l'intensité de cet échange. Dans le cas du sacrifice de l'alpaga, le *kallpa* est tellement fort que nous avons une relation complète avec l'animal, et lorsque nous obtenons cela, c'est alors le complètement de l'*ayni*.

5.3.2 L'animu et le sami

Alors que, dans la pensée chrétienne, l'âme s'achemine vers le paradis, l'enfer ou le purgatoire après la mort, Nicolas affirme que l'*animu* des défunts demeure sur terre. Il précise également que les trois termes *espíritu*, *animu* et *sami* sont des synonymes. Nicolas opère néanmoins une différence dans leur usage respectif. Les termes *animu* et *espíritu*, qu'il emploie de manière interchangeable, désignent une essence propre à chaque être ou à une collectivité d'êtres[98]. *Sami*, en revanche, se réfère à une essence ou à une substance invisible échangée entre différentes entités.

Faisons un petit détour par les études philologiques. Gerald Taylor (1974: 233) signale que l'Inca Garcilaso de la Vega était irrité par l'habitude de certains chroniqueurs, comme Pedro Cieza de León, de traduire le terme *Pachacamac* par 'créateur du monde'. Garcilaso affirme que le terme *Pachacamac* est «composé de 'pacha' qui signifie monde ou univers, et de 'camac', le participe présent du verbe 'cama' qui signifie animer; ce verbe vient du substantif 'cama' qui désigne l'âme. *Pachacamac* signifie donc 'celui qui anime le monde ou l'univers'»[99]. Taylor souligne que dans le manuscrit de Huarochirí (1598-1608), *kamaq* est employé pour désigner 'la force qui anime' décrite par Garcilaso[100]. Les *wak'a* y sont définies en termes de *kamaq*: certaines *wak'a* sont très *kamaq* et d'autres le sont moins. Les hommes bénéficiant de certains pouvoirs transmis par les *wak'a* étaient *kamasqa*, également traduit dans les lexiques coloniaux par *hechichero*[101].

---

98 Dans la suite du manuscrit, j'utilise le terme *animu* comme synonyme d'*espíritu*.
99 Cité dans Taylor (1974: 233). Ma traduction.
100 Taylor (1974: 232) écrit: «le manuscrit quechua de Huarochirí a été rédigé à peu près 75 ans après la mort de Huayna Capac et l'arrivée de Pizarro au port de Tumbez. Il correspond probablement aux résultats d'une enquête sur la pratique de l'idolâtrie des habitants de la province de Huarochirí et des environs. Le jésuite Francisco de Avila, à qui on doit sans doute une grande partie des commentaires sur le texte, était curé de la *doctrina* de San Damina de los Ghacas dans la province de Huarochirí. L'auteur (ou les auteurs) du manuscrit appartenait à cette même communauté».
101 On note ici une analogie entre le *kama* et la notion de *mana* (Mélanésie et Polysénie) définie par Marcel Mauss (1950*a*: 103-104) comme la force du magicien. Il note que les noms des spécialistes de la magie sont composés de ce mot: *peimana*, *gismana*, etc. Le *mana* est également la force du rite. Le rite n'est pas seulement doué de *mana* mais il peut être lui-même le *mana*. Pendant un rite, le magicien peut agir sur des esprits à *mana*, les évoquer et les commander.

Enfin, Taylor (1974: 234-235) remarque que Garcilaso prête au terme *kamaq* plusieurs significations, en outre, «transmettre la force vitale et la soutenir, protéger la personne ou la chose qui en sont les bénéficiaires».

Ricard Lanata (2007: 78) soutient que l'*animu* est une essence en acte et que le terme tel qu'il est utilisé aujourd'hui dans les Andes reprend en grande partie le sens de *kamaq,* lequel était employé principalement dans la première phase de la période coloniale. D'après lui, l'*animu* est «la puissance de réalisation contenue en chaque être et ontologiquement liée à sa nature propre» (Ricard Lanata 2007: 82-83). En outre, il va à l'encontre de plusieurs auteurs en affirmant que l'*animu* n'est pas une force vitale car il n'est pas réservé aux organismes vivants pour lesquels la notion a du sens. Les *Apu* ont un *animu*, les rivières ont un *animu*, les morts, les esprits des ancêtres ou les *machula* également. C'est pourquoi il propose de traduire l'*animu* comme une 'essence en acte'. Ricard Lanata (2007: 345) affirme également que l'*animu* des *Apu* est une force ou une essence ordonnatrice, laquelle est considérée comme l'essence suprême parmi toutes les autres. Elle n'est cependant pas ontologiquement distincte des autres, ou elle ne l'est qu'en partie. Les divinités ont des essences supérieures tout en étant homologues aux autres essences qui composent l'univers. Ricard Lanata (2007: 88) souligne également que l'*animu* peut être compris comme un souffle. Taylor (1980: 61-62) note également que l'acte d'animer (*kamay*) se réalisait à travers le souffle (*samay*). Or, Allen (2008: 56) remarque que lorsque des feuilles de coca brûlent dans un feu pendant une cérémonie, leur *sami* se transfère aux *Apu* et à la *Pachamama*. Une offrande de *sami* s'appelle *samincha* et le *sami* peut se transmettre rituellement de plusieurs manières, comme celle de souffler sur un *kintu* ou de verser les gouttes d'une boisson par terre. Autrement dit, le *samincha* est l'action de partager le *sami* des feuilles de coca, par exemple, avec des entités sacrées. Allen traduit donc le terme *sami* comme une 'essence qui anime' et *animu* comme une 'essence spirituelle'.

Les dictionnaires traduisent souvent le verbe *saminchay* par 'glorifier'. Ricard Lanata (2007: 89-90) conteste cette définition et propose celle de 'tendre du *sami*' car la glorification se réalise justement par ce geste. En effet, au cours des offrandes, les *paqu* soufflent souvent vers les *Apu*. L'acte de souffler (*phukuy, samay*) devient dans ce cas le transfert d'un souffle sacré de *saminchay* et donc un transfert de *sami*. Enfin, l'*enqa* est un autre terme semblable à celui de *sami*. Flores Ochoa (1974: 250) le décrit comme le «principe générateur et vital» des éleveurs de la *puna* qui est un don spécial accompagnant une famille et lui permettant de vivre sereinement. Les pierres également possèdent un *enqa* et, en son absence, les troupeaux d'alpagas ne pourraient pas se multiplier.

Les principales caractéristiques du *sami* ne relèvent pas de la même logique que celle du *hau* évoqué par Marcel Mauss dans son *Essai sur le don* (1950)[102]. Cependant, quelques analogies existent. Marshall Sahlins (1976: 218-219) propose une discussion de l'œuvre de Mauss dans laquelle il remarque que le *hau* ne constitue pas un esprit au sens ordinaire du terme. De même, pour Elsdon Best (1924: 299-301), le *hau* d'un homme est tout autre chose que son *wairua*, son esprit sensible ou, comme l'observe Sahlins, «son âme dans le langage anthropologique courant». Le *hau* «appartient à ce que l'on pourrait, par néologisme, appeler le domaine de 'l'animarisme' plutôt qu'à celui de l'animisme: souffle de vie plutôt que souffle d'âme» (Sahlins 1976: 218). Raymond Firth (1959: 281), pour sa part, renonce à dissocier définitivement les termes de *hau* et *wairua*: parfois ils se chevauchent, parfois ils se recoupent, et parfois ils se différencient. Or, la différence établie par Sahlins entre 'souffle de vie' et 'souffle d'âme' s'applique également au contexte Q'ero où la distinction est parfois diffuse entre le *sami* et l'*animu*. Tout comme il existe des similitudes et des différences entre le *hau* et le *wairua*, il n'y a pas de consensus sur la distinction entre *sami* et *animu*: ils sont parfois synonymes, parfois ils se chevauchent, et parfois ils se distinguent.

Les travaux d'Alfred Irving Hallowell apportent un éclairage nouveau aux termes d'*animu* et de *sami*. Dans l'article *Ojibwa ontology, behaviour and world view*, il explique ce que signifie être une personne chez les Ojibwa, des chasseurs autochtones d'Amérique du nord. Chez les Ojibwa, humains et non-humains partagent «une part vitale intérieure qui est durable et une forme extérieure qui peut changer» (Hallowell 1960: 42). Chaque être possédant cette vitalité est considéré comme une personne.

---

102 Mauss définit l'*hau* polynésien comme «l'esprit des choses et en particulier celui de la forêt et des gibiers qu'elle contient». Il «désigne, comme le latin *spiritus*, à la fois le vent et l'âme, plus précisément au moins dans certains cas, l'âme et le pouvoir des choses inanimées et végétales» (Mauss 1950*b*: 158).

Cette notion ne s'applique donc pas uniquement aux êtres humains comme en témoigne un épisode rapporté par Hallowell (1960: 24) sur les rapports qu'entretiennent les Ojibwa avec les pierres. Hallowell demanda un jour à un ancien de la communauté si toutes les pierres étaient vivantes. Le sage, après une longue réflexion, lui répondit: «Non, mais certaines oui». Pourquoi certaines pierres seraient-elles vivantes et d'autres ne le seraient pas? Hallowell rappelle qu'il n'existe pas de distinction entre le monde animé et le monde inanimé chez les Ojibwa. Il parvient donc à la conclusion que la vie n'est pas une propriété intrinsèque des pierres, mais qu'elle survient dans l'implication contextuelle que les pierres ont avec certaines personnes. C'est pour cette raison que la distinction entre les êtres dotés d'un esprit et les êtres sans esprit n'a aucun sens chez les Ojibwa.

À partir de ces réflexions, je propose de développer deux points qui nous permettent de mieux comprendre la cosmologie des Q'eros. Tout d'abord, je partage la définition de la notion de personne évoquée par Hallowell mais, concernant les Q'eros, j'y ajouterais une précision. Hallowell (1960: 42) parle d'une 'part vitale intérieure' partagée par toutes les personnes. Je propose que celle-ci corresponde à l'*animu*. Or, d'après Ricard Lanata (2007: 82-83), l'*animu* n'est pas réservé aux organismes vivants entendus selon une conception occidentale. Il s'applique également aux *Apu*, aux rivières ou aux ossements des *machula*. À quoi renvoie plus précisément la notion d'être vivant? Dans une ontologie naturaliste, les êtres dotés d'une intentionnalité et d'un esprit réflexif sont des êtres vivants, mais tous ne possèdent pas nécessairement ces attributs, notamment les plantes et animaux. Dans cette ontologie, ces attributs permettent de différencier les êtres humains des autres êtres vivants. Ainsi, les objets abiotiques, comme les pierres, sont exclus de la sphère du vivant. En revanche, pour les Q'eros, ce qui lie les humains à tous les autres êtres, vivants ou non vivants, c'est précisément l'*animu*.

Cela ne signifie pas pour autant que les Q'eros ne conçoivent pas le dualisme vie-mort. Quand un être humain meurt, son *animu* se détache de son corps. De même, les pommes de terre, une fois cuites, n'ont plus d'*animu*, comme je l'ai appris à mes dépens lorsque j'ai voulu nettoyer les pelures au cours de l'un de mes premiers dîners à Q'ero. Lors du sacrifice d'un alpaga, son *animu* se détache également de son corps. C'est le corps qui meurt, et non l'*animu*. Celui-ci se détache de son double matériel mais reste vivant. Aussi, affirmer que les *animu* des morts sont vivants ne relève pas d'un oxymore pour les Q'eros. Le même discours s'applique aux pierres, aux rivières ou aux *Apu*. Les Q'eros considèrent que tous ces êtres sont pourvus d'*animu* et sont donc vivants. C'est pour cette raison que je suis en désaccord avec Ricard Lanata lorsqu'il affirme que nous ne pouvons pas définir l'*animu* comme une force vitale à partir du moment où les êtres non vivants ont également un *animu*. Cette affirmation est ancrée dans une ontologie naturaliste qui opère une dichotomie entre les êtres vivants et les êtres non vivants. Or, à Q'ero, les corps des défunts – hommes, plantes et animaux – sont restitués à la *Pachamama* en transférant une partie de leur *sami*. Ces corps ne sont donc pas des êtres non vivants. De même que chez les Ojibwa, les personnes non humaines et humaines à Q'ero partagent cette part vitale intérieure que j'ai traduite par *animu*. Les *Apu*, la *Pachamama*, les esprits des *machula*, les êtres humains, les animaux, les plantes, les phénomènes atmosphériques, etc., tous entrent dans la catégorie de personne car ils possèdent tous un *animu*.

Le second point est lié à cette première remarque et concerne toujours la définition du vivant. Hallowell affirme que les Ojibwa estiment qu'une pierre dispose ou non d'une vitalité selon le contexte et la relation établie. Cet argument est particulièrement pertinent dans le cas des Q'eros puisque certains *paqu* m'ont souvent dit: «cette pierre a une vie à partir du moment où elle existe pour toi. Si tu vois en elle un *animu*, elle verra de même en toi». Dans le contexte Ojibwa, les pierres sont vivantes lors des cérémonies chamaniques, mais sont simplement des pierres quand elles se trouvent dans une rivière. Or, dans une ontologie comme celle des Q'eros où la distinction entre monde animé et monde inanimé est inexistante, toutes les pierres et les autres entités sont animées. La phrase des *paqu* de Q'ero m'était autant adressée à moi, chercheur occidental, qu'aux Q'eros qui ont oublié que tous les êtres et les objets sont animés. Ainsi, contrairement à l'interprétation qu'Hallowell offre de l'ontologie Ojibwa, pour les Q'eros, toutes les pierres, qu'elles se trouvent dans un pâturage ou sur une *mesa*, possèdent un *animu* et sont donc vivantes. Lors d'un rituel chamanique, la pierre entre en relation avec d'autres êtres tels que le chamane, les feuilles de coca, les *Apu*, la *Pachamama* et c'est à ce moment précis que la pierre échange ou transfère une partie de son *sami* aux autres êtres présents. Le chamane peut ainsi utiliser le *sami* d'une pierre pour soigner un malade. En d'autres termes, c'est à partir du type de relation et du contexte qu'il y a un échange de *sami*.

C'est sur la base de ces deux remarques que je distingue le *sami* de l'*animu* bien qu'ils soient utilisés comme des synonymes, parfois même par les Q'eros. Je définirai l'*animu* comme une 'essence ou substance qui anime tous les êtres ou personnes' et le *sami* comme une 'essence ou substance qui est partagée et transférée par tous les êtres ou personnes'. Or, dans cet univers, les personnes appartiennent à une hiérarchie relative qui dépend de la relation en contexte. Nous avons vu que les *Apu* et la *Pachamama* dominent cette hiérarchie, suivis des hommes, puis des alpagas et des lamas. Cette hiérarchie est cependant très variable et change selon le contexte dans lequel se déploie la relation entre les personnes, comme dans le cas du sacrifice précédant le *Phallchay*, lorsque les alpagas et les lamas deviennent à ce moment précis plus importants que les êtres humains.

J'ai souligné précédemment que, dans le manuscrit de Huarochirí, les *wak'a* sont décrites en termes de *kamaq* relatif. Aujourd'hui encore, cette forme d'organisation subsiste. L'*Apu* Ausangate, par exemple, domine les autres *Apu*; il possède un *sami* plus important que les *Apu* mineurs et les *awki*. Ce constat est également valable pour les êtres humains puisque un chamane possède plus de *sami* que les autres hommes. C'est également pour cette raison qu'il possède des pouvoirs et qu'il est appelé *kamasqa*. Mais au-delà de la variabilité du *sami*, chaque être partage le même *animu* avec les membres de sa catégorie de personne. Les Q'eros, pendant le sacrifice d'un alpaga, ne communiquent pas avec l'*animu* de l'animal sacrifié mais avec l'*animu* de tous les alpagas. Ricard Lanata (2007: 78-79) observe également chez les bergers de l'Ausangate que chaque individu ou chaque groupe d'individus – humains, animaux, plantes, minéraux, etc. – possèdent un *animu* particulier. En effet, l'*animu* des êtres humains est différent de l'*animu* des alpagas et de celui des pommes de terre. La question est de savoir si chaque être humain possède un *animu* différent. Il semble que non. En revanche, ce qui diffère d'un contexte à l'autre est le type de relation établie. Lorsqu'un chamane communique avec les *Apu*, c'est seulement son *animu* qui entre en relation avec l'*animu* d'un ou de plusieurs *Apu*. En revanche, pendant le rituel collectif d'une communauté, tous les *animu* des Q'eros entrent en contact avec les *Apu*. La même dynamique est présente lors du sacrifice de l'alpaga car en dansant avec la peau de l'animal, les Q'eros entrent en contact avec l'*animu* collectif des alpagas, et non seulement avec l'*animu* de l'animal sacrifié. Chaque être partage ainsi avec les autres êtres de sa catégorie de personne le même type d'*animu*, mais il ne partage pas nécessairement la même quantité ou qualité de *sami*.

5.3.3 Une ontologie analogique

Dans l'ontologie analogique décrite par Descola (2005: 314), l'intériorité et la physicalité sont fragmentées dans chaque être entre des composantes multiples dont l'assemblage instable engendre un flux de singularité, d'où une préoccupation constante pour la conservation d'un équilibre constamment menacé. L'obsession de l'analogie en est un trait dominant et c'est pourquoi Descola (2013*a*: 270) a choisi le qualificatif d'analogique pour désigner ce schème. Or, l'univers des Q'eros manifeste des caractéristiques semblables. Dans celui-ci, l'échange ou le transfert de *sami* s'opère entre différentes personnes qui peuvent être humaines ou non humaines. L'objectif principal de ce transfert est la conservation d'un équilibre général entre tous les êtres. Il est ainsi difficile, voire parfois impossible, de déterminer le point à partir duquel une entité se termine et une autre commence. C'est le cas par exemple lorsqu'il s'agit de déterminer si chaque être humain détient un *animu* différent de celui de tous les membres de sa communauté, ou de tous les êtres humains. Le même problème se pose pour un animal ou une plante. Dans le cas de Q'ero, cette frontière est toujours en mouvement et dépend systématiquement de la relation et du contexte. Il est donc possible de parler de l'*animu* d'une seule personne et d'un *animu* collectif partagé par plusieurs personnes. En outre, selon Descola (2005: 315), les ancêtres occupent souvent une place prépondérante dans les ontologies analogiques, *a contrario* de l'animisme et du totémisme où ces personnages encombrants sont absents. Or, les Q'eros également interagissent avec les esprits des ancêtres.

En résumé, dans cette ontologie, l'analogie est utilisée afin de cimenter un monde rendu friable par la multiplicité de ses parties (Descola 2005: 315). Or, l'un des moyens de conférer du sens et de l'ordre à un univers peuplé de singularités est de partager celles-ci dans des structures à deux pôles qui, plutôt qu'une opposition duale universelle, est un mécanisme de réduction des singularités pour réduire la complexité (Descola 2005: 303, 307). Les Q'eros utilisent une classification duale qu'ils appellent *yanantin masintin* renvoyant à un dualisme typique des communautés andines: homme/femme, jour/nuit, *Apu/ñusta*, etc. En outre, une autre façon de systématiser l'univers des singularités dans les cosmologies analogiques consiste à les hiérarchiser (Descola 2005: 316). Les Q'eros n'échappent pas à cette pratique, applicable sur le plan horizontal, c'est-à-dire avec les autres membres de la communauté ou de manière générale avec les êtres humains, et sur un plan vertical, c'est-à-dire avec les *Apu*, la *Pachamama*, les esprits de *machula*, les pierres, les phénomènes atmosphériques, les alpagas, les pommes de terres, etc.

La pratique du sacrifice est également fondamentale dans les ontologies analogiques (Descola 2005: 318-320; 2013*a*: 274). Selon Claude Lévi-Strauss (1962: 297-298), le sacrifice consiste à «instaurer un rapport, qui n'est pas de ressemblance, mais de contiguïté, au moyen d'une série d'identifications successives qui peuvent se faire dans les deux sens [...]: soit du sacrifiant au sacrificateur, du sacrificateur à la victime, de la victime sacralisée à la divinité, soit dans l'ordre inverse». C'est à partir de cette définition que la pratique du sacrifice forge un rapport de contiguïté entre des entités initialement dissociées (Descola 2005: 318). Par conséquent, le sacrifice est un moyen d'action pour instituer une continuité opératoire entre des entités intrinsèquement différentes (Descola 2005: 320). Le sacrifice de l'alpaga ou du lama à l'ouverture du *Phallchay* illustre clairement ce point. En sacrifiant l'animal, les Q'eros offrent du *sami* à la *Pachamama* et à l'*Apu*, d'une part, et entrent en contact avec l'*animu* de tous les alpagas, d'autre part.

Cependant, certaines pratiques Q'ero ne correspondent pas aux caractéristiques typiques des ontologies analogiques, comme la transmigration des âmes, la réincarnation et la possession. Descola (2005: 296) affirme que, dans les ontologies animiques, l'intromission dans un existant d'une intégrité d'un autre être et la domination définitive ou temporaire de celle-ci sur l'intériorité du premier semble inconnue. Bien que certains chamanes d'Amazonie ou de Sibérie soient pénétrés par des esprits auxiliaires, ils ne sont pas complètement aliénés par une puissance étrangère qui leur ferait changer d'identité. Il s'agit plutôt d'une façon d'exprimer la communication volontaire établie par le praticien avec des *alter ego* invités à prêter leur concours et dont il maîtrise les actions. Or, dans la cosmologie des Q'eros, la transmigration des esprits est partielle dans le sens où les *animu* sortent des corps, mais n'entrent pas dans d'autres. Les Q'eros appellent les esprits des *machula* au travers d'un *Apu* ou d'une pierre, mais ces derniers sont plutôt des intermédiaires qui font venir les esprits. Leur *animu* n'a donc pas migré dans un *Apu* ou dans une pierre. De plus, les Q'eros ne conçoivent pas la réincarnation. Lorsqu'un *altumisayuq* appelle ses esprits auxiliaires pendant un rituel chamanique, il n'est pas possédé par eux. Au contraire, c'est lui qui maîtrise les actions et qui les convoque, comme les chamanes des cosmologies animiques décrites par Descola, afin de communiquer volontairement avec eux et leur demander leur soutien. Ainsi, bien que l'ontologie analogique soit dominante à Q'ero, certaines pratiques locales présentent des similitudes avec les ontologies animiques.

Récemment, Descola (2013*a*, 2013*b*) a proposé d'éclairer plus précisément les différences et les similitudes entre les ontologies animiques et analogiques. Il divise trois catégories d'entités qui peuvent s'incarner et être opérationnelles dans certaines circonstances: les esprits, les divinités et les antécédents. Il définit ces entités sous le terme d'incarnés (Descola 2013*b*: 37). Il définit d'abord les esprits comme des incarnés typiques des ontologies animiques dans lesquelles les plantes, les animaux et parfois les ombres sont animés par un esprit (Descola 2013*b*: 39). Les divinités appartiennent au deuxième type d'incarnés. Elles sont très communes dans les ontologies analogiques et, à l'inverse des esprits qui peuvent vagabonder d'une entité à une autre, les divinités sont généralement attachées à un endroit fixe – lac, montagnes, pierre, etc. En outre, les divinités reçoivent des sacrifices, des prières ou des invocations en échange de leur bienveillance (Descola: 2013*b*: 40-41). En conclusion, il existe deux types distincts d'antécédents: les ancêtres et les totems. Les ancêtres sont des humains des générations passées qui ne sont ni vraiment mortes ni vraiment vivantes. Le culte qui leur est réservé n'est pas seulement destiné à les remercier pour ce qu'ils ont transmis, il est également et avant tout une tentative de conciliation avec eux. Les ancêtres, comme les divinités, sont des entités typiques des ontologies analogiques. Au-delà de leurs différences comportementales, ils partagent un même mode de présence au sein de ces ontologies (Descola 2013*b*: 43-44).

Ses trois catégories d'incarnés peuvent donc cohabiter à l'intérieur d'une même ontologie. Par exemple, les esprits sont présents dans les ontologies analogiques bien que les divinités et les ancêtres y prolifèrent (Descola 2013b: 47). Il en va ainsi à Q'ero où les esprits, les ancêtres et les divinités cohabitent. Bien que ces trois catégories soient utiles sur le plan conceptuel, elles demeurent probablement trop artificielles au niveau empirique. En effet, dans une cosmologie comme celle des Q'eros, chaque entité est pourvue d'un *animu* et, bien que leur univers social soit très hiérarchisé, les frontières entre ces trois catégories ne sont pas toujours claires. En outre, s'il est vrai que l'*Apu* est présent à un endroit fixe, dans ce cas une montagne, il bouge comme un esprit lorsqu'il est appelé par un *paqu* pendant une cérémonie. Ainsi, les esprits, qui selon Descola sont les incarnés typiques des ontologies animiques, sont bien présents à Q'ero.

De nombreux chercheurs andinistes sont aujourd'hui réticents à accepter la proposition de Descola selon laquelle les ontologies des communautés andines sont analogiques. La plupart les considèrent plutôt comme des ontologies animiques. Viveiros de Castro (2009: 48-49) remet également en cause la définition du totémisme et l'analogisme comme n'étant pas de vraies ontologies:

> Je ne cache pas avoir certaines réserves quant au bien-fondé de ces deux schémas parallèles (ou du moins quant à leur appartenance à la même catégorie onto-typologique que les schémas croisés), dans la mesure où ils supposent des définitions mutuellement indépendantes de la 'physicalité' et de l'"intériorité', ce qui tendrait ainsi à les substantialiser, alors que les schémas croisés requièrent simplement des valeurs 'de position', déterminables par contraste interne, où un pôle fonctionne réciproquement comme figure ou fond pour l'autre.

Pour Viveiros de Castro, l'analogisme ne serait pas une ontologie mais une sous-catégorie de l'animisme, ou même une sous-catégorie du totémisme tel que Lévi-Strauss l'a défini. Dans son analyse des pèlerins du *Quyllur rit'i*, Astrid Stensrud (2010: 44-47) emploie la désignation d'ontologie animique-analogique. Or, la démarche de Descola consiste à identifier des ontologies qui prédominent en un lieu et en un temps donnés, mais sans aucune exclusivité. Différentes ontologies peuvent ainsi coexister bien qu'une seule prédomine. Chaque ontologie est donc en mesure d'apporter des nuances au schème localement dominant. En outre, il propose de différencier ces quatre modes d'identification à partir des différences et des ressemblances des intériorités et des extériorités. C'est ici, je pense, que réside le malentendu car tout dépend de la définition que les partisans de l'animisme des hautes terres adoptent. Si l'on considère l'animisme comme le simple fait d'attribuer aux entités non humaines des âmes ou des esprits, les communautés des hautes terres partagent en effet une ontologie animique. Cependant, Descola propose une définition de l'animisme qui implique une distinction fondamentale entre les types d'intériorités attribués aux non-humains par les ontologies de l'Amazonie, et par celles des Andes[103]. Selon lui, les catégories qui sont généralement mobilisées pour différencier les sociétés de l'Amazonie de celles des Andes sont organisées à partir d'une alternance approximative entre présence et absence: «de l'État, de l'exploitation, du despote, des classes, de la religion, de la division sociale du travail, etc.» (Descola 2013a: 268). Nous devrions cependant appréhender les similitudes entre l'Amazonie et les Andes en admettant leurs différences:

> [...] non en termes de positions inégales dans une échelle évolutive, de potentialités environnementales plus ou moins favorables ou de degrés de tolérance au despotisme, mais en évaluant en quoi des prémisses ontologiques tout à fait contrastées ont pu engendrer des schèmes institutionnels, des modes de comportement, des configurations relationnelles, des cosmologies, dont quelques ressemblances superficielle cachent difficilement la profonde hétérogénéité (Descola 2013a: 274-275).

À partir de ce postulat, il est possible d'expliquer les traits communs entre ces deux grandes aires, tels que l'organisation dualiste et triadique, le chamanisme et ainsi de suite. Autrement dit, c'est en reconnaissant les caractéristiques des deux ontologies que l'on peut esquisser un véritable cadre

---

103 «Si l'on dépouille la définition de l'animisme de ses corrélats sociologiques, il reste une caractéristique sur laquelle tout le monde peut s'accorder et qui rend manifeste l'étymologie du terme, raison pour laquelle j'ai choisi de le conserver en dépit des usages contestables que l'on a pu en faire jadis: c'est l'imputation par les humains à des non-humains d'une intériorité identique à la leur. Cette disposition humanise les plantes, et surtout les animaux, puisque l'âme dont ils sont dotés leur permet non seulement de se comporter selon les normes sociales et les préceptes éthiques des humains, mais aussi d'établir avec ces derniers et entre eux des relations de communication» (Descola 2005: 183).

comparatif des communautés andines et des communautés de l'Amazonie (Descola 2013a : 275).

Les quatre types d'ontologie proposées par Descola offrent un cadre heuristique pertinent pour appréhender la question de la représentation du changement climatique chez les Q'eros. Bien qu'ils partagent des pratiques propres à certaines sociétés animiques de l'Amazonie, les Q'eros partagent une ontologie analogique dominante suivant la classification des continuités et des discontinuités des intériorités et des physicalités proposée par Descola. Toutefois, j'ai évoqué à plusieurs reprises les témoignages de certains Q'eros qui clament être originaires de la forêt amazonienne. Leur danse du *wayri ch'unchu* est un indice parmi d'autres de leur proximité, pas uniquement spatiale, avec les basses terres. Ces contacts pourraient expliquer que certains traits typiques de la cosmologie Q'ero se rapprochent des ontologies animiques.

6. Un fait social total

> Que le fait social soit total ne signifie pas seulement que tout ce qui est observé fait partie de l'observation ; mais aussi, et surtout, que dans une science où l'observateur est de même nature que son objet, l'observateur est lui-même une partie de son observation.
>
> Claude Lévi-Strauss (1950 : XXVII)

6.1 Les modes de relation chez les Q'eros

6.1.1 L'écologie des relations

Descola propose une classification comprenant six modes de relation afin d'approfondir les rapports entre humains d'une part, et entre humains et non-humains, d'autre part. Ces modes de relation, tout comme les quatre modes d'identification, sont des schèmes intégrateurs qui orientent l'action pratique. Un schème de relation est dominant au sein d'un groupe lorsqu'il est utilisé dans différentes circonstances, que ce soit dans les rapports entre humains ou dans les rapports entre humains et non-humains (Descola 2005 : 424).

Les rapports établis entre les entités qui peuplent le monde sont tellement nombreux qu'il est impossible de tous les discuter individuellement. C'est pourquoi Descola (2005 : 425) propose six modes de relation qui jouent un rôle prépondérant dans les rapports que les êtres humains nouent entre eux et avec les entités non humaines. Il s'agit de l'échange, du don, de la prédation, de la protection, de la transmission et de la production. Ces six modes de relation peuvent se répartir en deux groupes : le premier se caractérise par des modes de relations potentiellement réversibles – échange, don et prédation – et le second par des modes de relations univoques et irréversibles – protection, transmission et production.

Je retiendrai quatre de ces modes de relation pour mon analyse. J'exclue la prédation et la production car la première est une relation typique des ontologies animiques absente de Q'ero, et la seconde est un terme qui n'est guère adéquat pour définir la manière dont certaines sociétés conçoivent leurs pratiques de subsistance (Descola 2005: 441)[104].

Tableau 6: Distribution des relations selon le type de rapports entre les termes (Descola 2005: 456).

	Relation de similitude entre termes équivalents	Relation de connexité entre termes non équivalents	
Symétrie	ÉCHANGE	PRODUCTION	Connexité génétique
Asymétrie négative	PRÉDATION	PROTECTION	Connexité spatiale
Asymétrie positive	DON	TRANSMISSION	Connexité temporelle

Échanger et donner

Pour Descola (2005: 426), l'échange se caractérise par une relation symétrique dans laquelle un transfert d'une entité à une autre exige une contrepartie en retour. En revanche, le don est une relation asymétrique positive dans laquelle une entité A offre une valeur à une entité B. Ces deux termes ont une longue histoire en anthropologie et il convient de clarifier le sens que Descola leur donne à la différence d'autres auteurs. Tout d'abord, il affirme que l'idée de faire de l'échange réciproque et du don le véritable ciment de toute vie sociale est un *leitmotiv* de la philosophie occidentale. Or, «est-il légitime», se demande t-il, «de regrouper au sein d'un même

---

104 Descola (2005: 443) montre que «les femmes achuar ne 'produisent' pas les plantes qu'elles cultivent: elles ont avec elles un commerce de personne à personne, s'adressent à chacune pour toucher son âme et ainsi se la concilier, favoriser sa croissance et l'aider dans les écueils de la vie, tout comme le fait une mère avec ses enfants».

ensemble de phénomènes la réciprocité et le don?» (Descola 2005: 427). Pour répondre à cette question, Descola remonte à l'*Essai sur le don* de Mauss et à l'influence de cet ouvrage sur Lévi-Strauss. Ce dernier, au-delà des critiques qu'il adresse à son illustre prédécesseur sur la notion de *hau*[105], s'accorde avec lui sur la conception du don comme un système de prestations totales caractérisé par les obligations de donner, recevoir et rendre[106] (Descola 2005: 427-428). Or, cette conception du don est tributaire d'une théorie occidentale car elle fait implicitement écho à des

---

105 L'analyse de Mauss repose principalement sur le témoignage de Tamati Ranaipiri, un des interlocuteurs maori d'Elsdon Best. Il explique: «Les *taonga* et toutes propriétés rigoureusement dites personnelles ont un *hau*, un pouvoir spirituel. Vous m'en donnez un, je le donne à un tiers; celui-ci m'en rend un autre, parce qu'il est poussé par le *hau* de mon don; et moi je suis obligé de vous donner cette chose, parce qu'il faut que je vous rende ce qui est en réalité le produit du *hau* de votre *taonga*» (Mauss, 1950*b*: 159).

106 Dans sa célèbre «Introduction à l'œuvre de Marcel Mauss», Lévi-Strauss (1950: XXXVIII-XXXIX) affirme que Mauss s'obstine à reconstruire un tout avec des parties. D'après le père du structuralisme, cette entreprise est manifestement impossible. En effet, Lévi-Strauss estime que Mauss pense avoir réussi à reconstruire ce tout avec une quantité supplémentaire: le *hau*. Or, pour Lévi-Strauss (1950: XLVI), tout comme dans le cas du *mana*, le *hau* n'est que la réflexion subjective de l'exigence d'une totalité non perçue. Ainsi, il conclut que «l'échange n'est pas un édifice complexe, construit à partir des obligations de donner de recevoir et de rendre, à l'aide d'un ciment affectif et mystique. C'est une synthèse immédiatement donnée à, et par, la pensée symbolique qui, dans l'échange comme dans toute autre forme de communication, surmonte la contradiction qui lui est inhérente de percevoir les choses comme les éléments du dialogue, simultanément sous le rapport de soi et d'autrui, et destinées par nature à passer de l'un à l'autre» (Lévi-Strauss, 1950: XLVI). Sur la base de cette critique, Lévi-Strauss (1950: XXXVIII-XXXIX) pose indirectement la célèbre question à Mauss: «Ne sommes-nous pas ici devant un de ces cas (qui ne sont pas si rares) où l'ethnologue se laisse mystifier par l'indigène?». Selon Lévi-Strauss «au lieu de suivre jusqu'au bout l'application de ses principes, Mauss y renonce en faveur d'une théorie néo-zélandaise, qui a une immense valeur comme document ethnographique, mais qui n'est pas autre chose qu'une théorie». En effet, d'après Lévi-Strauss, ce n'est pas parce que les Maoris se sont posés et ont résolus certains problèmes, qu'il faut s'incliner devant leur interprétation. Le *hau*, continue Lévi-Strauss, n'est pas la raison dernière de l'échange mais plutôt la forme avec laquelle des hommes dans une société donnée ont appréhendé une nécessité inconsciente dont la raison est ailleurs. Il considère que Mauss a opté pour «le tableau de la théorie indigène» plutôt qu'opter pour une véritable théorie d'une telle réalité.

obligations ancrées dans la figure des trois Grâces issue de l'Antiquité (Descola 2005: 428). Cette conception du don que l'anthropologie a embrassée à la suite de l'*Essai sur le don* est-elle adéquate à la pratique qu'elle prétend caractériser? Selon Descola, le don est avant tout un geste à sens unique, à la différence de l'échange. Il n'anticipe pas de compensation autre que la reconnaissance éventuelle du destinataire. Ainsi, le don, au sens littéral, n'implique pas un retour, celui-ci demeurant une possibilité dont la réalisation est indépendante de l'acte de donner lui-même (Descola 2005: 429). Le don est donc un transfert unique qui peut engendrer un contre-transfert, mais pour des motifs étrangers au principe même de libéralité qui l'a rendu possible (Descola 2005: 431). À l'inverse, l'échange est à la fois la cause et l'effet de l'autre: je donne pour que tu me donnes, et de façon réciproque. La réciprocité s'exerce donc d'un premier terme à un second, et du second au premier. Le don est réciproque seulement s'il est suivi d'un contre-don. Autrement dit, la réciprocité ne constitue pas une caractéristique intrinsèque de ce type de transaction car le retour du don n'est pas une obligation contraignante comme elle l'est dans l'échange qui implique nécessairement la réciprocité (Descola 2005: 431). C'est à partir de cette distinction que Descola définit par le terme d'échange ce que Lévi-Strauss entendait par réciprocité, c'est-à-dire un transfert qui requiert une contrepartie. Par ailleurs, à la différence de Mauss, il définit le don comme un transfert sans obligation de contre-transfert (Descola 2005: 431)[107].

---

107 En séparant le don de l'échange Descola emprunte à la pensée d'Alain Testart (1997) qui distingue clairement ces deux termes: l'échange consiste à céder une chose pour une contrepartie, tandis que le don implique de céder une chose sans espoir de contrepartie. Il n'est pas faux d'affirmer que le don peut obliger son destinataire. Cependant, contrairement à ce qu'affirme Mauss, l'obligation n'impose pas de contre-don car le transfert initial entraine une prescription contraignante qui découlait d'un contrat ou d'une responsabilité dont la non-exécution pouvait être sanctionnée. En cela, le don diffère substantiellement de l'échange. L'échange a comme condition nécessaire l'obtention d'une contrepartie et il est constitué de deux transferts résultant d'une obligation qui trouve sa raison d'être dans l'autre (Testart 1997: 51).

Protéger et transmettre

Ainsi, les relations dénotées par le premier groupe – échange, prédation et don – sont potentiellement réversibles entre les termes, tandis que les relations relevant du deuxième groupe – produire, protéger et transmettre – sont univoques et se déploient entre des termes hiérarchisés (Descola 2005 : 439). La protection devient dominante dans les rapports avec les entités non humaines lorsqu'un animal ou une plante sont perçus, d'une part, comme tributaires des êtres humains pour leur alimentation et leur reproduction et, d'autre part, comme étroitement liés aux êtres humains au point de devenir des composantes acceptées par le collectif. Par exemple, certains animaux peuvent servir à l'alimentation des humains mais cette fonction utilitaire est rarement la plus importante parmi les rapports que les hommes entretiennent avec ces animaux. Il faut avant tout les surveiller, les assister et leur donner tous les soins qu'ils nécessitent au quotidien (Descola 2005 : 446).

Tout comme les humains prennent soin des animaux, ils peuvent eux-mêmes être protégés par des entités non humaines, les divinités, lesquelles tirent de cette relation leur raison d'être. Ces dernières se présentent comme les garantes du bien-être conjoint des humains et des non-humains que les humains protègent (Descola 2005 : 449). À partir du cas des Exirit-Bulagat (pasteurs de Cisbaïkalie), Descola (2005 : 449-450) montre comment les sacrifices d'animaux aux divinités sont motivés par l'espoir que celles-ci concèdent leurs bienfaits aux humains et à leurs animaux. En conclusion, Descola affirme que la transmission permet l'emprise des morts sur les vivants à travers la filiation. Dans cette relation, les vivants se considèrent comme débiteurs des morts. Les valeurs selon lesquelles ils vivent et les avantages dont ils jouissent proviennent des ancêtres qui les ont engendrés (Descola 2005 : 450-451).

6.1.2 La réciprocité andine : l'ayni

Descola maintient donc qu'un échange est toujours réciproque, tandis que le don n'implique la réciprocité que s'il y a contre-don. Avant de discuter ses modes de relation, je propose d'examiner le concept de réciprocité dans les Andes. Dans la littérature anthropologique andiniste, le terme d'*ayni* est souvent utilisé pour décrire un type de travail communautaire. Comme le souligne Nathan Wachtel (1990: 563-568), l'*ayni* constitue la base des liens communautaires dans les processus de production. Au sein d'une communauté, en particulier dans une famille, l'échange consiste généralement à donner une quantité de travail en retour d'une quantité de travail équivalente ou d'un don de nourriture. L'opération peut se prolonger dans le temps tant que l'individu qui rend un service en recevra un autre, et ce afin de rétablir l'équilibre. Même dans le cas d'une réciprocité symétrique, l'équilibre entre les parties est toujours instable et nécessite constamment un rétablissement. L'*ayni* se distingue de la *minka* qui fait référence à un travail agricole en échange d'une rétribution immédiate en nature, et non d'un service équivalent dans le futur (Orlove 1974: 297-300; Gose 1991: 42-43).

Giorgio Alberti et Enrique Mayer (1974: 15) s'appuient sur les travaux de Murra et Wachtel pour affirmer que les principes fondamentaux de l'organisation socio-économique des sociétés andines précolombiennes étaient la réciprocité, la redistribution et le contrôle vertical de différents étages écologiques. Les membres des communautés, ou *ayllu*, unis par des liens de parenté, entretenaient des relations de réciprocité symétriques à travers des relations de production. L'État inca, en revanche, était lié aux communautés sous sa domination par des relations de réciprocité asymétriques et de redistribution. Alberti et Mayer (1974: 21) maintiennent que plusieurs formes de réciprocité symétrique antérieures à l'époque inca ont continué à fonctionner dans les années 1970 dans un contexte sociopolitique complètement différent. Ainsi, la réciprocité symétrique des relations de production et de distribution à l'intérieur de la communauté, l'importance du système de parenté pour déterminer cette réciprocité, la relation entre le contrôle vertical des étages écologiques, les échanges réciproques et enfin les aspects normatifs de la réciprocité pour établir des systèmes de domination constituent le fil rouge entre l'organisation socio-économique des communautés andines du passé et celles du présent. Alberti et Mayer (1974: 21) définissent la réciprocité comme l'échange continu de biens et de services entre individus ou organisations (groupes, communautés, etc.). Il doit s'écouler un certain laps de temps, négocié entre les parties, entre une prestation et sa restitution. Mais plutôt qu'un échange marchand, cet échange possède une forme rituelle.

Aujourd'hui, les Q'eros constituent une communauté dont l'économie repose sur un système de réciprocité auquel se mêlent des formes subordonnées de redistribution et d'échange. Par exemple, la réciprocité peut s'exprimer sous la forme du travail communautaire. La *minka* est une forme de redistribution. En effet, les individus les plus riches en têtes de bétail et en parcelles cultivables demandent les services de ceux qui possèdent moins d'animaux et de terres sous forme de travail, en échange d'une rétribution matérielle. Afin de caractériser ce cas, on pourrait emprunter à Sahlins (1976: 247-249) la définition de réciprocité équilibrée qui désigne l'échange direct et immédiat d'un bien de valeur équivalente au travail donné.

Les fêtes sont une autre forme de réciprocité qui présente aussi une composante redistributive. En effet, pendant le Carnaval, l'alcalde *varayuq* et les autres *karguyuq* doivent tuer un certain nombre d'alpagas et préparer la *chicha* pour toute la communauté. Au-delà du prestige social associé au *karguyuq*, cette pratique sert à diminuer les inégalités. En effet, une personne qui possède beaucoup d'animaux à Q'ero est considérée comme riche et s'engage à offrir ses animaux aux autres membres de la communauté pendant le Carnaval. Toutefois, les Q'eros n'évaluent pas la richesse uniquement en termes de propriété matérielle. Une personne est riche à partir du moment où elle a gagné sa position sociale dans la fonction de *karguyuq*. Sahlins définirait probablement cet usage comme une réciprocité généralisée dans la mesure où la dimension sociale de l'échange est plus importante que son aspect matériel.

Billie Jean Isbell (1974: 111-113) affirme que la réciprocité, la parenté et le rituel sont des phénomènes interdépendants dans les Andes. Plus précisément, la réciprocité constitue le principe de base de la parenté et du rituel car chaque *karguyuq* dépend de «ceux qui l'aiment», les *compadres*. C'est grâce à ces derniers qu'il peut accomplir ses obligations vis-à-vis de la communauté conformément au système des charges traditionnelles. Celui-ci ne pourrait donc pas fonctionner sans l'existence d'un réseau d'aide réciproque. C'est pour cela que la réciprocité est l'élément intégrateur qui lie la parenté et la hiérarchie sociale à travers le rituel. Ainsi, l'*alcalde varayuq* et les autres *karguyuq* reçoivent le prestige et l'estime de la communauté en échange de services rituels. Isbell (1974: 147-148) propose d'appeler ce type de relation la réciprocité publique qu'elle distingue de la réciprocité privée fondée sur la parenté et qui est l'aide réciproque entre un *karguyuq* et «ceux qui l'aiment». Par ce terme, elle désigne notamment les échanges entre un *karguyuq* et ses parents qui l'assistent pour les dépenses des fêtes.

Bien que l'*ayni* soit généralement décrit comme une forme de travail basée sur la réciprocité, le terme peut également désigner la réciprocité au sens large. À ce sujet, Flores Ochoa (2006: 8) souligne combien la réciprocité est un concept fondamental dans les Andes pour l'articulation des relations personnelles, familiales et communales. Par exemple, la relation qu'entretient Guillermo avec ses frères, qui traditionnellement prévoit une aide mutuelle, est une forme d'*ayni* en contexte migratoire. De fait, le type d'accord que Guillermo et sa femme maintiennent avec leurs frères et sœurs est un accord fondé sur la réciprocité car, d'une part, lui et sa femme s'occupent de la scolarisation des enfants et de la vente des tissus à Cuzco en plus de l'activité de Guillermo comme *paqu*, et de l'autre, leurs frères s'occupent de l'agriculture et des animaux à Q'ero.

Ces définitions de l'*ayni* et de la réciprocité andine constituent des outils d'analyse utiles à la compréhension des relations au sein de l'organisation socio-économique des Q'eros. Cette analyse serait toutefois incomplète si nous ne prenions pas en considération les relations de réciprocité que les Q'eros maintiennent avec les personnes non humaines. En effet, l'*ayni* s'applique à la totalité des univers culturel et naturel des communautés andines (Flores Ochoa 2006: 8). Les relations d'*ayni* vont au-delà des relations entre êtres humains.

Ainsi, Antoinette Molinié Fioravanti (1985: 111) montre comment les relations de réciprocité déterminent également les pratiques de guérison. Elle explique que lorsqu'un *pampamisayuq* ou un *altumisayuq* tente de guérir un malade, il le fait à travers une offrande destinée aux *Apu*. De cette manière, les *paqu* rétablissent la relation de réciprocité qui s'était rompue entre le malade et les divinités. De même, Baud (2011: 101) remarque que la fonction du chamane est de rétablir la réciprocité entre le malade et son environnement à travers un rituel. La relation entre l'homme et son environnement est «empreinte d'un souci de réciprocité garant de l'équilibre du monde ou, plus prosaïquement, d'une santé partagée» (Baud, 2011: 166)[108]. David Gow (1976: 265), pour sa part, définit les relations que les humains entretiennent avec les *Apu* et la *Pachamama* comme des relations de réciprocité asymétrique en soulignant la position hiérarchique dominante des divinités. Dans la même veine, Ricard Lanata (2007: 335) nous rappelle que les *Apu* sont ceux qui ordonnent l'univers. Ainsi, il conviendrait de parler d'un engagement mutuel entre hommes et divinités dont le caractère contraignant fonde une inégalité plutôt qu'une réciprocité. D'après cette hiérarchie, les êtres humains doivent respecter la volonté des *Apu* sous peine d'une punition, tandis que les excès des *Apu* ne sont sanctionnés que par eux-mêmes.

Cependant, la littérature manque de mentionner que les êtres humains entretiennent une relation de réciprocité non seulement avec les divinités, mais également avec les animaux et les végétaux. Les propos de Nicolas montrent que les Q'eros entretiennent des relations d'*ayni* avec les *Apu*, la *Pachamama*, mais également avec les alpagas ou les pommes de terre. Nicolas définit l'*ayni* comme «le complément de la vie parmi toutes les choses», c'est donc la relation que les Q'eros maintiennent avec toutes les entités qui peuplent le monde. Aussi, à travers une cérémonie, les Q'eros rétablissent, continuent ou perpétuent une relation de réciprocité, ou un *ayni*, avec la *Pachamama* et les *Apu*. En outre, L'épisode des grenouilles montre que le concept d'*ayni* n'est pas anthropocentrique mais qu'il est aussi étendu aux autres entités qui peuplent l'univers des Q'eros.

---

108 Voir également Wachtel (1990: 193), Rösing (1994) et Vega-Centeno (2009). *A contrario* Laurence Charlier-Zeineddine (2015) affirme que dans la région du Nord-Potosí bolivien, la réciprocité et l'équilibre sont deux notions insuffisantes pour comprendre les modalités des relations qui lient les humains et les forces agissantes qui les entourent. En effet, le contrôle de la corporéité y est décisif. Pour les paysans, ce contrôle constitue un moyen de se préserver de l'infortune et de devenir agent. Il s'agit, entre autre, de veiller à toujours se fermer et se remplir, les contenus garantissant l'intégrité et la fermeture des corps, lesquelles constituent de véritables remparts que les prédateurs ne peuvent pas franchir.

6.1.3 Entre autonomie et dépendance

Bruno Karsenti (1994), dans sa discussion de l'*Essai sur le don*, souligne un autre paradoxe lié à la notion de don. Le don serait, avant tout, «une prestation qui s'effectue sous la forme d'une circulation de richesse ou de service d'un individu ou d'un groupe vers un autre, et dont la caractéristique fondamentale, tout au moins dans le moment où cette prestation a lieu, est de ne pouvoir se réaliser que dans un seul sens». Aussi, convient-il de souligner un paradoxe lié à la définition du don proposée par Mauss avant d'entrer dans la discussion des relations de réciprocité qui constituent le noyau de son étude:

> Celui d'un phénomène à partir duquel s'élabore une théorie originale de l'échange, mais qui, en lui-même, s'affirme au premier abord bien plus comme l'opposé de l'échange que comme l'une de ses modalités. Le don n'est don qu'en tant qu'il n'est pas l'échange, c'est-à-dire en tant qu'il affirme, dans son effectuation même, le refus ou le dédain d'une éventuelle prestation en retour – bref, en tant qu'il se manifeste essentiellement sous la forme d'un acte gratuit (Karsenti 1994: 24).

Selon Karsenti (1994: 26), la relation qu'institue le don mêle obligation et autonomie aussi bien du point de vue du donateur que de celui du donataire, interdisant l'étude d'une dimension indépendamment de l'autre. Il convient donc d'examiner cet aspect contradictoire pour comprendre la dynamique d'un tel lien. En effet, en considérant uniquement l'aspect volontaire du don, on perd toute possibilité de dévoiler le type de relation qu'il peut impliquer. Par ailleurs, en définissant la relation de don et contre-don comme étant seulement une obligation, on risque de lui appliquer une interprétation abstraite et inadéquate. Aussi, afin d'affiner la triple obligation donner-recevoir-rendre décrite par Mauss, François Gauthier (2010: 118) propose une triple obligation-liberté car cette expression lève une ambiguïté quant à la compréhension spontanée des dynamiques du don tout en respectant le propos de Mauss[109].

---

109 À propos de la triple obligation de donner, recevoir et rendre, Sahlins (1976: 201) observe que d'un point de vue logique, le *hau* explique seulement pourquoi les dons sont rendus mais ne formule pas explicitement les autres obligations proposées par Mauss, celle initiale de donner et l'obligation de recevoir. Selon Sahlins, Mauss n'a traité ces deux aspects que sommairement et sous des formes qui ne sont pas clairement distinguées du *hau*.

Il convient de souligner que la discussion de Karsenti et Gauthier sur la triple obligation-liberté du don se réfère avant tout à des transferts entre humains. Nurit Bird-David (1990), dans une réflexion sur les relations entre humains et non-humains, propose les termes d'environnement prodigue (*giving environment*) pour expliciter la conception que les Nayaga (Inde du sud) se font de leurs forêts. Il soutient par ailleurs que les valeurs du partage et du don sont typiques des sociétés de chasseurs-cueilleurs. Suivant la voie tracée par Bird-David, Ingold (2011: 69-70) affirme que les rapports de partage dans ces sociétés se caractérisent par une confiance fondée sur une combinaison particulière d'autonomie et de dépendance. Pour Ingold, avoir confiance en quelqu'un implique d'agir avec cette personne à l'esprit, avec l'espoir et dans l'attente qu'elle fera de même, répondant de manière favorable, aussi longtemps que nous ne contraignons pas sa liberté d'agir autrement. Cette réponse procède entièrement de l'initiative et du bon vouloir de l'autre partie, quand bien même nous dépendions d'une réponse favorable. Ingold montre donc que la différence entre l'échange réciproque et le don n'est pas toujours bien manifeste. Reprenant la notion de partage proposée par Ingold, Descola (2005: 434) remarque que dans les sociétés de chasseurs-cueilleurs il est impossible de différencier le don de l'échange. C'est pourquoi il existe des sociétés qui sont animées par une idéologie du partage dans lesquelles les rapports interpersonnels accordent la prééminence au don réciproque (Descola 2005: 435). En ce sens, les notions d'obligation et d'autonomie proposées par Karsenti, de même que l'obligation-liberté de Gauthier, se rapprochent du concept de partage développé par Ingold et basé sur une combinaison d'autonomie et de dépendance.

Certes, l'idée d'un système de relations basé sur le don et le contre-don entre les hommes et les divinités n'est pas une nouveauté dans la littérature andiniste. À cet égard, Wachtel souligne notamment:

> De même que la réciprocité entre les hommes exige des échanges continus de dons et contre-dons afin d'effacer une dette qui se reconstitue indéfiniment, de même les rapports entre les hommes et les dieux oscillent sans cesse entre l'équilibre et le déséquilibre, de sorte que l'idéal d'harmonie requiert un rituel perpétuellement recommencé (Wachtel 1990: 193).

Véricourt (2000: 179) montre également comment la relation entre les chamanes et leurs esprits auxiliaires est basée sur les règles sociales de l'échange, du don et du contre-don. Pour sa part, Ricard Lanata (2007: 89) affirme que les verbes *samay* et *saminchay* ne signifient pas tant l'acte de souffler, mais plutôt celui de faire un don de *sami*. Enfin, pour Baud (2011: 165), l'offrande faite par un chamane constitue un acte dévotionnel par lequel le contre-don vient en réponse au don, produisant ainsi une dette symétrique qui rétablit l'équilibre entre les deux parties.

À propos de la relation entre les humains et leurs divinités, Maurice Godelier (1996: 44) note que les débats sur l'*Essai sur le don* négligent de discuter une quatrième obligation: les dons des hommes aux dieux et aux hommes qui représentent les dieux[110]. En effet, après avoir introduit la notion de *hau* et esquissé les descriptions de la *kula* et du *potlatch*[111], Mauss (1950b: 164-167) remarque que, dans certains cas, les dons qui sont échangés entre hommes «incitent les esprits des morts, les dieux, les choses, les animaux, la nature, à être généreux envers eux» (1950b: 165). Il souligne comment, dans plusieurs sociétés, l'échange n'a pas uniquement d'incidence sur la générosité des dons échangés, nourrie par la rivalité, mais également sur les âmes des morts et sur la nature. En effet, les échanges de dons entre humains incitent les dieux, la nature et les esprits des ancêtres à être bons et généreux envers les hommes. Par ailleurs, Mauss discute les échanges entre humains et dieux en prenant comme exemple la pratique du sacrifice qui a précisément comme objectif d'être une donation rendue[112]. En effet, souligne Mauss, la mise à mort des esclaves n'a pas pour

---

110 En réalité, Mauss ne parle pas de quatrième obligation mais de quatrième thème.
111 Pour approfondir le sujet du *potlatch* voir Schulte-Tenckhoff (1986, 2001).
112 Sur ce point Mauss (1950b: 166-167) affirme que «les rapports de ces contrats et échanges entre hommes et de ces contrats et échanges entre hommes et dieux éclairent tout un côté de la théorie du Sacrifice. D'abord, on les comprend parfaitement, surtout dans ces sociétés où ces rituels contractuels et économiques se pratiquent entre hommes, mais où ces hommes sont les incarnations masquées, souvent chamanistiques et possédées par l'esprit dont ils portent le nom: ceux-ci n'agissent en réalité qu'en tant que représentants des esprits. Car, alors, ces échanges et ces contrats entraînent en leur tourbillon, non seulement les hommes et les choses, mais les êtres sacrés qui leur sont plus ou moins associés».

unique objectif de montrer la richesse et la puissance, elle est également une offrande aux dieux et aux esprits:

> L'un des premiers groupes d'êtres avec lesquels les hommes ont dû contracter et qui par définition étaient là pour contracter avec eux, c'étaient avant tout les esprits des morts et les dieux. En effet, ce sont eux qui sont les véritables propriétaires des choses et des biens du monde. C'est avec eux qu'il était le plus nécessaire d'échanger et le plus dangereux de ne pas échanger [...] La destruction sacrificielle a précisément pour but d'être une donation qui soit nécessairement rendue [...] Ce n'est pas seulement pour manifester puissance et richesse et désintéressement qu'on met à mort des esclaves, qu'on brûle des huiles précieuses, qu'on jette des cuivres à la mer, qu'on met même le feu à des maisons princières. C'est aussi pour sacrifier aux esprits et aux dieux (Mauss 1950*b*: 167).

En outre, continue Mauss (1950*b*: 169), les divinités donnent «une grande chose à la place d'une petite». Pour Godelier (1996: 46), il est cependant étrange que Mauss réduise les dons des humains aux divinités à la notion de sacrifice étant donné que, dans toutes ces sociétés, les divinités et les esprits des morts sont les vrais propriétaires des choses[113]. Il maintient que Mauss aurait dû prendre en compte, d'une part, le fait que les divinités ont la liberté de donner ou non, et d'autre part, le fait que les humains abordent ces dernières en position de dette. En d'autres termes, Godelier reproche à Mauss de ne pas avoir tenu compte de ce que les divinités et les esprits des morts sont des entités supérieures aux humains. En évoquant la quatrième obligation qu'ont les hommes de faire des dons aux dieux et aux esprits des morts, Godelier (1996: 250) souligne que les dons offerts ne sont pas nécessairement 'en échange'. Les divinités ne sont pas obligées de donner, ne sont pas obligées d'accepter, et elles ne sont pas non plus obligées de rendre. Elles ne sont donc pas enchaînées aux trois obligations qui lient les humains dans leurs échanges de dons. Mais alors, «pourquoi [les dieux] ont-ils fait ce qu'ils ont fait? Par amour des hommes? Pour se convaincre eux-mêmes de leur propre puissance?» (Godelier 1996: 258). Aux yeux des humains, il y aurait quelque chose

---

[113] Sur ce point, Godelier (1996: 250) affirme que «ce que leur donnent les hommes, ce sont des prières, des offrandes et souvent des sacrifices, c'est-à-dire l'offrande d'une vie, animale ou humaine. Mais prenons garde. Le sacrifice n'est pas une pratique universelle».

d'incompréhensible qui subsiste quand ils essaient de comprendre les actions des divinités.

Godelier (1996: 258) affirme que les divinités auxquelles les humains adressent leurs offrandes, leurs prières et leurs sacrifices sont, par définition, «des preneuses de dons supérieures à leurs donneurs». Les humains sont conscients de cette supériorité et savent que les divinités pourraient ne pas les écouter. C'est précisément pourquoi ils s'imposent une grande rigueur dans l'exécution des rituels qui doivent être adressés à travers un langage entendu et attendu. «C'est pour ces raisons», conclut Godelier (1996: 259), «qu'à nos yeux il ne peut être vraiment question entre les grands dieux et les hommes de véritables 'contrats', et que nous ne pensons pas comme Mauss que le sacrifice soit dans son essence profonde un contrat entre les hommes et les dieux».

Godelier soulève ici des points pertinents qui méritent quelques commentaires. Tout d'abord, je conviens avec lui qu'il est important de souligner pour l'analyse la position hiérarchique supérieure des divinités par rapport aux humains. La cosmologie Q'ero l'illustre bien puisque les *Apu* et la *Pachamama* y occupent une position épistémique dominante. Il est vrai également que la quatrième obligation, telle que Godelier la définit, est souvent évacuée des discussions sur l'*Essai sur le don* qui se concentrent principalement sur l'étude des échanges entre humains. Toutefois, l'expression de 'quatrième obligation' présente certaines limites à mes yeux. Selon Godelier, seuls les humains ont cette obligation vis-à-vis des divinités qui, elles, ne sont soumises à aucune obligation vis-à-vis des humains avec lesquels elles n'ont pas de véritable contrat. Bien que le terme 'contrat' ne soit pas adéquat au contexte Q'ero où les humains n'ont pas d'accord de ce type avec les *Apu* et la *Pachamama*, ils entretiennent néanmoins une relation d'autonomie et de dépendance, plutôt qu'une relation d'obligation, vis-à-vis de leurs divinités. Or, cette relation d'autonomie et de dépendance ne se limite pas uniquement aux relations que les Q'eros ont avec leurs divinités. Elle s'applique également aux relations qu'ils entretiennent avec les autres entités non humaines. Ricard Lanata (2007: 347-348) affirme que les bergers des hautes terres envisagent leurs rapports à la nature et au monde-autre à travers un va-et-vient permanent entre les notions de dépendance et d'autonomie. En cherchant à atteindre un équilibre entre ces deux notions, les bergers sont toujours à la recherche d'une stabilité qui garantisse leur reproduction sociale et leur sécurité de manière durable. Ils essayent donc de façonner la nature et la société en s'inscrivant dans un ordre supérieur qui résulte de la volonté des *Apu* et de la nature même des choses. Comme je l'ai déjà souligné, je n'adhère pas à la séparation qu'opère Ricard Lanata entre société, nature et monde-autre. Cependant, les notions de dépendance et d'autonomie qu'il propose à la suite d'Ingold sont pertinentes pour mieux appréhender les modes de relation entre les entités humaines et non humaines. En effet, la tension qui réside dans la relation entre dépendance et autonomie est analogue à la tension qui existe dans la relation de don entre obligation et liberté. Il est donc possible de considérer que les Q'eros entretiennent une relation de dépendance et d'autonomie vis-à-vis de toutes les entités qui peuplent leur univers social.

6.1.4 Un don réciproque asymétrique

À ce stade, je propose de faire une distinction conceptuelle pour la poursuite de l'analyse de l'échange, du don et du don réciproque. Tout d'abord, je reprends les définitions de l'échange et du don proposées par Descola : le premier est un transfert qui requiert une contrepartie, tandis que le second est un transfert sans obligation de contre-transfert. Par ailleurs, je définis tous les transferts qui cachent une tension entre autonomie et dépendance, par exemple le don propitiatoire, par l'expression de don réciproque. Or, il est légitime de questionner l'usage de la terminologie du don au vu de la nature intéressée du don réciproque. J'éviterai toutefois d'employer un néologisme. Je me limiterai ainsi à le nommer don réciproque afin de montrer que celui-ci désigne un type de relation qui se trouve en tension latente entre l'échange et le don.

En outre, il convient d'apporter une dernière précision au sujet de la symétrie des relations. Les transferts entre humains se fondent sur des relations symétriques ou asymétriques, tandis que les transferts entre humains et non-humains reposent sur des relations asymétriques. Aussi, je définis les rapports que les Q'eros entretiennent avec les autres entités qui peuplent leur univers social sous le terme de 'don réciproque asymétrique'[114]. Cette définition désigne un type de relation entre autonomie et dépendance que les Q'eros maintiennent avec leurs divinités, leurs ancêtres, leurs animaux et leurs cultures. Elle englobe également les deux types de modalités relationnelles que Descola définit comme univoques, c'est-a-dire la protection et la transmission. Nous pouvons résumer cela à l'aide des schémas suivants:

1) Humains ←→ Humains

Humains → Humains: échange et don

À Q'ero, l'échange et le don sont les deux modes principaux de relations entre humains. Les différentes formes de travail communautaire, l'*ayni* et la *minka*, démontrent que la relation dominante entre humains est l'échange. Celui-ci est parfois subordonné à des transferts de don, comme dans le cas des fêtes communautaires ou dans celui de l'*aynillapaq* qui renvoie à une situation où les individus donnent quelque chose à une personne qui ne possède plus rien sans rien attendre en contrepartie.

2) Humains ←→ Divinités (Pachamama, Apu)

Divinités → Humains: protection (don réciproque asymétrique)
Humains → Divinités: don réciproque asymétrique

À Q'ero, les *Apu* et la *Pachamama* occupent la position la plus élevée de la hiérarchie sociale et possèdent un rôle ordonnateur. Pour reprendre un type de relation défini par Descola, ces divinités protègent les humains. Or cette protection inclue également celle de leurs troupeaux et de leurs cultures, et notamment le maintien de la santé et du bien-être de ces derniers. Les divinités protègent donc également les animaux et les cultures des Q'eros. Bien que la protection soit un type de relation irréversible, elle doit être appréhendée comme une forme de don réciproque asymétrique.

---

114   On pourrait toutefois se demander si le terme asymétrique est adéquat ou si ce n'est pas mieux de parler de réciprocité inégale. En effet, à propos de la symétrie dans les relations de réciprocité, Karl Polanyi (1974: 245) affirme que: «la réciprocité sous-entend des mouvements entre points de corrélation de groupes symétriques».

En effet, les Q'eros sollicitent cette protection à travers des offrandes, des rituels, etc. Les transferts adressés par les humains aux divinités sont donc des dons réciproques asymétriques car ces gestes cachent une ambiguïté. Ce ne sont pas vraiment des échanges parce qu'ils n'impliquent pas la sécurité des échanges réciproques, et ce ne sont pas non plus des dons parce que leurs transferts se font dans le but explicite de recevoir quelque chose en retour.

3) Humains ←→ Alpagas, lamas, pommes de terre et maïs

Humains → Alpagas, lamas, pommes de terre et maïs: protection
    (don réciproque asymétrique)
Alpagas, lamas, pommes de terre et maïs → Humains: don réciproque
    asymétrique

Dans ce groupe, j'ai choisi d'analyser les catégories d'animaux et de végétaux les plus proches des Q'eros. Comme je l'ai indiqué, les pommes de terre dictent certaines règles de production et de cuisson aux humains et n'acceptent d'être mangées que si ces usages sont strictement respectés. Une relation similaire lie les alpagas aux humains puisque les Q'eros comprennent comment les animaux souhaitent être traités pendant le sacrifice de l'un d'eux. Suivant la classification de Descola, les Q'eros ont donc une relation de protection vis-à-vis de leurs animaux et de leurs cultures. Par ailleurs, les pommes de terre et le maïs s'offrent aux Q'eros. Les alpagas et les lamas leur offrent leur laine et, de manière plus sporadique, leur viande. Comme dans le cas précédent, les transferts entre les alpagas, les lamas, les pommes de terre et le maïs, d'un côté, et les humains, de l'autre, sont des dons réciproques asymétriques.

4) Humains ←→ Ancêtres

Ancêtres → Humains: transmission (don réciproque asymétrique)
Humains → Ancêtres: don réciproque asymétrique

Pendant les offrandes, les ancêtres sont toujours présents à Q'ero. Ils sont donc, suivant le schéma de Descola, dans une relation de transmission avec les nouvelles générations, tandis que les humains les remercient par des offrandes. Dans ce cas, le don réciproque asymétrique est un remerciement que les Q'eros font à leur *machula,* tout en espérant que les nouvelles générations feront de même à leur égard. À la différence des relations entre les humains et les divinités, qui sont plus immédiates et bilatérales, les rapports avec les ancêtres s'inscrivent dans une temporalité plus longue et impliquent un acteur tiers, la génération future.

6.1.5 Une réciprocité totale

Chez les Q'eros, il existe un échange continu de *sami* entre les différentes personnes, humaines et non humaines, qui peuplent l'univers social: les *Apu,* la *Pachamama,* les alpagas, les hommes, etc. Mon hypothèse est que le *sami* peut être considéré comme un don aux divinités. En effet, les dons que les Q'eros effectuent à la *Pachamama* et aux *Apu* pendant un *despacho* ne sont pas les objets brûlés pendant la cérémonie, mais le *sami* de ces objets. Inversement, le *sami* est un don fait par les divinités aux humains puisque les *Apu* et la *Pachamama* transfèrent vers les humains, les animaux et les autres entités un flux de vitalité, le *sami,* qui se traduit par la bonne santé des humains, des animaux et la fertilité des terres cultivables. L'univers social des Q'eros est composé de différentes pièces maintenues dans un équilibre instable. C'est donc la circulation ou la fluidification du *sami* qui garantit l'équilibre entre toutes les entités qui peuplent ce monde. Ainsi, lorsqu'une personne tombe malade, elle perd de son *sami.* Il revient au *paqu* d'équilibrer à nouveau l'état de la personne à l'aide de son *sami,* du *sami* des plantes ou celui des pierres.

Or, l'une des caractéristiques des ontologies analogiques – et celle des Q'eros n'est pas une exception – est de hiérarchiser les composants de l'univers social. Il existe en effet une hiérarchie au sein même de la catégorie des personnes humaines: un *altumisayuq* est plus important qu'un *pampamisayuq,* et ce dernier est plus important qu'un homme ordinaire. Ce sont donc les *paqu* qui ont le pouvoir de guérir un homme malade. Il est de leur devoir de rétablir l'équilibre parmi les membres de la communauté en échangeant du *sami.* Au cours des rituels collectifs, c'est toute la communauté qui offre du *sami* aux *Apu,* à la *Pachamama* et aux *machula.* C'est donc à travers ces rites collectifs que les êtres humains contribuent à la fluidification du *sami* et perpétuent cet équilibre précaire entre les entités humaines et non humaines. Pour reprendre des termes foucaldiens, les êtres humains dans la cosmologie Q'ero occupent une position épistémique prépondérante. En effet, les entités qui se situent au sommet de la hiérarchie, comme les *Apu* et la *Pachamama*, sont en quelque sorte les dépositaires du *sami*. Cependant, les agents qui sont responsables de la bonne circulation du *sami* et de l'équilibre entre toutes les entités, au travers de leur comportement, ne sont autres que les êtres humains.

J'ai entamé cette réflexion avec l'analyse de l'*ayni*, la réciprocité andine. Mon objectif était d'élargir l'idée de réciprocité (*ayni*) par l'échange de *sami* au-delà des êtres humains. En conclusion, chez les Q'eros, le don de *sami* vise à préserver un équilibre constant entre les différentes personnes humaines et non humaines. Je propose donc de définir les relations entre humains comme des rapports réciproques, symétriques ou asymétriques, de type horizontal. En outre, à la suite de ma discussion du don réciproque asymétrique, je propose de définir les relations entre les Q'eros et les autres entités non humaines comme des rapports réciproques asymétriques de type vertical. Toutefois, au-delà de la hiérarchie des rapports, les deux types de relations considérés ensemble forment une réciprocité générale, symétrique ou asymétrique, entre toutes les personnes humaines et non humaines qui peuplent l'univers social des Q'eros. L'*ayni* est une réciprocité globale, englobante, voire totale.

Pour clore cette partie, je propose de revenir sur l'*Essai sur le don*. Dans son célèbre texte, Mauss (1950*b*: 147) montre que les échanges réalisés sous la forme de dons dans certaines sociétés sont des phénomènes sociaux totaux puisqu'ils expriment toutes sortes d'institutions à la fois: juridiques, religieuses, morales, politiques, familiales, économiques, etc. Dans ces sociétés, on n'observe pas de simples échanges de biens entre individus, mais plutôt des échanges entre collectivités (Mauss 1950*b*: 150-153). Par ailleurs, l'échange ne concerne pas uniquement les biens et les richesses, mais s'applique également aux politesses, aux fêtes, aux danses, aux rituels, aux femmes, au service militaire, etc. Selon Mauss, ces prestations et contre-prestations s'effectuent sous une forme plutôt volontaire bien qu'elles soient, au fond, rigoureusement obligatoires. Elles forment un système de prestations totales. L'échange de dons est la prestation qui marque le mieux la nécessité d'appréhender les faits sociaux dans leur totalité. Dans la définition du fait social total, Mauss souligne que ces échanges de dons impliquent dans certains cas la totalité de la société et de ses institutions et, dans d'autres cas, seul un grand nombre d'institutions, notamment lorsque ces échanges concernent des individus. L'échange de dons reflète un système de prestations totales impliquant l'ensemble de la société et l'individu dans tout son être (Karsenti 1994: 72-73). Autrement dit, selon Karsenti (1994: 97), le don est un «opérateur symbolique» qui permet aux différentes sphères de la vie sociale de communiquer. Or, dans son *Essai sur le don*, Mauss inclut dans la catégorie du don, les offrandes faites aux dieux et aux esprits ainsi que les sacrifices qui ont pour but de les remercier et de solliciter leur bienveillance. Cependant, les débats autour du concept du fait social total portent généralement sur les échanges entre humains. Je propose donc à présent d'adapter cette idée à l'ontologie des Q'eros où les catégories de culture, nature et surnature sont pensées en termes de continuité, et non de rupture. Autrement dit, j'élargis la définition de la société utilisée par Mauss aux personnes non humaines comme les *Apu*, la *Pachamama*, les alpagas, les pommes de terre, etc. Ainsi, pour mieux appréhender les relations que les Q'eros entretiennent entre eux et avec les entités non humaines, il convient de lier les travaux de Mauss à ceux de Descola. En effet, dans une ontologie analogique avec une vision moniste comme celle des Q'eros, le fait social total ne se limite pas à des rapports qui mobilisent la totalité de la société humaine et toutes ou la plupart de ses institutions, mais prend en compte le système de réciprocités dans lequel participe la totalité ou la plupart des personnes humaines et non humaines.

6.2 La représentation du changement climatique des Q'eros

Après avoir essayé d'éclairer les relations qu'entretiennent les Q'eros avec toutes les entités humaines et non humaines, je propose désormais de replonger dans la deuxième partie du dialogue avec Nicolas afin de mieux comprendre la représentation du changement climatique des Q'eros.

6.2.1 Dialogue avec Nicolas (seconde partie)

GC: La chose la plus frappante qui ressort de mes entretiens, auxquels tu étais présent de nombreuses fois, c'est cette distinction générationnelle. Autrement dit, pour la plupart des Q'eros, les ancêtres, leurs parents et leurs grands-parents avaient la capacité de communiquer avec les entités non humaines que la génération d'aujourd'hui semblerait avoir perdue, du moins en grande partie.

Nicolas: Il y a quelque temps, les *altumisayuq*, les *pampamisayuq* et tous les autres habitants de Q'ero vivaient en toute tranquillité. Il y avait bien sûr des problèmes comme en chaque endroit, mais la plupart des choses se trouvaient où elles devaient être et la vie suivait son cours.

GC: Mais donc ce changement ne relève pas de la responsabilité des Q'eros?

Nicolas: C'est d'abord le monde externe à Q'ero qui a changé, mais puisque Q'ero fait partie du même monde, on a subi le même changement. Par conséquent, le jour où les Q'eros ont réalisé qu'ils avaient perdu leurs pouvoirs effectifs, ils ont commencé à chercher ce qu'ils avaient perdu et ont commencé à sortir de Q'ero pour explorer le monde extérieur. Quand les Q'eros ont commencé à se rendre à Cuzco, Arequipa et Lima, ils avaient encore des pouvoirs pour certains. Ils pouvaient notamment soigner les malades. Les gens ont commencé alors à connaître les Q'eros et leurs services ont été de plus en plus sollicités. C'est à ce moment là que la plupart d'entre eux ont découvert un autre type de pouvoir: celui de l'argent. Aujourd'hui, tout le monde court derrière l'argent. Les *paqu* de Q'ero détenaient beaucoup de pouvoirs, comme celui de déplacer le brouillard, de faire pleuvoir ou non. Mais aujourd'hui, plus que quelques personnes détiennent encore ces pouvoirs.

GC: C'est donc en raison de cette perte de pouvoirs qu'ils ont commencé à migrer dans les villes comme Cuzco, ou est-ce plutôt parce qu'ils ont commencé à sortir de Q'ero et répondre à l'appât du gain qu'ils ont perdu ces pouvoirs?

Nicolas: C'est d'abord le fait qu'ils aient perdu une partie de leurs pouvoirs qui les a entraîné à sortir en dehors de Q'ero. C'est un problème qui dépasse les frontières de Q'ero. La plupart des personnes dans le monde ne s'imaginent plus que la terre puisse être un être vivant et qu'elle puisse posséder un esprit. De plus en plus de gens dans le monde considèrent la terre et les produits qu'elle nous offre comme de simples objets inanimés. Lorsque tu habites dans une ville comme Cuzco, il est bien plus simple d'oublier que la pomme de terre que tu achètes au marché de San Pedro vient de la terre. Ainsi, ce changement que vous appelez 'climatique' est dû principalement à cela. C'est le signe que les hommes se sont déconnectés d'une relation d'*ayni* avec la *Pachamama*, avec les *Apu* et avec tous les autres êtres y compris les hommes. C'est la rupture de l'*ayni*. Aussi, ce changement climatique qui parfois se manifeste très brutalement n'est que la réaction de la terre et des *Apu* vis-à-vis d'une perte de conscience collective. La perte de pouvoirs initiale des Q'eros est dû à cela. Par conséquent, les Q'eros ont commencé à sortir des cinq communautés. Cependant, cette nouvelle tendance n'a fait qu'entraîner une plus grande perte de pouvoirs. Car bien que nous ayons perdu beaucoup de pouvoirs, nous en avons toutefois gardé une partie. Mais les Q'eros qui, eux, se sont intéressés à l'argent, ont véritablement perdu le peu de pouvoir que nous avions réussi à garder.

GC: Aujourd'hui, si un *altumisayuq* de Q'ero demande à la pluie de s'arrêter, s'arrêtera-t-elle?

Nicolas: Ce n'est pas impossible, mais il est peu probable qu'il y arrive tout seul. C'est également une question de justice. Un *altumisayuq* ne peut pas changer le temps de sa propre volonté si les autres n'en bénéficient pas.

GC: Combien de cérémonies différentes un *altumisayuq* peut-il réaliser?

Nicolas: Il peut faire environ 40-50 *pagos* différents. Le plus important est le *llaqtacharikuy*. *Llaqta* signifie 'village' en quechua et *charikuy* veut dire 'prendre à soi' ou 'se mettre en contact', donc littéralement cela signifie 'se constituer soi-même avec le village'. C'est quand tous les habitants d'un village se réunissent, normalement une fois par an, pour une grande cérémonie collective pour le bien-être du village. Généralement, le *llaqtacharikuy* est réalisé juste avant les célébrations du Carnaval, quand il pleut alors beaucoup à Q'ero. Lors du *llaqtacharikuy*, nous communiquons avec le village ou la vallée dans laquelle nous vivons, et tout comme dans le cas du sacrifice des lamas, nous tâchons de comprendre comment le village souhaite être traité, si nous pouvons construire d'autres maisons et si oui, où pouvons-nous les construire. Or, beaucoup de communautés ont arrêté de faire cette cérémonie. À Marcachea, cela fait des années qu'ils ne le font plus. À Hatun Q'ero, ils le font encore mais plus vraiment de la même manière. Une autre cérémonie très importante est le *chakra alchay*. L'*arariwa* et d'autres *paqu* organisent des cérémonies pour les *chakra*, les parcelles cultivables de pommes de terre, afin que la pluie, le gel et la neige laissent pousser les pommes de terre. Ainsi, on demande à ces entités de prendre soin des pommes de terre. Mais toutes ces cérémonies collectives ont aujourd'hui presque disparues. La pluie, tout comme la neige, ne nous écoutent que s'il y a une volonté collective. Autrement dit, s'il y a une volonté collective, elles nous obéissent, sinon elles font ce qu'elles veulent. Si, par le passé, Q'ero souffraient d'une sécheresse, la communauté se réunissait et donnait le mandat à un *altumisayuq* ou plusieurs d'entre eux d'exécuter une cérémonie pour demander la pluie. Les actions des *altumisayuq* représentaient la volonté de la communauté. Donc le grand problème pour les Q'eros est d'avoir abandonné ces pratiques collectives.

GC: Parlons un peu de ce qu'ont fait les Maranata lorsqu'ils sont entrés à Q'ero.

Nicolas : Je me rappelle que vers la fin du siècle passé, beaucoup de prêtres ont franchi le seuil des confins de Q'ero. Tous avaient alors le même discours : que le monde allait toucher à sa fin durant l'année 2000. Nous avons connu différents courants religieux mais les Maranata sont arrivés chez nous à plus grande échelle. Ils nous ont plusieurs fois dit qu'il fallait que notre foi accueille l'Esprit Saint. Les Maranata ont fait intrusion dans les cinq communautés et ils y ont recruté beaucoup d'adeptes. Aujourd'hui, seul Totorani ne compte pas d'adeptes de l'Église Maranata dans sa population. Hatun Q'ero et Marcachea en comptent un petit pourcentage. À Quico, ce pourcentage est assez élevé et à Japu, hormis le village résistant de Yanaruma, presque tous les habitants ont rejoint l'Église Maranata. Beaucoup de leurs prêtres nous disaient : 'pourquoi ne manges-tu pas tes alpagas ? De toute façon, tu finiras par les perdre avec la fin du monde'. Il s'agissait d'une tactique pour nous affaiblir. Si tu as bien observé, sur chaque maison de Marcachea, il y a des sacs en plastique accumulés sur les toits. Probablement tu ne l'as pas vu, mais en fait, ce sont les croix chrétiennes métalliques qui retiennent les plastiques ensemble. Les évangélistes nous avaient convaincu de les placer sur nos toits afin de nous protéger. Aujourd'hui, nous demandons aux enfants de récupérer les plastiques qui jonchent le sol pour recouvrir les croix de ces déchets.

GC : Donc les Maranata et les autres courants religieux ont aussi entraîné la perte de pouvoirs des Q'eros ?

Nicolas : Oui, car lorsque cette vague de prédicateurs nous a envahie vers la fin du siècle, les Q'eros venaient alors tout juste de perdre beaucoup de leur pouvoir et les Églises évangéliques nous ont porté le coup fatal : les Q'eros ont commencé à perdre confiance en eux, dans ce qu'ils faisaient et nombre d'entre eux se sont alors convertis. Mais j'ai encore de l'espoir pour le futur, tout n'est pas perdu. Nous avons encore deux *altumisayuq*, beaucoup de *pampamisayuq* et parmi eux il y a quelqu'un qui a encore des pouvoirs effectifs. Il est encore temps de sauver quelque chose, mais cela reste difficile.

6.2.2 Une dégradation des relations de réciprocité

Nous arrivons presque au terme de la réflexion. Il manque néanmoins une dernière étape pour appréhender la représentation du changement climatique des Q'eros. La plupart d'entre eux expliquent le changement climatique comme le résultat de l'abandon de certains rituels aux *Apu* et à la *Pachamama*. Autrement dit, le changement climatique serait la conséquence d'une rupture ou d'une dégradation des relations de réciprocité que les Q'eros entretiennent avec leurs divinités.

Photo 15 : Le contenu d'un *despacho*, juin 2012.

Cette interprétation fait porter la culpabilité aux Q'eros notamment pour avoir changé de religion ou pour ne penser qu'à l'argent. À cet égard, il n'y a pas de différence substantielle dans le discours des Q'eros qui habitent dans les cinq communautés et ceux qui ont migré. Cette ressemblance est, à mon avis, due en partie au fait que l'immigration des Q'eros est un phénomène récent qui a débuté il y a une dizaine d'années seulement, et qui s'est réellement intensifié au cours des cinq dernières années.

Didier Genin et ses collaborateurs (1995 : 27-28) affirment également que la perte de rigueur et d'unanimité quant à la participation aux rituels collectifs est aujourd'hui l'explication locale la plus courante dans les Andes pour expliquer la pénibilité du travail agricole. Juan van Kessel (1992 : 202) définit l'abandon de ces rituels comme une *des-pachamamización*. L'abandon des pratiques rituelles est donc un dénominateur commun à de nombreuses communautés andines.

Photo 16 : Le contenu d'un *despacho*, juin 2012.

À Q'ero, les habitants ont abandonné plusieurs de ces pratiques car une partie de la population adhère désormais à d'autres religions, en particulier à l'Église Maranata qui condamne les pratiques traditionnelles telles que la mastication des feuilles de coca, la consommation d'alcool ou la conduite de cérémonies aux *Apu* et à la *Pachamama*. En outre, de nombreux Q'eros mettent à profit leur statut de *paqu* auprès des urbains et des touristes, ce qui se traduit notamment par une adaptation des offrandes. Par exemple, celles-ci contiennent aujourd'hui des reproductions de billets en dollars américains pour demander la prospérité financière aux *Apu* (Photos 15 et 16), ou encore de petits objets en plastique en forme de maison ou de voiture qui représentent le bien-être matériel. Ces nouvelles offrandes visent à répondre aux attentes des clients urbains.

Les chamanes les plus puissants de Q'ero, tels que les deux *altumisayuq* que j'ai rencontrés, ne vivent plus dans les communautés. Il n'y a plus aujourd'hui d'*altumisayuq* à Q'ero pour organiser des cérémonies collectives. D'après mes interlocuteurs, tout a commencé à changer lorsque les humains ont été attirés par l'appât du gain et les plus jeunes se sont détournés des pratiques rituelles. Cette combinaison de facteurs a conduit à un abandon progressif des cérémonies collectives. En délaissant ces pratiques, ou en les effectuant avec moins de rigueur et une moindre participation, les Q'eros ont en quelque sorte brisé le lien de réciprocité qui existait entre eux, les *Apu* et la *Pachamama*. Leur rôle de gardiens de l'équilibre du *sami* à la *Pachamama* et aux *Apu* s'est donc rompu ou, dans le meilleur des cas, il ne s'avère plus suffisant. Aussi, la pluie tombe toujours plus en abondance pendant la saison humide, tandis qu'elle ne tombe plus suffisamment pendant la saison sèche. Cultiver et élever des animaux sont des tâches de plus en plus difficiles à Q'ero.

Cette hypothèse repose sur l'analogie entre le flux du *sami* et le flux de l'eau. En effet, l'eau s'écoule des glaciers vers la mer par les rivières et les fleuves, et revient sous forme de pluie ou de neige. Or, le cycle de l'eau est particulièrement affecté par le réchauffement planétaire. C'est pourquoi toute tentative de compréhension de la cosmologie et de la représentation du changement climatique propres aux Q'eros doit tenir compte de l'importance primordiale de ces deux flux, celui du *sami* et celui de l'eau.

J'ai indiqué que les cérémonies familiales comme le *Phallchay* sont encore célébrées à Q'ero. Ces cérémonies privées maintiennent la relation de réciprocité avec les *Apu* et la *Pachamama* mais seulement à l'échelle de la famille. Cependant, certains Q'eros m'ont affirmé que même ces cérémonies privés n'étaient pas réalisées avec la rigueur nécessaire. Tout au long de mes séjours à Q'ero, j'ai consigné un nombre considérable de témoignages attestant d'une sorte d'atomisation et d'individualisation des rituels, mais aussi des comportements. Par le passé, m'a-t-on confié, les rites communautaires étaient les plus importants tandis qu'aujourd'hui chaque famille pense avant tout à elle-même. À cet égard, il est possible de faire une analogie entre la maladie individuelle et la défaillance du climat. Bien que dans la pratique, le bien-être des individus, des animaux et des produits cultivés soit lié à leur environnement, les offrandes familiales ou privées visent davantage à protéger la santé des individus du foyer, des aliments et des animaux qui appartiennent à la famille, tandis que les cérémonies collectives visent le bien-être général de la communauté[115]. Or, dans cet univers, quel est le rôle joué par les autres personnes non humaines, telles que les alpagas ou les pommes de terre, lesquelles souffrent aussi probablement du changement du climat? Dans la hiérarchie de l'ontologie Q'ero, les êtres humains sont dans une position épistémique prépondérante subordonnée à la seule volonté des entités supérieures comme les *Apu*, la *Pachamama* et les esprits des *machula*. Les autres entités, comme les alpagas et les pommes de terre, sont subordonnées à la volonté et aux décisions des entités qui se trouvent plus haut dans la hiérarchie.

À première vue, le cadre interprétatif de Nicolas semble différer en partie de celui de la plupart des Q'eros que j'ai rencontrés. En réalité, il adopte une perspective plus large que nous ne retrouvons pas dans les autres témoignages car il dépasse les frontières de Q'ero pour expliquer ce changement à l'échelle globale. Nicolas est clairement au courant du discours scientifique sur le changement climatique. Aussi, il mentionne un élément évoqué dans l'entretien avec l'*altumisayuq* Rolando: une perte de conscience collective des humains vis-à-vis des esprits qui habitent la terre. Si je paraphrase cette explication dans les termes de Descola, Nicolas nous explique que le changement climatique est la conséquence de la transition d'une ontologie non naturaliste à une ontologie naturaliste. Aussi, bien que Nicolas connaisse ces termes, il ne cite pas la pollution, le trou de la couche d'ozone, le réchauffement climatique ou l'activité humaine comme les causes du changement climatique. Dans sa vision, nous ne retrouvons pas l'image essentialisée de l'autochtone qui vit en harmonie avec la nature contrairement à l'homme occidental qui la détruit. Selon lui, le changement climatique renvoie plutôt à une question d'attitude et de prise de conscience des hommes qui fait de plus en plus défaut tant au niveau global qu'à l'échelle des Q'eros. Autrement dit, Nicolas ne nie pas une rupture de la relation de réciprocité entre les Q'eros et leurs divinités

---

115 Ina Rösing (1993: 134-135) démontre que les Callawayas (Bolivie) partagent des conceptions similaires de la guérison. Leurs guérisseurs sont très connus et jouissent en Bolivie de la même réputation que les Q'eros au Pérou. Rösing remarque que les connaissances et les capacités d'un *curandero* Callawaya s'appliquent à un large spectre de pratiques: guérison des corps malades, des relations sociales, des animaux et des parcelles cultivables. Voir également Bastien (1987) et Girault (1984).

au niveau local, mais il prend aussi en considération une rupture de cette réciprocité au niveau global, entre la terre et ses esprits, et l'humanité.

Genin et ses collaborateurs (1995 : 27-28) soulignent la difficulté méthodologique d'établir des catégories d'analyse dans les Andes contemporaines. Ils affirment que les systèmes d'interprétation des sociétés andines sont de plus en plus influencés par la radio, l'école, les migrants, les membres des organisations de développement, les nouveaux groupes religieux et les universitaires. Ces agents remettent en cause un certain ordre du monde en modifiant les cosmologies typiques des communautés andines. Par ailleurs, ils soutiennent que les sociétés andines traversent aujourd'hui une crise des systèmes de représentation qui fait apparaître une sorte de désenchantement du monde où se confrontent tradition et modernité de manière plus ou moins maîtrisée et voulue.

Il importe certainement de tenir compte des limites de ce type de généralisations. Sur le plan méthodologique, il serait utopique d'opérer des distinctions aussi clairement tranchées. J'ai évoqué à plusieurs reprises que la plupart des migrants Q'eros ont, pour le moment, une vision du monde proche de celle des *comuneros* qui vivent toujours dans les cinq communautés. Jusqu'à quand en sera-t-il ainsi ? De plus en plus de Q'eros, comme Nicolas, voyagent et se confrontent à la 'modernité' tandis que des agents externes, comme moi, pénètrent de plus en plus régulièrement sur le territoire Q'ero, en influençant, parfois involontairement, leur conception du monde. Aussi, la généralisation de ces catégories, sûrement arbitraires et limitées, présente néanmoins l'avantage méthodologique de clarifier l'analyse. Conscient des limites de toute tentative de classification, je propose néanmoins de distinguer entre les deux principales représentations du changement climatique évoquées par les Q'eros. La première, qui est la plus répandue, attribue aux Q'eros la responsabilité de ce changement. La deuxième, celle de Nicolas et en partie de Rolando, ne nie pas cette responsabilité mais la relativise en évoquant des responsabilités plus globales. Autrement dit, elle projette ses catégories d'analyse sur un désenchantement typique des ontologies naturalistes pour expliquer le changement climatique. Ces deux représentations ne se contredisent pas. Au contraire, elles s'inscrivent dans une même logique d'interprétation mais à des échelles d'analyse différentes.

6.2.3 Comparaisons ontologiques

Après cet exposé sur la représentation du changement climatique des Q'eros, il convient de revenir aux concepts de perception, d'interprétation et de relation afin de comparer la représentation locale au discours scientifique dominant. Or, à s'en tenir au premier concept, nous constatons que la perception du changement climatique des Q'eros n'est pas nécessairement en contradiction avec une ontologie naturaliste puisqu'elle est confirmée par les données scientifiques du PACC. À travers un savoir dit traditionnel et une observation empirique constante, les Q'eros perçoivent effectivement ce que le discours scientifique définit comme un changement climatique. Le changement du climat est donc un constat partagé par les deux ontologies. Toutefois, nous ne pouvons pas en dire autant des concepts d'interprétation et de relation qui posent le grand défi de la comparaison anthropologique.

Pour ce qui est de l'interprétation, j'ai souligné que la plupart des Q'eros imputent le changement climatique à l'abandon des rites qui conduit à une rupture ou, du moins, à une dégradation des relations de réciprocité avec les divinités notamment. Cette interprétation du changement climatique s'écarte de celle du discours scientifique. Ensuite, pour ce qui est du concept de relation, il existe des différences primordiales entre l'ontologie analogique et l'ontologie naturaliste. Les ontologies naturalistes, fondées sur le dualisme nature-culture, ont tendance à concevoir des relations de type déterministes entre les êtres humains, d'une part, et la nature, d'autre part. Autrement dit, elles imputent le changement climatique aux activités anthropiques, notamment à travers l'émission de gaz à effet de serre dans l'atmosphère. Cela signifie que les êtres humains doivent répondre aux conséquences du changement climatique par une adaptation. C'est pourquoi les deux concepts les plus utilisés au niveau international sont ceux de mitigation – les hommes doivent changer leurs comportements afin de réduire leur impact sur le changement climatique – et d'adaptation – ils doivent réagir, répondre, s'adapter aux conséquences du changement climatique. En revanche, dans une cosmologie comme celle des Q'eros, la représentation du changement climatique dépasse la césure entre nature et culture si bien que les concepts de mitigation et d'adaptation s'insèrent mal dans leur manière de concevoir le monde.

Les techniques agricoles et d'élevage des Q'eros n'ont pas changé de façon substantielle. En revanche, les Q'eros constatent d'importants changements des pratiques rituelles dans leur communauté. Sur ce point, les ontologies naturaliste et analogique se rejoignent car toutes deux imputent aux pratiques humaines la responsabilité du changement climatique. Les deux perspectives divergent cependant nettement sur le type de pratiques en cause. L'ontologie naturaliste incrimine les activités humaines qui contribuent à augmenter les gaz à effet de serre, tandis que l'ontologie analogique des Q'eros inculpe la pratique rituelle qui entretient les relations de réciprocité avec les êtres non humains.

J'ai présenté trois types d'interprétation du changement climatique recueillis auprès des Q'eros, à savoir 1) une appréhension du changement climatique comme annonciateur de la fin du monde, 2) une version conforme aux discours scientifiques diffusés en Occident, et 3) une interprétation du changement climatique découlant de l'abandon des pratiques rituelles. J'ai centré mon analyse sur le troisième type de discours, ceci pour différentes raisons: ils étaient les plus majoritairement partagés, ils étaient méthodologiquement instructifs sur les pratiques Q'ero, et ils m'ont permis de développer ma réflexion par une comparaison entre le discours local et la vision occidentale. J'ai ainsi pu m'extirper des cadres analytiques ancrés dans l'ontologie naturaliste afin d'appréhender le phénomène du changement climatique du point de vue de l'ontologie des Q'eros.

Néanmoins, il est possible de comparer les deux premiers groupes de réponses avec les réflexions développées à partir du troisième groupe. En effet, cette comparaison met en évidence la diversité et la complexité des relations que les Q'eros entretiennent avec leur univers social. Le premier groupe est celui qui voit le changement climatique comme un signe de la fin du temps cyclique. Quelques Q'eros y font référence pour expliquer la fonte des glaciers. Ce discours reprend des éléments typiques des cosmologies andines, notamment le concept de *pachakuti*, mais également des éléments caractéristiques du discours des Églises évangéliques sur la fin du monde. À cet égard, Flores Ochoa (1975: 16) indique que, dans les Andes, l'idée que les êtres humains doivent toujours entretenir une relation de protection vis-à-vis de leurs alpagas est très répandue. Il existe une croyance selon laquelle la diminution des alpagas serait un signe précurseur de la fin du monde, voire que le monde s'arrêterait le jour où le dernier alpaga serait mort. Or, le changement du régime des pluies, parmi d'autres facteurs, constitue une forte menace pour les troupeaux d'alpagas et de lamas. Aussi, d'après ce discours, la mort toujours plus fréquente des alpagas en raison des phénomènes atmosphériques pourrait bien être un indice de la fin du temps cyclique. Or, comment s'articulent les explications qui assimilent les effets du changement climatique à des signes annonciateurs de la fin d'un cycle temporel aux explications qui insistent sur la rupture de la relation de réciprocité ? Autrement dit, un Q'ero qui pense que la fin du monde est imminente et irrévocable maintiendrait-il une relation fondée sur la tension entre autonomie et dépendance avec les autres entités qui peuplent son univers social ? La question reste ouverte.

Enfin, qu'en est-il des Q'eros qui utilisent les termes du discours scientifique pour expliquer le changement climatique ? Ont-ils assimilé une ontologie naturaliste qui aurait déformé leur manière d'interagir avec leur univers ? Il me paraît trop précipité de conclure à un tournant ou à un changement ontologique du simple fait de l'emploi de termes scientifiques. Toutefois, les interactions des Q'eros avec des acteurs externes, moi inclus, et leur migration vers les zones urbaines font qu'ils sont de plus en plus exposés à des discours ancrés dans une ontologie naturaliste. Cela n'est certainement pas sans influence. J'ai affirmé à plusieurs reprises que je n'avais pas constaté de différences dramatiques entre les réponses des migrants Q'ero et celles avancées par les Q'eros qui vivent encore dans la communauté, mais cela pourrait changer à l'avenir.

Cette dernière réflexion me permet de revenir sur les propos de Nicolas. De son point de vue, que j'ai défini comme global dans le sens où il vise à appréhender le changement du climat au-delà des frontières de la Nación Q'ero, le discours est plus complexe. Nicolas connaît le discours scientifique occidental sur le changement climatique mais, selon lui, c'est la rupture des relations de réciprocité au niveau global qui entraîne le changement climatique. Pour cette raison, les cérémonies des Q'eros auraient perdu leur efficacité. Or, le discours de Nicolas me paraît particulièrement intéressant car il est une tentative de conciliation entre des explications issues de la cosmologie Q'ero et le discours scientifique auquel les Q'eros sont confrontés de plus en plus fréquemment. À ce titre, il est envisageable que ce discours se propage au sein de la communauté dans un futur proche. Je trouve cette perspective innovante parce qu'elle intègre le discours scientifique en expliquant le changement climatique par une dégradation des relations entre les êtres humains et leurs divinités au niveau global. Autrement dit, elle incrimine précisément la transition vers une ontologie naturaliste. La rupture entre la culture et la nature et la négation des entités surnaturelles sont les principales causes de ce changement qui apparaît naturel à nos yeux, mais qui est du ressort du social pour Nicolas. À l'avenir, il nous faudra donc approfondir l'analyse de la manière dont les Q'eros assimilent, rejettent ou réinterprètent les éléments du discours scientifique auxquels ils sont exposés à l'aune de leur propre ontologie, non seulement dans leurs représentations du changement climatique mais aussi de manière plus générale[116].

---

116 J'ai rendu visite à Nicolas en 2014 dans sa maison à T'ika T'ika. Il rentrait d'un voyage aux États-Unis où il avait été interviewé dans un talk show américain. Un documentaire sur lui est sorti en 2014, intitulé *Humano* (<http://humanofilm.com/en/> – consulté le 31 mars 2015) et j'ai découvert en outre qu'il avait publié un livre, *Así habla un Q'ero*. Nicolas est de plus en plus sollicité à l'étranger et il travaille de plus en plus avec des groupes de touristes américains et européens. Une tâche future sera d'analyser l'évolution de son discours dans les prochaines années.

Conclusion:
Par-delà changement climatique et migrations

À travers mon parcours sur le flanc des montagnes encore quelque peu enneigées de la Nación Q'ero, j'ai cherché à mettre en évidence la complexité du lien entre les Q'eros et leur univers social afin de mieux saisir leur représentation du changement climatique. Après avoir présenté les caractéristiques principales de leur cosmologie, leurs perceptions et leurs interprétations du changement climatique, ainsi que les relations de réciprocité qu'ils entretiennent avec les entités non humaines, il est temps de revenir à l'analyse de la relation entre le changement climatique et la migration des Q'eros, la raison initiale qui a animé mes recherches dans les Andes péruviennes.

Tout au long de cet ouvrage, j'ai souligné la nécessité de tenir compte de la représentation du changement climatique des Q'eros afin de comprendre la relation entre leur migration et le changement climatique. À cet égard, j'ai critiqué les études migratoires qui s'insèrent dans une ontologie naturaliste et montré la nécessité d'enrichir les analyses en intégrant le point de vue des populations locales. Pour cela, il convient de partir d'un constat fondamental partagé par les deux types d'ontologie – naturaliste et analogique – à savoir qu'au-delà de la manière de représenter le changement du climat, du type de relations que les humains entretiennent avec celui-ci, ou de la manière dont ils le nomment, il y a bien des manifestations qui le traduisent. Les Q'eros comme les scientifiques occidentaux partagent ce constat. Or, afin de mieux distinguer les spécificités de ces deux visions du monde que cet exercice de traduction propose, il est important de préciser les points de rencontres entre les deux types d'ontologie. Il est important également de garder à l'esprit que, tout au long de cette démarche, mon regard de chercheur et les termes que j'emploie proviennent d'une ontologie naturaliste.

Plusieurs auteurs, issus d'une ontologie naturaliste, voient la migration comme une stratégie d'adaptation au changement climatique. Robert

McLeman et Barry Smit (2006) conceptualisent la migration comme un choix d'adaptation parmi d'autres[117]. J'estime qu'il est inadéquat de parler d'adaptation dans le cas des Q'eros. C'est pourquoi je n'utilise pas le terme de réponse pour décrire le comportement humain face au changement climatique. Cela ne signifie pas pour autant que les Q'eros ne réagissent pas face à ce changement. En effet, depuis quelque temps, les Q'eros construisent des maisons plus en altitude, à la recherche de meilleurs pâturages pour leurs animaux. J'ai plusieurs fois demandé aux Q'eros s'ils avaient des stratégies pour faire face à ce changement mais je n'ai jamais obtenu de réponse satisfaisante. En réalité, ma question était mal posée. Un jour, alors que j'essayais d'expliciter cette question en donnant des exemples de stratégies possibles – par exemple un changement des systèmes de production agricole – un Q'ero m'a répondu : « Nous ne devons pas changer notre type d'agriculture. Nous vivons comme cela depuis des siècles et nous n'avons pas changé. Le problème réside dans l'abandon de nos cérémonies ». Cette réponse, parmi d'autres, m'a fait comprendre que je devais abandonner ma grille de lecture fondée sur la dichotomie nature-culture afin de comprendre la migration des Q'eros. Dans une ontologie naturaliste, la migration peut être considérée comme une forme d'adaptation : le changement climatique ou un facteur environnemental, c'est-à-dire un phénomène naturel, engendre une adaptation sous forme de migration, autrement dit, une réaction humaine. Cette perspective considère la construction des maisons à plus haute altitude dans la *puna* comme une stratégie d'adaptation. D'un point de vue naturaliste, les réponses au changement climatique peuvent donc être interprétées comme des stratégies d'adaptation. Or, dans une ontologie analogique dans laquelle les relations entre nature, culture et surnature sont pensées en termes de continuité et non de rupture, les interactions avec les phénomènes atmosphériques et le climat en général ne sont pas pensées en ces termes.

Revenons maintenant à ce que j'ai décrit comme le constat partagé par les deux ontologies : le changement du climat. À Q'ero, l'abandon des cérémonies est considéré comme la principale cause du changement climatique qui s'explique donc par la rupture des relations de réciprocité entre

---

117 À propos de la critique du concept d'adaptation, voir Orlove (2009*b*).

les Q'eros, d'un côté, et les *Apu* et la *Pachamama,* de l'autre. Or, derrière cet abandon des pratiques rituelles se cachent des dynamiques sociales très complexes résultant notamment de l'adhésion à l'Église Maranata, de la cupidité et du désintérêt des nouvelles générations pour les cérémonies. À propos de la quête du profit monétaire, les Q'eros emploient l'expression «courir après l'argent». Dès les années 1990, ils voyagent de plus en plus en dehors des cinq communautés pour travailler comme *paqu*, principalement dans la ville de Cuzco. Au cours de ces premières années, la migration était presque inexistante. Ils étaient, et sont toujours, particulièrement sollicités au mois d'août car, à cette période et notamment le 1er août, les *Apu* et la *Pachamama* sont actifs. Il est donc important de leur offrir du *sami* à travers la pratique rituelle. Progressivement, les *altumisayuq* et les *pampamisayuq* de Q'ero, au lieu de rester dans la communauté ou de faire le pèlerinage jusqu'à l'*Apu* Ausangate, se sont retrouvés dans les rues de Cuzco pour répondre à la demande urbaine croissante de *pagos a la tierra*. Les Q'eros n'ont pas abandonné leurs cérémonies, mais au lieu de les organiser pour la prospérité de leur communauté, ils ont mercantilisé leurs services à Cuzco. Cette mobilité ou migration temporaire a progressivement augmenté au fil des ans. La migration des deux seuls *altumisayuq* de Q'ero est emblématique de ce changement. La Nación Q'ero ne dispose plus aujourd'hui des services des deux *paqu* les plus puissants puisqu'ils habitent à Cuzco et voyagent fréquemment. Parmi les *pampamisayuq,* beaucoup habitent également à Cuzco et travaillent pour des agences touristiques. Les Q'eros utilisent précisément l'expression «courir après l'argent» pour décrire cette situation.

Aussi, du point de vue d'une ontologie analogique comme celle des Q'eros, il y a bien un lien entre changement climatique et migration. Le lien de causalité est cependant différent de celui établi dans l'ontologie naturaliste puisqu'il concerne la migration qui a dégradé la relation de réciprocité que les *comuneros* avaient avec les entités qui occupent une place plus importante dans leur hiérarchie (les *Apu*, la *Pachamama*). Par migration, j'entends ici les trois formes de mobilités que j'ai décrites: la migration définitive, la migration circulaire, et le simple déplacement pendant l'année en particulier pendant le mois d'août.

Par le passé, les conditions climatiques étaient déjà rudes à Q'ero, mais les pratiques rituelles et les relations fondées sur la réciprocité avec les entités peuplant l'univers social permettaient de conserver un certain équilibre. Le climat a commencé à changer dès lors que les Q'eros ont progressivement abandonné les cérémonies collectives visant notamment à garantir une bonne récolte agricole ou à préserver le bien-être des animaux et de l'ensemble de la communauté. D'après les Q'eros, leurs pères et leurs grands-pères avaient plus de capacités qu'eux car ils étaient en mesure de faire face à ces situations. Aujourd'hui, ils se sentent dépassés. Les seuls *paqu* à posséder de réels pouvoirs pour les Q'eros sont ceux qui parviennent à transférer du *sami* aux divinités. Seuls certains d'entre eux continuent à organiser des cérémonies pour les *Apu* et la *Pachamama*. Ces pouvoirs, selon eux, sont encore effectifs au sein des familles de *paqu* qui continuent à faire des cérémonies plus intimes. Autrement dit, certaines familles parviennent encore à faire face au changement climatique parce qu'elles continuent de faire des cérémonies et gardent des relations de réciprocité en leur sein. Ces pratiques privées sont en revanche insuffisantes pour bénéficier à l'ensemble de la communauté lorsque les autres membres ne respectent pas les mêmes pratiques ou lorsqu'ils ne le font pas avec la rigueur et la discipline nécessaires.

En conclusion, il est possible de répondre à la question initiale de mon enquête: quel rôle joue le changement climatique dans la migration des Q'eros? En partant d'une approche fondée sur une ontologie naturaliste, j'ai relativisé l'importance du facteur environnemental parmi d'autres facteurs d'ordre économique et social, tels que les nouvelles opportunités d'entrée monétaire à Cuzco et dans d'autres villes, l'éducation et les réseaux familiaux. Cependant, si nous tentons de répondre à cette question du point de vue Q'ero, il apparaît que ce n'est pas seulement le changement climatique qui influence la migration, mais c'est aussi la mobilité des Q'eros qui influe sur le changement climatique à travers une multiplicité de relations que j'ai cherché à démêler dans cet ouvrage.

Le point du vue de Nicolas diffère de celui des autres Q'eros sur ce point. En effet, il affirme que c'est avant tout le changement climatique qui a influencé la mobilité des *comuneros* et que cette migration a augmenté l'impact du changement climatique à Q'ero. C'est donc le changement climatique à l'échelle globale qui a influencé la migration des Q'eros, laquelle s'est ensuite perpétuée. Or, Nicolas soutient que c'est la perte de pouvoirs qui a d'abord incité les Q'eros à sortir en dehors de la communauté, et non pas le contraire. Toutefois, au-delà de cette divergence de point de vue qui, comme le paradoxe de l'œuf et de la poule, ne peut être résolue, la version de Nicolas reste semblable à celle des autres Q'eros.

Pour les Q'eros, le changement du climat constitue donc une rupture ou une dégradation des relations de réciprocité, notamment avec les *Apu* et la *Pachamama*. En outre, la conversion de plusieurs Q'eros à l'Église Maranata a également contribué à l'abandon des pratiques rituelles. Les migrations et l'adhésion à une autre religion ont provoqué un abandon progressif des rites. Pour employer un syllogisme, de ce point de vue, la migration et la mobilité des Q'eros influencent le changement climatique. À mon sens, l'intérêt de cette approche est double. D'une part, elle permet de mettre en lumière l'importance symbolique du changement climatique, et de l'autre, elle montre la nécessité d'aller au-delà des explications causales. Bien entendu, affirmer que la mobilité des Q'eros influence le changement climatique n'implique pas nécessairement une chaîne de causalité. En effet, j'ai conservé ici l'usage du verbe 'influencer' pour renverser de façon provocatrice l'hypothèse de départ de l'approche multi-causale. Pourtant, la perspective analogique des Q'eros met en évidence une interaction plus complexe entre le changement climatique et leur migration, allant au-delà des schémas de type causal[118].

---

118 Voir également Cometti (2015).

Épilogue

Pendant mon dernier voyage au Pérou, entre octobre et décembre 2014, j'ai rendu visite à Guillermo dans sa maison de Santa Rosa. Il était abattu parce que sa mère était tombée malade, sa femme avait également des problèmes de santé et son neveu était gravement souffrant – il décéda quelques mois plus tard. Face à cette terrible situation, Guillermo me confiait : « Nous avons décidé de retourner définitivement à Q'ero. Ici, à Cuzco, tout le monde tombe malade. Ce n'est pas un lieu pour nous. Nous rentrons vivre auprès de nos *Apu* avec nos alpagas ». Guillermo m'avait déjà répété plusieurs fois que son installation à Cuzco n'était que temporaire, son objectif était d'y rester jusqu'à ce que ses enfants aient terminé l'école primaire. Néanmoins, l'état de santé de ses proches l'a amené à changer ses projets. Il a décidé en accord avec sa femme d'anticiper leur retour à Q'ero avec leurs enfants en bas âge. Cette décision et le vocabulaire mobilisé par Guillermo pour l'expliquer sont significatifs. En effet, comme je l'ai déjà souligné, on perçoit une analogie entre la maladie du corps et le changement climatique puisque le style de vie que les Q'eros mènent à Cuzco serait à l'origine des maladies qui tourmentent la famille de Guillermo. Le retour à la communauté serait donc une solution possible.

Au sein de la communauté de Hatun Q'ero, Guillermo et sa famille devront faire face à deux phénomènes qui affectent, et affecteront, les Q'eros dans les années à venir, et dont l'impact sur les migrations mériterait une plus grande attention : l'implantation grandissante du secteur touristique et du secteur minier. Le tourisme a fortement influencé le mode de vie de certains Q'eros et ses répercussions affectent aujourd'hui l'ensemble de la communauté. À ce sujet, il est emblématique que le site internet officiel du gouvernement péruvien qui vend les billets d'accès à la citadelle incaïque de Machu Picchu, vend également des tissus Q'ero[119].

Comme dans le cas des Églises pentecôtistes Maranata, l'impact du tourisme à Q'ero ouvre plusieurs pistes de réflexion. Quel impact aura t-il

---

119 <http://www.machupicchu.gob.pe/> (consulté le 31 mars 2015).

à Q'ero au cours des prochaines années? Un projet touristique est-il susceptible d'atténuer le processus de migration des Q'eros? Ces questions n'ont pas encore trouvé de réponses. Marcos, le gérant d'une agence de tourisme, propose une formule discutable mais il a probablement raison d'affirmer que la communauté Q'ero n'est pas «un musée à ciel ouvert» pour les touristes et des anthropologues à la recherche d'une authenticité autochtone[120]. La réalité est tout autre. En revanche, je pense qu'il revient aux Q'eros eux-mêmes de décider d'abord s'ils veulent du tourisme et, ensuite, quel type d'activités touristiques ils souhaiteraient développer dans les communautés. Or, les exemples de projets touristiques dans la région de Cuzco se multiplient. Les cas de Taquile et du *Parque de la papa* constituent des expériences intéressantes, mais qui présentent un risque d'essentialisation de la culture Q'ero. Comme l'a indiqué Cristian Terry (2011), certains habitants des cinq communautés qui composent le *Parque de la papa* revêtent quotidiennement des habits traditionnels. Pour certains, ces processus ne sont qu'une sorte de récupération culturelle. Pour ma part, j'y vois plutôt une mise en scène de l'autochtonie à destination des touristes. Les Q'eros encourent en ce sens une récupération de l'imaginaire romantique des derniers Incas dans ses formes le plus essentialistes.

Quant au secteur minier, il représente, à mon avis, la principale menace pour l'avenir des Q'eros. Regis Andrade m'a fait part de ses inquiétudes quant aux incursions des entreprises minières qui provoquent des conflits internes dans les communautés. Les représentants miniers ont pris l'habitude d'entrer en contact d'abord avec les Q'eros à Cuzco et se montrent bienveillants et courtois à leur égard. Ils se rendent ensuite à Q'ero en se faisant passer pour des touristes pour y explorer le terrain. Le secteur minier recherche expressément le contact avec les jeunes et leur promet un avenir économique et matériel radieux grâce à l'arrivée de leur compagnie sur le territoire[121].

---

120 Communication personnelle, 22 juillet 2013.
121 Un jour, Santos est venu me rendre visite pour que je lui traduise les quelques lignes que trois hommes lui avaient écrites sur son bloc-notes. Il s'agissait des adresses de trois personnes qui travaillent pour des sociétés minières. Le secteur minier emploie une stratégie et un discours similaires à ceux des Églises évangéliques. Ils choisissent d'abord des communautés vulnérables à leurs yeux et leur font miroiter des biens matériels comme l'électricité, la construction de routes, allant jusqu'à leur proposer un emploi dans le cas des entreprises minières, dans le but d'acheter leur consentement.

À l'instar du tourisme, l'exploitation minière est un facteur à prendre en compte dès lors qu'elle s'installe sur le territoire Q'ero. Bien que le président Ollanta Humala ait proposé une loi de consultation préalable pour protéger les droits des peuples autochtones, les intérêts du gouvernement péruvien et de ses dirigeants semblent aller dans une direction opposée. Or, l'implantation d'entreprises minières dans la Nación Q'ero changerait entièrement la donne pour les cinq communautés et ne serait pas sans effet sur les flux migratoires de ses habitants. Dans le monde des communautés autochtones andines, les protestations contre les projets miniers doivent être également entendues comme une réaction face à la mise en danger d'une ou de plusieurs entités non humaines conçues comme des membres du collectif. L'importance d'un projet anthropologique comme celui que je propose est également de montrer que, pour les Q'eros et d'autres communautés andines, refuser un projet minier n'est pas seulement un acte de préservation de leurs ressources, mais également un acte de préservation de leur société, une société qui va au-delà du collectif humain.

En guise de dernier mot, j'aimerais reproduire une remarque emblématique de Gaetano, un Q'ero de la communauté de Hatun Q'ero : « les gens qui généralement viennent ici nous analysent et nous disent ce que nous devons faire. Ils ne nous demandent jamais notre avis. Ils ne m'ont jamais demandé pourquoi, d'après moi, la pluie a changé. Tu es le premier à me poser ce genre de questions ». Ce témoignage résume l'approche dualiste courante du monde techniciste du développement. Or, face au changement climatique, seule une analyse inter-ontologique tenant compte des cosmologies autochtones et de leurs explications du phénomène et de leurs pratiques, peut nous donner une image plus complète de la réalité[122].

---

122 À propos de la cosmopolitique, voir aussi Isabelle Stengers (2007), Bruno Latour (2007) et Marisol de la Cadena (2010). À propos de l'ontologie politique, voir Mario Blaser (2009, 2013).

Liste des tableaux, cartes et illustrations

Tableaux

Tableau 1 : Données démographiques des cinq communautés de Q'ero 105
Tableau 2 : Les Q'eros qui désirent ou projettent de migrer.......... 107
Tableau 3 : Les Q'eros qui ne veulent pas migrer.................. 110
Tableau 4 : Les migrants de Hatun Q'ero 112
Tableau 5 : Les quatre ontologies 129
Tableau 6 : Distribution des relations selon le type de rapports entre les termes 190

Cartes

Carte 1 : Localisation du territoire Q'ero dans le département de Cuzco.. 22
Carte 2 : La Nación Q'ero....................................... 36

Illustrations

Photo 1 : *Tous les chemins mènent à Q'ero* 13
Photo 2 : La transmission des autorités pendant le *Chayampuy* à Hatun Q'ero.. 46
Photo 3 : Préparation de l'offrande pour l'*Apu* Wamanlipa......... 61
Photo 4 : *Apu* Ausangate 68
Photo 5 : Village de Charkapata 71
Photo 6 : Assemblée du secteur de Munay T'ika................. 94

Photo 7 :   Village de Quico 97
Photo 8 :   Façade de l'église Maranata à Japu 100
Photo 9 :   Tournoi de Japu 102
Photo 10 : *Vers une anthropologie du changement climatique* 121
Photo 11 : *Chuñu* en attente du givre nocturne, Marcachea 143
Photo 12 : Jeune lama enveloppé d'un sac en plastique,
            Hatun Q'ero... 145
Photo 13 : Célébration du *Phallchay*, Hatun Q'ero.................. 166
Photo 14 : Célébration du *Phallchay*, Hatun Q'ero.................. 167
Photo 15 : Le contenu d'un *despacho*............................. 212
Photo 16 : Le contenu d'un *despacho*............................. 213

Bibliographie

ABÉLÈS M., 2002, « Le terrain et le sous-terrain », in Ghasarian C. (dir.), *De l'ethnographie à l'anthropologie réflexive: nouveaux terrains, nouvelles pratiques, nouveaux enjeux.* Paris: Armand Colin, p. 35-43.

ALBERTI G., MAYER E., 1974, « Reciprocidad andina: ayer y hoy », in Alberti G., Mayer E. (dir.), *Reciprocidad e intercambio en los Andes peruanos.* Lima: IEP ediciones, p. 13-33.

ALLEN C.J., 2008, *La coca sabe. Coca e identidad cultural en una comunidad andina* [2002]. Cusco: Centro Bartolomé de Las Casas.

BAER G., 1984, *Die Religion der Matsigenka, Ost-Peru. Monographie zu Kultur und Religion eines Indianervolkes des Oberen Amazonas.* Basel: Wepf.

BARREDA MURILLO L., 2005, « Arqueología de Hatun Q'ero Ayllo », in Flores Ochoa J., Nuñez del Prado J. (dir.), *Q'ero, el último ayllu inka* [1983]. Lima: Instituto Nacional de Cultura, Universidad Nacional Mayor de San Marcos, p. 39-56.

BASTIEN J.W., 1987, *Healers of the Andes. Kallawaya Herbalists and their medicinal plants.* Salt Lake City: University of Utah Press.

BATESON G., 1972, *Steps to an Ecology of Mind. Collected Essays in Anthropology, Psychiatry, Evolution, and Epistemology.* Chicago: University Chicago Press.

BAUD S., 2011, *Faire parler les montagnes. Initiation chamanique dans les Andes Péruviennes.* Paris: Armand Colin.

BAUD S., GHASARIAN C., 2010, « Retour sur les compréhensions et usages des substances psychotropes et leurs inductions », in Baud S., Ghasarian C., (dir.), *Des plantes psychotropes. Initiations, thérapies et quêtes de soi.* Paris: Imago, p. 13-60.

BERNAND C., 1998, *La solitude des Renaissants. Malheurs et sorcellerie dans les Andes.* [1985]. Paris: L'Harmattan.

BEST E., 1924, *The Maori: Memoirs of the Polynesian Society.* Wellington: Board of Maori Ethnological Research.

BIRD-DAVID N., 1990, « The Giving Environment: Another Perspective on the Economic System of Gatherer-Hunters », *Current Anthropology*, 31 (2), p. 186-196.

BLACK R., 1998, *Refugees, Environment and Development.* London: Longman.

BLACK R., 2001, *Environmental refugees: Myth or reality?* Working Paper 34, Geneva: United Nations High Commissioner for Refugees.

BLACK R., BENNETT S.R.G., THOMAS S.M., BEDDINGTON J.R., 2011, « Migration as adaptation », *Nature*, 478, p. 447-449.

BLASER M., 2009, « The Threat of the Yrmo: The Political Ontology of a Sustainable Hunting Program », *American Anthropologist*, 111 (1), p. 10-20.

BLASER M., 2013, « Ontological Conflicts and the Stories of Peoples in Spite of Europe: Toward a Conversation on Political Ontology », *Current Anthropology*, 54 (5), p. 547-568.

Bowen M., 2005, *Thin Ice – Unlocking the Secrets of Climate in the World's Highest Mountains*. New York: Holt Paperback.
Bray T. (éd.), 2015, *The archaeology of wak'as. Explorations of the sacred in the pre-Columbian Andes*. Boulder: University Press of Colorado.
Byg A., Salick J., 2009, «Local perspectives on a global phenomenon – Climate change in Eastern Tibetan villages», *Global Environmental Change*, 19, p. 156-166.
Carey M., 2010, *In the Shadow of Melting Glaciers: Climate Change and Andean Society*. Oxford: Oxford University Press.
Castles S., 2002, *Environmental Change and Forced Migration. Making sense of the debate*, Working Paper 70. Geneva: United Nations High Commissioner for Refugees.
Castles S., 2011, «Concluding remarks on the climate change-migration nexus», in Piguet E., Pécoud A., de Guchteneire P. (éds.), *Migration and Climate Change*. Cambridge: UNESCO – Cambridge University Press, p. 415-427.
Charbonnier P., 2015, *La fin d'un grand partage: Nature et société, de Durkheim à Descola*. Paris: CNRS Editions.
Charlier Zeineddine L., 2015, *L'Homme-proie: Infortunes et prédation dans les Andes boliviennes*. Rennes: Presses Universitaires de Rennes.
Chauzy J.-P. (éd.), 2009, *Migration: Adapting to Climate Change*. Geneva: IOM (International Organization for Migration).
Clifford J., 2003, «De l'autorité en ethnographie» [1983], in Céfaï D. (dir.), *L'enquête de terrain*. Paris: La Découverte/MAUSS, p. 263-294.
Clifford J., Marcus G.E. (éds.), 1986, *Writing Culture. The Poetics and Politics of Ethnography*. Los Angeles: University of California Press.
Cohen J., 2005, «Música de la sierra del Perú», in Flores Ochoa J., Nuñez del Prado J. (dir.), *Q'ero, el último ayllu inka* [1983]. Lima: Instituto Nacional de Cultura, Universidad Nacional Mayor de San Marcos, p. 363-374.
Cometti G., 2010, *Réchauffement climatique et migrations forcées: le cas de Tuvalu*, eCahiers de l'Institut 5. Genève: Graduate Institute Publications. URL: <http://books.openedition.org/iheid/190>.
Cometti G., 2015, «The necessity for an ethnographic approach in Peru», *Forced Migration Review*, 49, Special issue Climate change, disaster and displacement, p. 14.
Condori B., Gow R., 1982, *Kay Pacha*. Cusco: Centro Bartolomé de Las Casas.
Coudrain A., Francou B., Kundzewicz Z.W., 2005, «Glacier shrinkage in the Andes and consequences for water resources – Editorial», *Hydrological Sciences-Journal des Sciences Hydrologiques*, 50(6), p. 925-932.
Crate S.A., Nuttall M. (éds.), 2009, *Anthropology and Climate Change: From Ecounters to Actions*. Walnut Creek: Left Coast Press.
Crutzen P.J., 2002, «Geology of mankind: The anthropocene», *Nature*, 415, p. 23.
Crutzen P.J. Stoermer E.F., 2000, «The Anthropocene», *Global Change Newsletter IGBP*, 41, p. 17-18.
Dedenbach-Salazar Saénz S., 2012, «'Our grandparents used to say that we are certainly ancient people, we come from the *Chullpas*': The Bolivian Chipayas' mythistory», *Oral Tradition*, 27(1), p. 187-230.

DE LA CADENA M., 2010, «Indigenous Cosmopolitics in the Andes. Conceptual Reflections beyond 'Politics'», *Cultural Anthropology*, 25 (2), p. 334-370.
DESCOLA P., 1993, *Les lances du crépuscule. Avec les Indiens Jivaros de haute Amazonie*. Paris: Plon.
DESCOLA P., 2005, *Par-delà nature et culture*. Paris: Gallimard.
DESCOLA P., 2008, «À qui appartient la nature?», *la vie des idées.fr*, 21 janvier 2008. ISSN: 2105-3030. URL: <http://www.laviedesidees.fr/A-qui-appartient-la-nature.html>.
DESCOLA P., 2011, *L'écologie des autres: L'anthropologie et la question de la nature*. Versailles: Quae.
DESCOLA P., 2013a, «De bas en haut», in Garavaglia J.C., Poloni-Simard J., Rivière G. (dir.), *Au miroir de l'anthropologie historique: mélanges offerts à Nathan Wachtel*. Rennes: Presses Universitaires de Rennes, p. 267-275.
DESCOLA P., 2013b, «Presence, Attachment, Origin: Ontologies of 'Incarnates'», in Boddy J., Lambek M. (éds.), *A Companion to the Anthropology of Religion*. Chichester: Wiley Blackwell, p. 35-49.
DESCOLA P., 2014, *La composition des mondes. Entretiens avec Pierre Charbonnier*. Paris: Flammarion.
DESCOLA P., INGOLD T., 2014, *Être au monde: quelle expérience commune?* Lyon: Presses universitaires de Lyon.
DIRCETUR, 2010, *Desarrollo del Turismo Rural Comunitario en las cinco Comunidades de la Nación Q'ero*. Cusco: DIRECTUR.
DROZ Y., SOTTAS B., 1997, «Partir ou rester? Partir et rester. Migrations des Kikuyu au Kenya», *L'Homme*, 37 (142), p. 69-88.
DURKHEIM E., 1960, *Les formes élémentaires de la vie religieuse* [1912]. Paris: Presses Universitaires de France.
ELIADE M., 1983, *Le chamanisme et les techniques archaïques de l'extase* [1968]. Paris: Payot.
ESCOBAR MOSCOSO M., 2005, «Reconocimiento Geográfico de Q'ero», in Flores Ochoa J., Nuñez del Prado J. (dir.), *Q'ero, el último ayllu inka* [1983]. Lima: Instituto Nacional de Cultura, Universidad Nacional Mayor de San Marcos, p. 57-76.
ESTENSSORO FUCHS J.C., 2003, *Del paganismo a la santidad. La incorporación de los Indios del Perú al catolicismo, 1532-1750*. Lima: Institut Français d'Études Andines.
FAVRE H., 2009, *Le mouvement indigéniste en Amérique latine*. Paris: L'Harmattan.
FIRTH R., 1959, *Economics of the New Zealand Maori*. Wellington: R.E. Owen, Government Printer.
FLORES OCHOA J., 1974, «Enqa, Enqaychu illa y khuya Rumi: aspectos mágico-religiosos entre pastores», *Journal de la Société des Américanistes*, 63, p. 245-262.
FLORES OCHOA J., 1975, «Pastores de alpacas», *Allpanchis Phuturinqa*, 8, p. 5-24.
FLORES OCHOA J., 2005, «¿Por qué Q'ero?», in Flores Ochoa J., Nuñez del Prado J. (dir.), *Q'ero, el último ayllu inka* [1983]. Lima: Instituto Nacional de Cultura, Universidad Nacional Mayor de San Marcos, p. 29-38.
FLORES OCHOA J., 2006, «La cultura Quechua», *El Antoniano*, 109, p. 6-12.
FLORES OCHOA J., NUÑEZ DEL PRADO J. (dir.), 2005, *Q'ero, el último ayllu inka* [1983]. Lima: Instituto Nacional de Cultura, Universidad Nacional Mayor de San Marcos.

FOUCAULT M., 1966, *Les Mots et les choses. Une archéologie des sciences humaines*. Paris: Gallimard.

FRAZER J.G., 1981, *Le Rameau d'or* [1890]. Paris: Laffont.

GAUTHIER F., 2010, «L'héritage de Mauss chez Lévi-Strauss et Bataille (et leur dépassement par Mauss)», *Revue du MAUSS*, dossier: *Marcel Mauss vivant*, 36. Paris: La Découverte, p. 111-123.

GEMENNE F., 2011, «Why the numbers don't add up: A review of estimates and predictions of people displaced by environmental changes», *Global Environmental Change*, 21, p. 41-49.

GENIN D., HERVÉ D., RIVIÈRE G., 1995, «Relation société environnement: la reproduction des systèmes de culture à jachère longue pâturée dans les Andes», *Les Cahiers de la Recherche Développement*, 41, p. 20-30.

GEORGE A., 2010, *Proyecto Integral de Turismo Cumunitario Nación Q'ero*, Cusco: DELNET.

GETZELS P., 2005, «Los ciegos: visión de la identidad del runa en la ideología de Inkarri-Qollarri», in Flores Ochoa J., Nuñez del Prado J. (dir.), *Q'ero, el último ayllu inka* [1983]. Lima: Instituto Nacional de Cultura, Universidad Nacional Mayor de San Marcos, p. 311-334.

GIRAULT L., 1984, *Kallawaya: Guérisseurs itinérants des Andes*. Paris: Editions de l'ORSTOM.

GODELIER M., 1996, *L'énigme du don*. Paris: Fayard.

GOSE P., 1991, «House Rethatching in an Andean Annual Cycle: Practice, Meaning, and Contradiction», *American Ethnologist*, 18(1), p. 39-66.

GOW D., 1974, «Taytacha Qoyllur Rit'i», *Allpanchis Phuturinqa*, 7, p. 49-100.

GOW D., 1976, *The Gods and Social Change in the High Andes*. Madison: University of Wisconsin.

GOW D., GOW R., 1975, «La Alpaca en el Mito y el Ritual», *Allpanchis Phuturinqa*, 8, p. 141-164.

GOW P., 1991, *Of Mixed Bood. Kinship and History in Peruvian Amazonia*. Oxford: Clarendon Press.

GRINEVALD J., 1987, «Le développement de/dans la biosphère», in *L'homme inachevé: un devenir à construire: les 'possibles' de demain*. Paris: Presses Universitaires de France; Genève: Cahiers de l'Institut d'Etudes du Développement, p. 29-44.

GRINEVALD J., 1990, «L'effet de serre de la Biosphère», *Sebes*. URL: <http://www.akademia.ch/~sebes/textes/1990/1990Grinevald.html>.

GRINEVALD J., 2007, *La Biosphère de l'Anthropocène: climat et pétrole, la double menace: repères transdisciplinaires (1824-2007)*. Chêne-Bourg: Georg.

GRUNZINSKI S., 2012, *La pensée métisse*. Paris: Fayard.

HALLOWELL A.I., 1960, «Ojibwa ontology, behaviour and world view», in Diamond S. (éd.), *Culture in History: essays in honor of Paul Radin*. New York: Columbia University Press, p. 19-52.

HAMAYON R., 1990, *La chasse à l'âme. Esquisse d'une théorie du chamanisme sibérien*. Nanterre: Société d'ethnologie.

Hugo G., 1996, «Environmental Concerns and International Migration», *International Migration Review*, 30(1), p. 105-131.
Hugo G., 2008, *Migration, Development and Environment*. Geneva: IOM (International Organization for Migration).
Hulme M., 2007, «Geographical work at the boundaries of climate change», *Transactions of the Institute of British Geographers*, 33(1), p. 5-11.
Hulme M., 2015, «Climate and its changes: a cultural appraisal», *Geography and Environment*. URL: <10.1002/geo2.5>.
Ingold T., 2011, *The perception of the Environment: Essays on livelihood, dwelling and skill* [2000]. London, New York: Routledge.
Instituto Nacional de Cultura (INC), 2005, *Diagnóstico integral de las comunidades de la Nación Q'ero*. Cusco: INC – Dirección Regional de Cultura.
IPCC, 2007, *Climate Change 2007. Working Group I: The physical science basis of climate change*. New York: Cambridge University Press.
Isbell B.J., 1974, «Parentesco andino y reciprocidad *Kuyaq*: Los que nos aman», in Alberti G., Mayer E. (dir.), *Reciprocidad e intercambio en los Andes peruanos*. Lima: IEP ediciones, p. 110-152.
Itier C., 1993, «Algunos conceptos quechuas prehispánicos: la raíz *yacha-*, sus derivados y *Pacha Yachachic*, atributo del héroe cultural Viracocha», in Duviols P. (dir.), *Religions des Andes et langues indigènes. Equateur – Pérou – Bolivie. Avant et après la conquête espagnole*. Aix-en-Provence: Publications de l'Université de Provence, p. 95-113.
Itier C., 2013, *Viracocha o el Océano, naturaleza y funciones de una divinidad inca*. Lima: IFEA & IEP.
Jacobson J., 1988, *Environmental Refugees: a Yardstick of Habitability*. World Watch Paper 86. Washington: World Watch Institute.
Jäger J., Frühmann, J., Günberger S., Vag A., 2009, *Synthesis Report*. EACH-FOR – Environmental Change and Forced Migration Scenarios.
Jouzel J., Lorius C., Raynaud D., 2008, *Planète Blanche: Les glaces, le climat et l'environnement*. Paris: Odile Jacob.
Kandel R., 2002, *Le réchauffement climatique*. Paris: Presses Universitaires de France.
Karsenti B., 1994, *Marcel Mauss. Le fait social total*. Paris: Presses Universitaires de France.
Kilani M., 1994, *L'invention de l'autre. Essais sur le discours anthropologique*. Lausanne: Editions Payot.
Kilani M., 2012, *Anthropologie: du local au global*. Paris: Armand Colin.
Kniveton D., Smith C., Black R., Schmidt-Verkerk K., 2009, «Challenges and approaches to measuring the migration-environment nexus», in Laczko F., Aghazarm C., (éds.), 2009, *Migration, Environment and Climate Change: Assessing the evidence*. Geneva: IOM (International Organization for Migration), p. 41-113.
Kohn E., 2009, «A Conversation with Philippe Descola», *Tipiti: Journal of the Society for the Anthropology of Lowland South America*, 7(2), p. 135-150.
Laczko F., Aghazarm C., (éds.), 2009, *Migration, Environment and Climate Change: Assessing the evidence*. Geneva: IOM (International Organization for Migration).

Lassiter L. E., 2005, *The Chicago Guide to Collaborative Ethnography*. Chicago: The University of Chicago Press.

Latour B., 1991, *Nous n'avons jamais été modernes – Essai d'anthropologie symétrique*. Paris: La Découverte.

Latour B., 2007, «Quel cosmos? Quelles cosmopolitiques?», in Lolive J., Soubeyran O. (dir), *L'émergence des cosmopolitiques*. Paris: La Découverte, p. 69-84.

Le Borgne Y., 2003, «Évolution de l'indigénisme dans la société péruvienne. Le traitement du groupe ethnique q'ero», *Ateliers*, 25, p. 141-159.

Lévi-Strauss C., 1950, «Introduction à l'œuvre de Marcel Mauss», in Mauss M., *Sociologie et anthropologie*. Paris: Presses Universitaires de France.

Lévi-Strauss C., 1962, *La pensée sauvage*. Paris: Plon.

Levy-Bruhl L., 1910, *Les Fonctions mentales dans les sociétés inférieures*. Paris: Presses Universitaires de France.

Levy-Bruhl L., 1960, *La mentalité primitive* [1922]. Paris: Presses Universitaires de France.

Marcus G. E., 1995, «Ethnography in/of the World System: The Emergence of Multi-Sited Ethnography», *Annual Review of Anthropology*, 24, p. 95-117.

Marzal M., 1969, «La Cristianización del Indígena Peruano», *Allpanchis Phuturinqa*, 1, p. 89-122.

Massey D.S., Axinn W.G., Ghimire D.J., 2007, *Environmental Change and Out-Migration: Evidence from Nepal*, Research Report 07-615. Ann Arbor: Population Studies Center.

Mauss M., 1950a, «Esquisse d'une théorie générale de la magie» [1902-1903], in Mauss M., *Sociologie et anthropologie*. Paris: Presses Universitaires de France, p. 1-141.

Mauss M., 1950b, «Essai sur le don. Forme et raison de l'échange dans les sociétés archaïques» [1923-1924], in Mauss M., *Sociologie et anthropologie*. Paris: Presses Universitaires de France, p. 143-279.

Mauss M., 1950c, «Une catégorie de l'esprit humain: la notion de personne celle de 'moi'» [1938], in Mauss M., *Sociologie et anthropologie*. Paris: Presses Universitaires de France, p. 331-362.

McLeman R., Smit B., 2006, «Migration as an Adaptation to Climate Change», *Climatic Change*, 76, p. 31-53.

Métraux A., 1967, *Religions et magies indiennes d'Amérique du Sud*. Paris: Gallimard.

Métraux A., 1983, *Les Incas: Complément d'Abdon Yaranga Valderrama* [1961]. Paris: Editions du Seuil.

Meze-Hausken E., 2000, «Migration caused by climate change: how vulnerable are people in dryland areas? A case-study in Northern Ethiopia», *Mitigation and Adaptation Strategies for Global Change*, 5, p. 379-406.

Molinié Fioravanti A., 1985, «Tiempo del Espacio y Espacio del Tiempo en los Andes», *Journal de la Société des Américanistes*, 71, p. 97-114.

Molinié Fioravanti A., 1987, «El Regreso de Viracocha», *Bulletin de l'Institut Français d'Études Andines*, XVI, 3-4, p. 71-83.

Monsutti A., 2004, *Guerres et migrations: réseaux sociaux et stratégies économiques des Hazaras d'Afghanistan*. Neuchâtel: Editions de l'Institut d'Ethnologie; Paris: Editions de la Maison des Sciences de l'Homme.

Moran E. F., 2006, *People and Nature: An Introduction to Human Ecological Relations*. Malden, Oxford, Victoria: Blackwell.

Moran E. F., 2008, *Human Adaptability: An Introduction to Ecological Anthropology*. Boulder: Westview.

Morote Best E., 2005, «Un nuevo mito de fundación del Imperio», in Flores Ochoa J., Nuñez del Prado J. (dir.), *Q'ero, el último ayllu inka* [1983]. Lima: Instituto Nacional de Cultura, Universidad Nacional Mayor de San Marcos, p. 287-310.

Mortreux C., Barnett J., 2009, «Climate change, migration and adaptation in Funafuti, Tuvalu», *Global Environmental Change*, 19, p. 105-112.

Müller T., Müller H., 1984a, «Cosmovisión y celebración del mundo andino a través del ejemplo de la comunidad de Q'ero», *Allpanchis*, 23, p. 161-176.

Müller T., Müller H., 1984b, «Mito de Inkarri-Qollari», *Allpanchis*, 23, p. 125-143.

Murra J. V., 2002. *El Mundo andino: población, medio ambiente y economía*, Lima: IEP.

Myers N., 1993, «Environmental refugees in a globally warmed world», *Bioscience*, 43 (11), p. 752-761.

Myers N., 2005, *Environmental refugees an emergent security issue*. Document of the 13th Economic Forum, Session III – Environment and Migration, Prague, 23-27 mai 2005.

Nuñez del Prado J., 1969, «El mundo sobrenatural de los quechuas del Sur del Perú a través de la comunidad de Qotobamba», *Revista del Museo Nacional*, 36, p. 143-163.

Nuñez del Prado J., 2005, «Un mito de origen colonial, una profecía y un proyecto nacional», in Flores Ochoa J., Nuñez del Prado J. (dir.), *Q'ero, el último ayllu inka* [1983]. Lima: Instituto Nacional de Cultura, Universidad Nacional Mayor de San Marcos, p. 335-345.

Nuñez del Prado O., 2005, «Una cultura como respuesta de adaptación al medio andino», in Flores Ochoa J., Nuñez del Prado J. (dir.), *Q'ero, el último ayllu inka* [1983]. Lima: Instituto Nacional de Cultura, Universidad Nacional Mayor de San Marcos, p. 77-96.

Orlove B., 1974, «Reciprocidad, desigualdad y dominación», in Alberti G., Mayer E. (dir.), *Reciprocidad e intercambio en los Andes peruanos*. Lima: IEP ediciones, p. 290-321.

Orlove B., 2009a, «Glacier Retreat: Reviewing the Limits of Human Adaptation to Climate Change», *Environment*, 51 (3), 22-34.

Orlove B., 2009b, «The past, the present and some possible futures of adaptation», in Adger W. N., Lorenzoni I., O'Brien K. L. (éds.), *Adapting to Climate Change: Thresholds, Values, Governance*. Cambridge: Cambridge University Press, p. 131-163.

Orlove B., Chiang J., Cane, M., 2000, «Forecasting Andean rainfall and crop yield from the influence of El Niño on Pleiades visibility», *Nature*, 403, p. 68-71.

Orlove B., Chiang J., Cane M., 2002, «Ethnoclimatology in the Andes: A cross-disciplinary study uncovers a scientific basis for the scheme Andean potato farmers traditionally use to predict the coming rains», *American Scientist*, 90 (5), p. 428-435.

Ortiz F., 1995, *Cuban Counterpoint: Tobacco and Sugar* [1940]. Durham: Duke University press.

Perch-Nielsen S., Bättig M.B., Imboden D., 2008, «Exploring the link between climate change and migration», *Climatic Change*, 91, p. 375-393.
Perez C., Nicklin C., Dangles O., Vanek S., Sherwood S., Halloy S., Garrett K., Forbes G., 2010, «Climate Change in the High Andes: Implications and Adaptation Strategies for Small-scale Farmers», *The International Journal of Environmental, Cultural, Economic and Social Sustainability*, 6(5), p. 71-88.
Perrin M., 1995, *Le Chamanisme*. Paris: Presses Universitaires de France.
Piguet E., 2008, *Climate change and forced migration*, Research Paper 153. Geneva: United Nations High Commissioner for Refugees.
Piguet E., 2010, «Linking Climate Change, Environmental Degradation and Migration: a Methodolgical Overview», *Wiley Interdisciplinary Reviews: Climate Change*, 1(4), p. 517-524.
Piguet E., Pécoud A., de Guchteneire P. (éds.), 2011, *Migration and Climate Change*. Cambridge: UNESCO – Cambridge University Press.
Plowman T., 1986, «Coca Chewing and the Botanical Origins of Coca (Erythroxylum spp.) in South America», in Pacini D., Franquemont C. (éds.), *Coca and Cocaine, Effect on People and Policy in Latin America*, Cultural Survival Report, 23. Ithaca: Cultural Survival Inc. & LASP, p. 5-34.
Polanyi K., 1974, «L'économie en tant que procès institutionnalisé», in Polanyi K., Arensberg C., *Les systèmes économiques dans l'histoire et dans la théorie*. Paris: Larousse, p. 239-260.
Pouillon J., 1979, «Remarques sur le verbe croire», in Izard M., Smith P. (dir.), *La fonction symbolique*. Paris: Gallimard, p. 43-51.
Pouyaud B., Zapata M., Yerren J., Gomez J., Rosas G., Suarez W., Ribstein P., 2005, «Avenir des ressources en eau glaciaire de la Cordillère Blanche», *Hydrological Sciences–Journal–des Sciences Hydrologiques*, 50(6), p. 999-1022.
Rabatel A., et al., 2013, «Current state of glaciers in the tropical Andes: A multi-century perspective on glacier evolution and climate change», *The Cryosphere*, 7, p. 81-102.
Randall R., 1982, «Qoyllur Rit'i, an Inca Fiesta of the Pleiade: Reflections on Time and Space in the Andean World», *Bulletin de l'Institut Français d'Études Andines*, XI, 1-2, p. 37-81.
Randall R., 1987, «Del tiempo y del río: El ciclo de la historia y la energía en la cosmología incaica», *Boletín de Lima*, 54, p. 69-95.
Remy M.I., 2013, *Historia de las comunidades indígenas y campesinas del Perú*. Lima: Instituto de Estudios Peruanos.
Renard-Casevitz F.M., Saignes T., Taylor-Descola A.C., 1986, *L'Inca, l'espagnol et les sauvages*. Paris: Editions Recherche sur les Civilisations.
Ricard Lanata X., 2007, *Ladrones de sombra: El universo religioso de los pastores del Ausangate*. Cusco: Centro Bartolomé de Las Casas.
Rist G., 2001, *Le développement: histoire d'une croyance occidentale* [1996]. Paris: Presses de Science Po.
Rivière G., 2007, «Bolivia: el pentecostalismo en la sociedad aimara del Altiplano», *Nuevo Mundo Mundos Nuevos*. URL: <https://nuevomundo.revues.org/6661>.

Rivière G., 2008, «*Amtat Jan Amtata...* Caciques et *Mallku* dans les communautés aymaras du Carangas (Bolivie)», in Ariel de Vidas A. (dir.), *Jeux de Mémoires – Enjeux d'Identités. Pour une histoire souterraine des Amériques.* Mélanges offerts à Nathan Wachtel. Paris: L'Harmattan, p. 71-99.

Robin Azevedo V., 2008, *Miroirs de l'autre vie: pratiques rituelles et discours sur les morts dans les Andes de Cuzco (Pérou).* Nanterre: Société d'Éthnologie.

Rösing I., 1993, «Valores profesionales y religiosos en oraciones Quechuas de iniciación ritual Callawaya», in Duviols P. (dir.), *Religions des Andes et langues indigènes. Equateur – Pérou – Bolivie. Avant et après la conquête espagnole.* Aix-en-Provence: Publications de l'Université de Provence, p. 115-142.

Rösing I., 1994, «La deuda de ofrenda: un concepto central de la religión andina», *Revista Andina*, 23, p. 191-216.

Rostworowski de Diez Canseco M., 1999, *History of the Inca Realm.* Cambridge: Cambridge University Press.

Rozas Alvarez W., 2005, «Los paqo en q'ero», in Flores Ochoa J., Nuñez del Prado J. (dir.), *Q'ero, el último ayllu inka* [1983]. Lima: Instituto Nacional de Cultura, Universidad Nacional Mayor de San Marcos, p. 265-276.

Sahlins M., 1976, *Âge de pierre, âge d'abondance. L'économie des sociétés primitives* [1972]. Paris: Gallimard.

Sahlins M., 1980, *Au cœur des sociétés. Raison utilitaire et raison culturelle* [1976]. Paris: Gallimard.

Saignes T., 1992, «Boire dans les Andes», *Cahiers de Sociologie économique et culturelle.* Ethnopsychologie, 18, p. 53-62.

Salas Carreño G., 2007, «Narrativas de modernidad e ideologías de diferenciación social: Algunos discursos y prácticas alrededor de la peregrinación de Quyllurit'i», *Crónicas Urbanas*, 12, p. 107-122.

Salomon F., 1991, «Annotations and Introductory Essay», in Salomon F., Urioste G.L. (éds.), *The Huarochirí Manuscript. A testament of ancient and colonial Andean religion.* Austin: University of Texas Press, p. 1-38.

Santisteban-D N., Cometti G., 2014, «*La 'energía vital' y el retorno a la comunidad*», *Allpanchis*, 77-78, Arte tradicional y mirada surandina, p. 305-339.

Schlegelberger B., 2011, *La tierra vive: religión agraria y cristianismo en los Andes centrales peruanos.* 2a edición actualizada, aumentada y corregida. Cusco: Ed. Mercantil.

Schulte-Tenckhoff I., 1986, *Potlatch: conquête et invention. Réflexion sur un concept anthropologique.* Lausanne: Editions d'En Bas.

Schulte-Tenckhoff I., 1997, *La question des peuples autochtones.* Bruxelles: Bruylant.

Schulte-Tenckhoff I., 2001. «Misrepresenting the Potlatch», in Gerschlager C. (éd.), *Expanding the Economic Concept of Exchange: Deception, Self-Deception and Illusions.* Boston, Dordrecht, London: Kluwer Academic Publisher, p. 167-188.

Schulte-Tenckhoff I., 2002, «*Community*/collectivité: multiculturalisme et droits collectifs au Canada», *Droit et Cultures*, 44, p. 65-74.

Sendón P.F., 2006, «Ecología, ritual y parentesco en los Andes. Notas a un debate no perimido», *Debate Agrario. Análisis y Alternativas*, 40/41, p, 273-297.

SENDÓN P.F., 2009a, «Los ayllus de la porción oriental del departamento del Cusco. Aproximación comparativa desde el Collasuyu», *Bulletin de l'Institut Français d'Études Andines*, 38(1), p. 107-130.

SENDÓN P.F., 2009b, «Mountain Pastoralism and Spatial Mobility in the South-Peruvian Andes in the Age of State Formation (1880-1969 and beyond)», *Nomadic Peoples*, 13(2), p. 51-64.

SENDÓN P.F., 2010, «Los límites de la humanidad. El mito de los *ch'ullpa* en Marcapata (Quispicanchi), Perú», *Journal de la Société des Américanistes*, 96(2), p. 133-179.

SILVERMAN-PROUST G.P., 2005, «Motivos textiles en Q'ero», in Flores Ochoa J., Nuñez del Prado J. (dir.), *Q'ero, el último ayllu inka* [1983]. Lima: Instituto Nacional de Cultura, Universidad Nacional Mayor de San Marcos, p. 349-362.

STARN O., 1990, «Missing the Revolution: Anthropologists and the War in Peru», *Cultural Anthropology*, 6(1), p. 63-91.

STEFFEN W., CRUTZEN P.J., MCNEILL J.R., 2007, «The Anthropocene: Are humans now overwhelming the great forces of Nature?», *Ambio*, 36(8), p. 614-621.

STENGERS I., 2007, «La proposition cosmopolitique», in Lolive J., Soubeyran O. (dir), *L'émergence des cosmopolitiques*. Paris: La Découverte, p. 45-68.

STENSRUD A.B., 2010, «Los peregrinos urbanos en Qoyllurit'i y el juego mimético de miniaturas», *Anthropologica*, 28, p. 39-65.

STERN N., 2007, *The Economics of Climate Change: The Stern Review*. Cambridge: Cambridge University Press.

STOPPANI A., 1873, *Corso di Geologia*, vol. II. Milano: G. Bernardoni e G. Brigola Editori.

STRAUSS S., ORLOVE B., 2003, «Up in the Air: The Anthropology of Weather and Climate», in Strauss S., Orlove B. (éds.) *Weather, Climate, Culture*. Oxford, New York: Berg, p. 3-14.

TACOLI C., 2009, «Crisis or adaptation? Migration and climate change in a context of high mobility», *Environment and Urbanization*, 21(2), p. 513-525.

TAYLOR G., 1974, «Camay, Camac et Camasca dans le manuscrit quechua de Huarochiri», *Journal de la Société des Américanistes*, 63, p. 231-244.

TAYLOR G., 1980, «Supay», *Amerindia*, 5, p. 47-63.

TERRY C., 2011, *Tourisme et réduction de la pauvreté. Etude des impacts socio-économiques de l'agro-écotourisme du Parque de la Papa (Cusco-Pérou)*, Mémoire présenté en vue de l'obtention du diplôme de Master en études du développement. Genève: Institut de Hautes Etudes Internationales et du Développement.

TESTART A. 1997, «Les trois modes de transfert», *Gradhiva*, 21, p. 39-49.

THOMPSON L.G., 2000, «Ice core evidence for climate change in the Tropics: implications for our future», *Quaternary Science Reviews*, 19, p. 19-35.

THOMPSON L.G., MOSLEY-THOMPSON E., BRECHER H., DAVIS M., LEO B., LES D., LIN P.-N., MASHIOTTA T., MOUNTAIN K., 2006, «Abrupt Tropical Climate Change: Past and Present», *Proceedings of the National Academy of Science of the United States of America*, 103(28), p. 10536-10543.

TRIVELLI C., 1992, «Reconocimiento legal de las comunidades campesinas: una revisión estadística», *Debate Agrario. Análisis y alternativas*, 14, p. 23-37.

TURNER V., 1967, *The Forest of Symbols. Aspects of Ndembu Ritual*. Ithaca, London: Cornell Paperbacks.
TYLOR E.B., 1871, *Primitive Culture*. London: Murray.
URTON G., 2004, *Mythes incas*. Paris: Editions du Seuil.
VAN KESSEL J., 1992, «El pago a la tierra: porque el desarrollo lo exige», *Allpanchis*, 40, p. 201-217.
VEGA-CENTENO I.B., 2009, «La vitalidad de los dioses andinos. Virtualidades del ethos andino en las religiones originarias». Artículo presentado al Congreso de Desarrollo Humano y Capacidades HDCA: Participación, pobreza y poder, Lima: Pontificia Universidad Católica del Perú, septiembre 2009.
VENTURA I OLLER M., 2009, *Identité, cosmologie et chamanisme des Tsachila de l'Equateur*. Paris: L'Harmattan.
VÉRICOURT de V., 2000, *Rituels et croyances chamaniques dans les Andes Boliviennes*. Paris: L'Harmattan.
VIVEIROS DE CASTRO E., 2009, *Métaphsiques cannibales*. Paris: Presses Universitaires de France.
VUILLE M., FRANCOU B., WAGNON P., JUEN I., KASER G., MARK B.G., BRADLEY R.S., 2008, «Climate change and tropical Andean glaciers: Past, present and future», *Earth-Science Reviews*, 89, p. 79-96.
WACHTEL N., 1990, *Le retour des ancêtres: Les Indiens Urus de Bolivie, XXe-XVIe siècle, Essai d'histoire régressive*. Paris: Gallimard.
WEBSTER S., 1973, «Native Pastoralism in the South Andes», *Ethnology*, 12(2), p. 115-133.
WEBSTER S., 2005a, «Una comunidad quechua indígena en la explotación de múltiples zonas ecológicas», in Flores Ochoa J., Nuñez del Prado J. (dir.), *Q'ero, el último ayllu inka* [1983]. Lima: Instituto Nacional de Cultura, Universidad Nacional Mayor de San Marcos, p. 103-116.
WEBSTER S., 2005b, «El pastoreo en Q'ero», in Flores Ochoa J., Nuñez del Prado J. (dir.), *Q'ero, el último ayllu inka* [1983]. Lima: Instituto Nacional de Cultura, Universidad Nacional Mayor de San Marcos, p. 129-154.
WHITE L. Jr., 1967, «The Historical Roots of Our Ecological Crisis», *Science*, 155, p. 1203-1207.
WISSLER H., 2005, «Tradición y modernización en la música de las dos principales festividades de Q'eros: Qoyllurit'i (con Corpus Christi) y Carnaval», in Flores Ochoa J., Nuñez del Prado J. (dir.), *Q'ero, el último ayllu inka* [1983]. Lima: Instituto Nacional de Cultura, Universidad Nacional Mayor de San Marcos, p. 375-420.
WISSLER H., 2010, «Q'eros, Perú: la regeneración de relaciones cosmológicas e identidades específicas a través de la música», *Anthropologica*, 28, p. 93-116.
YÁBAR PALACIOS L., 1922, «El Ayllu de Qqueros – Paucartambo», *Revista Universitaria*, 38, p. 3-26.
YAYA I., 2012, *The Two Faces of Inca History. Dualism in the Narratives and Cosmology of Ancient Cuzco*. Leiden, Boston: Brill.
ZALASIEWICZ J., et al., 2008, «Are we now living in the Anthropocene?», *GSA Today*, 18(2), p. 4-8.

Zuidema R.T., 1964, *The ceque system of Cuzco. The social organization of the capital of the Inca*. Leiden: International Archives of Ethnography.
Zuidema R.T., 1986, *La civilisation inca au Cusco*. Paris: Presses Universitaires de France.

www.ingramcontent.com/pod-product-compliance
Ingram Content Group UK Ltd.
Pitfield, Milton Keynes, MK11 3LW, UK
UKHW021828140426
5217IPUK00016B/1250